建筑施工识图教材

刘 政 王 婉 陆 烨 编著

上海科学技术出版社

图书在版编目(CIP)数据

建筑施工识图教材/刘政,王婉,陆烨编著. —上海：上海科学技术出版社,2004.11(2016.1重印)
(建筑识图系列教材)
ISBN 978-7-5323-7695-7

Ⅰ.建… Ⅱ.①刘…②王…③陆… Ⅲ.建筑制图-识图法-教材 Ⅳ.TU204

中国版本图书馆CIP数据核字(2004)第088945号

建筑施工识图教材
编　著　刘　政　王　婉　陆　烨

上海世纪出版股份有限公司
上海科学技术出版社　出版
(上海钦州南路71号　邮政编码200235)
上海世纪出版股份有限公司发行中心发行
200001　上海福建中路193号　www.ewen.co
常熟市兴达印刷有限公司印刷
开本787×1092　1/16　印张13.25
字数:309千
2004年11月第1版　2016年1月第10次印刷
ISBN 978-7-5323-7695-7/TU·232
定价:28.00元

本书如有缺页、错装或坏损等严重质量问题,
请向工厂联系调换

内 容 简 介

本书是一本有关土木建筑施工方面的识图教材。它与一般的建筑制图教材不同,本书更着重于各类图纸的识读,而简化了"画图"的过程。但它的选材范围要比一般的建筑制图教材更为广泛,从投影基础知识开始,不仅介绍了建筑施工图、结构施工图等专业图纸,还有大量施工阶段所需的各类工程图样。将建筑制图与建筑施工的有关知识融合在一起是本书的一个特点。

本书的另一个特点是比较详细地介绍了最新的钢筋混凝土结构平面布置图的整体表示方法——"平法"制图方法。它是被国家科委列为《"九五"国家级科技成果重点推广计划》的项目和被建设部列为科技成果重点推广的项目。

本书适合于土建行业的工程技术人员、技术工人等阅读,也可用作中等专科学校和技术学校的教学参考书。

前　言

众所周知,图纸被称为是工程师的语言,那么图纸对于工程技术人员的重要性是不言而喻的。而学会识读工程图也并不是一件很高深的事情。编写本书的目的就是想为需要学习和掌握识图技能的读者助上一臂之力。

对于原来没有识图基础的读者,可以通过本书的学习,一步一步,由浅入深,最后基本掌握识图方法。对于有一定基础的读者,通过学习可以使自己的知识更全面,同时也了解到一些新的表达方法。无论基础如何,相信本书丰富的识图实例一定会对你有所帮助。

本书的主要内容有:投影基础知识、建筑施工图基础知识、结构施工图基础知识、基础工程图、主体结构工程图、模板工程图、结构吊装工程图、施工平面图、其他工程图等。每章后面配有复习思考题,有助于读者复习巩固所学过的知识。

参加本书编写的有王婉(第一章、第二章)、陆烨(第三章)、刘政(第四章、第五章)。刘政担任主编。谢步瀛教授审阅全书。

由于编者水平和经验有限,本书不足之处,恳请读者批评指正。

编　者
于同济大学

目　录

第一章　建筑工程图的基础知识 …… 1
第一节　投影原理 …… 1
一、基本投影概念 …… 1
二、正投影图 …… 2
三、轴测投影图 …… 11
第二节　工程图的表达方法 …… 16
一、视图 …… 16
二、剖面图 …… 21
三、断面图 …… 25
四、尺寸标注 …… 28
复习思考题 …… 29

第二章　建筑施工图 …… 33
第一节　建筑施工图概述 …… 33
一、房屋的基本构成 …… 33
二、施工图的产生及分类 …… 34
三、建筑施工图的内容及有关规定 …… 35
四、施工图的阅读方法 …… 41
第二节　总平面图 …… 42
一、图纸目录 …… 42
二、施工总说明 …… 42
三、总平面图 …… 44
第三节　建筑平面图 …… 47
一、建筑平面图的表达方法 …… 47
二、建筑平面图的图示内容 …… 48
三、建筑平面图实例的阅读 …… 48
第四节　建筑立面图 …… 54
一、建筑立面图的表达方法 …… 54
二、建筑立面图的图示内容 …… 54
三、建筑立面图实例的阅读 …… 59
第五节　建筑剖面图 …… 59
一、建筑剖面图的表达方法 …… 59
二、建筑剖面图的图示内容 …… 59
三、建筑剖面图实例的阅读 …… 61
第六节　建筑详图 …… 61
一、概述 …… 61
二、建筑详图实例的阅读 …… 61
复习思考题 …… 69

第三章　结构施工图 …… 70
第一节　结构施工图基本知识 …… 70
一、结构施工图的一般规定 …… 70
二、钢筋混凝土结构图示特点 …… 74
三、钢结构图示基本知识 …… 80
第二节　基础工程施工图 …… 89
一、条形基础 …… 90
二、桩基础 …… 94
第三节　主体工程结构施工图 …… 99
一、砖混结构和钢筋混凝土结构施工图识图方法 …… 100
二、钢筋混凝土结构平面布置图的整体表示法——"平法"制图方法 …… 119
第四节　钢结构设计施工图识图方法 …… 130
一、结构布置图 …… 130
二、构件截面表 …… 133
三、节点详图 …… 133
四、楼板配筋图 …… 134
复习思考题 …… 135

第四章　模板与吊装工程施工图 …… 141
第一节　模板工程图 …… 141
一、模板的分类 …… 141
二、组合钢模板 …… 141
三、组合钢模板配板图实例 …… 144
第二节　结构吊装工程图 …… 146
一、结构吊装方法 …… 146
二、构件吊装工艺 …… 147
三、构件的平面布置和吊装前的构件堆放 …… 150
四、单层厂房构件的平面布置图实例 …… 153
第三节　施工平面图 …… 153
一、施工平面图的设计原则和内容 …… 153

二、施工平面图实例 …………… 156
第四节 其他工程图 ……………… 158
一、中小型砌块排列图 …………… 158
二、根据结构图编制钢筋配料单 …… 159
复习思考题 ……………………… 164

第五章 设备工程图 ……………… 165
第一节 给排水工程图 …………… 165
一、概述 …………………………… 165
二、给排水工程图的基本知识 …… 165
三、给排水工程图的阅读实例 …… 170

第二节 建筑电气工程图 ………… 177
一、电气工程图的基本知识 ……… 177
二、电气工程图的阅读实例 ……… 184
第三节 空调工程图 ……………… 193
一、概述 …………………………… 193
二、空调工程图的一般知识 ……… 193
三、空调工程图的阅读实例 ……… 197
复习思考题 ……………………… 200

参考文献 ……………………… 201

第一章 建筑工程图的基础知识

第一节 投 影 原 理

一、基本投影概念

(一) 投影的形成

在工程上,我们所研究的对象都是空间形体,而表达这些形体的图形一般是平面的,因此首先要解决的问题,是如何把空间形体表示到平面上去。

在日常生活中,物体在日光或灯光的照射下,会在地面、墙面或其他表面上产生影子(图1-1),这种影子在一定程度上反映了物体的形状和大小,但它仅反映了物体的外轮廓,用它来表达空间形体是不够的。

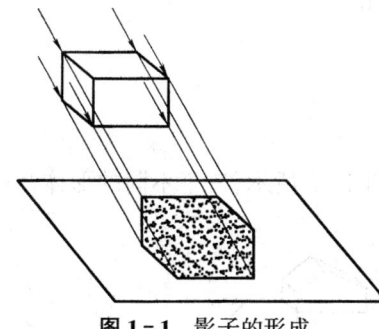

图 1-1 影子的形成

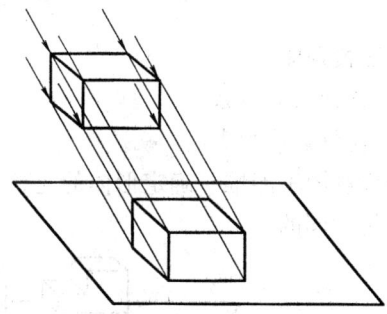

图 1-2 投影的形成

我们把上述的自然现象加以抽象来得到空间形体的图形。假定物体是透明的,光线可以穿过物体,使所产生的"影子"不是黑色一片,而能由线条来显示物体的完整形象(图1-2),这种"影子"称为投影,光线称为投射线,产生"影子"的面称为投影面。这种研究空间形体与其投影之间关系的方法,称为投影法。

(二) 投影的分类

根据投射线的不同,我们将投影分为中心投影和平行投影两大类。

1. 中心投影

投射线由一点发出的投影称为中心投影,如图1-3所示。形体的投影随光源的方向和

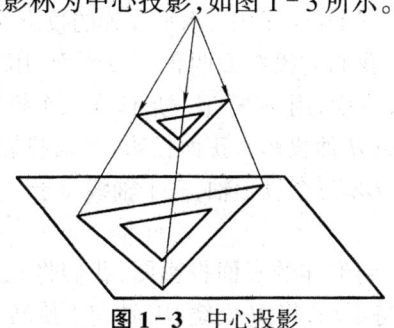

图 1-3 中心投影

距形体的距离而变化。光源距形体越近,投影越大,它不能反映形体的真实大小。

2. 平行投影

投射线相互平行的投影称为平行投影。假设光源在无限远处,投影线互相平行,这时投影的大小与形体到光源的距离无关,如图1-4所示。平行投影中,投射线与投影面斜交时的投影称为斜投影,如图1-4(a)所示;投射线与投影面垂直时的投影称为正投影,如图1-4(b)所示。一般的工程图都是按照正投影的概念绘制的。

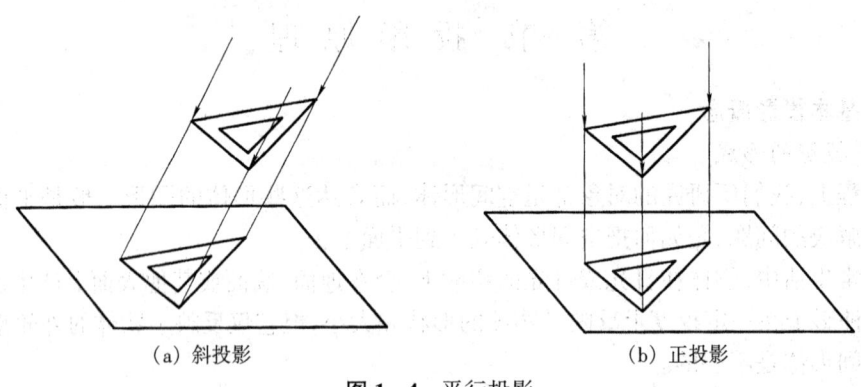

(a) 斜投影　　　　　　　　　(b) 正投影

图1-4　平行投影

二、正投影图

(一) 三面投影体系

1. 三面投影的形成

一个投影图不能惟一确定形体的完整形状,如图1-5所示,三个不同的形体,它们的单面投影却是相同的。

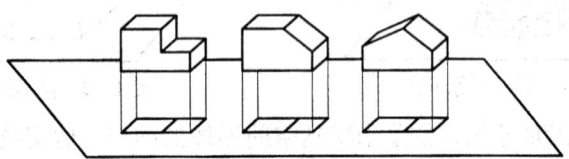

图1-5　单面投影

为了准确反映形体的真实形状和大小,我们用三个互相垂直的投影面构成一个三面投影体系,将形体置于三面投影体系中,用三组垂直于这三个投影面的平行投射线由上向下、由前向后、由左向右分别进行投影,得到形体三个方向的正投影,如图1-6所示。三个正投影图结合起来就能确定形体的真实形状和大小。

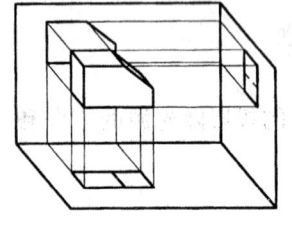

图1-6　三面投影体系

三个投影面中,水平放置的投影面叫水平投影面,用 H 标记;正对我们的投影面叫正立投影面,用 V 标记;侧立的投影面叫侧立投影面,用 W 标记。形体在三个投影面上的投影分别叫作水平投影(H 面投影)、正面投影(V 面投影)和侧面投影(W 面投影)。三个投影面分别交于 OX、OY、OZ 三个投影轴,三个轴线交于一点 O,称为原点。

2. 三面投影的展开

为了能在同一个平面上得到形体的三面投影图,我们将三个投影面展开成一个平面。展开的过程是这样的:V 面保持不动,将 H 面绕 OX 轴向下旋转90°,将 W 面绕 OZ 轴向右旋转90°,这样 H 面和 W 面就与 V 面在同一个平面上,三个投影图就能画在一张图纸上了,如图 1-7 所示。

在展开过程中,OX、OZ 轴的位置没有改变,而 Y 轴一分为二,随 H 面展开至 Y_H,随 W 面展开至 Y_W。由于 Y 轴反映的是形体的前后关系,所以初学者必须特别注意在展开后的 H 面和 W 面投影中前后位置的体现。如 H 面投影的下方和 W 面投影的右方都反映形体的前面,而 H 面投影的上方和 W 面投影的左方则反映形体的后面。

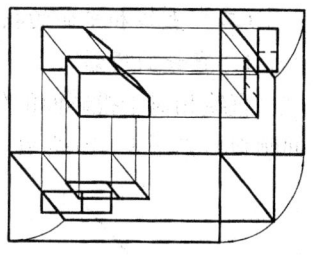

图 1-7 三面投影的展开

3. 三面投影的特性

由于我们只关心形体上各点的相互关系,不管各点到投影面的绝对距离,所以展开后的投影图中投影轴可以不表示出来,三个投影图之间的距离也不影响投影图的形状和大小。但是三个投影图之间必须遵循以下的投影规律(图 1-8):

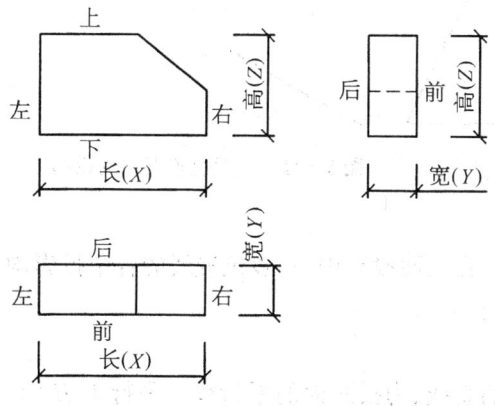

图 1-8 三面投影的特性

(1) 形体具有上下、左右、前后(长、宽、高)三个方向的尺度。在三面投影图中,每个投影反映了两个方向的关系:H 面投影反映了形体沿 X 轴和 Y 轴方向空间的左右和前后关系,也即形体的长度和宽度关系;V 面投影反映了形体沿 X 轴和 Z 轴方向空间的左右和上下关系,即形体的长度和高度关系;W 面投影则反映了形体沿 Y 轴和 Z 轴方向空间的前后和上下关系,即形体的宽度和高度关系。

(2) 同一形体的三个投影之间存在"三等"关系,即 H 面投影与 V 面投影长度相等,V 面投影与 W 面投影高度相等,H 面投影与 W 面投影宽度相等。因此,三个投影必须做到 H、V"长对正",V、W"高平齐",H、W"宽相等"。

一般我们规定:空间点用大写字母如 A、B 等表示,H 面投影用相应的小写字母表示,如 a、b 等;V 面投影用相应的小写字母加一撇表示,如 a'、b' 等;W 面投影用相应的小写字母加两撇表示,如 a''、b'' 等。在表示直线的投影时,可见的直线用实线表示,不可见的直线则用虚线来表示。

三面投影图的特性及其相互关系是读图识图的基础,将三面投影对照、分析、思考,弄清形体的上下、左右、前后关系,从而建立起形体的空间概念,是读图的基本方法。

图 1-9 有两个图例,把形体和三个投影图对照阅读,以加深对三面投影的认识。

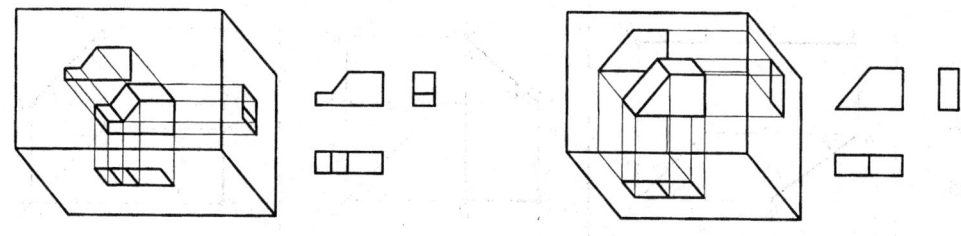

图 1-9 形体的三面投影示例

(二) 直线和平面的投影

1. 直线的投影

直线相对于投影面的位置有三种情况：与投影面垂直、与投影面平行、一般位置（与投影面倾斜），如图1-10所示。三种位置下直线的投影有其不同的特点。

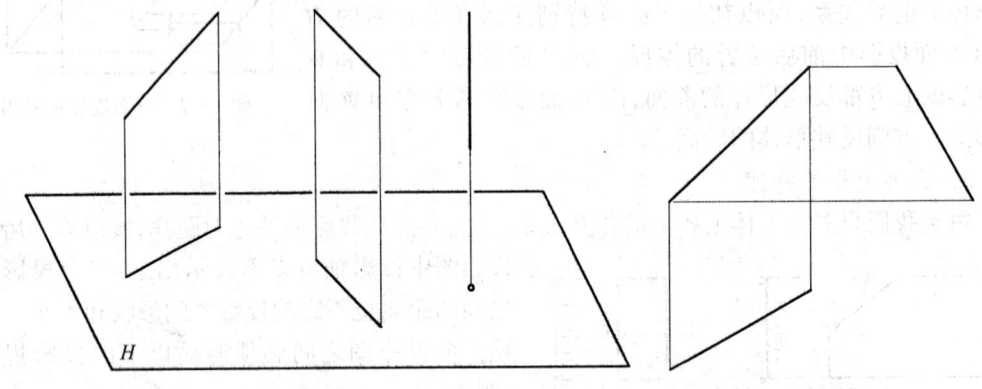

图1-10 直线对投影面的相对位置　　图1-11 一般位置直线的投影

(1) 一般位置线。

与三个投影面都倾斜的直线，为一般位置线。在三面投影中，一般位置线的各个投影均为倾斜方向，且不反映直线的实长，如图1-11所示。

(2) 投影面的平行线。

与某一投影面平行，与另外两个投影面倾斜的直线，为投影面的平行线。平行于 H 面、V 面、W 面的直线，分别叫作 H 面、V 面、W 面平行线，习惯上也叫作水平线、正平线、侧平线。它们的空间状况、投影图和投影特点如表1-1所示。

表1-1 投影面的平行线

	H 面平行线	V 面平行线	W 面平行线
空间状况			
投影图			

由此可见，一直线若平行于某一投影面，则在该投影面上的投影平行于直线本身，且等于直线的实长；而在另外两个投影面上的投影，均与相应的投影轴平行，成水平或竖直方向。

(3) 投影面的垂直线。

垂直于某一投影面的直线，为投影面的垂直线。直线垂直于某一投影面，必定平行于另外两个投影面。垂直于 H 面、V 面、W 面的直线，分别叫作 H 面、V 面、W 面垂直线，习惯上也叫作铅垂线、正垂线、侧垂线。它们的空间状况、投影图和投影特点如表 1-2 所示：

表 1-2 投影面的垂直线

	H 面垂直线	V 面垂直线	W 面垂直线
空间状况			
投影图			

由此可见，直线若垂直于某一投影面，则在该投影面上的投影积聚成一个点，而在另外两个投影面上的投影，成水平或竖直方向，且都反映直线的实长。

2. 平面的投影

平面相对于投影面的位置也有三种情况：与投影面垂直、与投影面平行、一般位置（与投影面倾斜），如图 1-12 所示。三种位置下平面的投影也有着不同的特点。

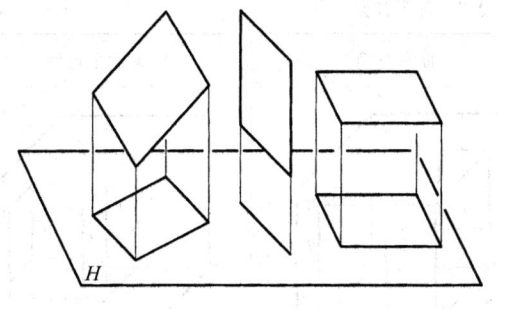

图 1-12 平面对投影面的相对位置

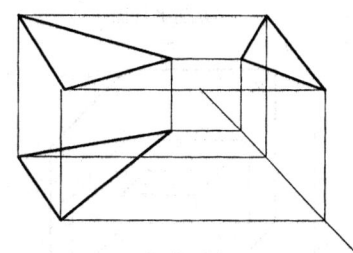

图 1-13 一般位置平面的投影

(1) 一般位置平面。

与三个投影面都倾斜的平面，为一般位置平面。在三面投影中，一般位置平面的各个投影，不会积聚成直线，也不能反映平面的实形和对投影面的倾斜情况，只是与空间的平面形状成类似的图形，如图 1-13 所示。

(2) 投影面的垂直面。

垂直于某一投影面,而与另外两个投影面倾斜的平面,为投影面的垂直面。垂直于 H 面、V 面、W 面的平面,分别叫作 H 面、V 面、W 面垂直面,习惯上也叫作铅垂面、正垂面、侧垂面。它们的空间状况、投影图和投影特点如表 1-3 所示。

表 1-3 投影面的垂直面

	H 面垂直面	V 面垂直面	W 面垂直面
空间状况	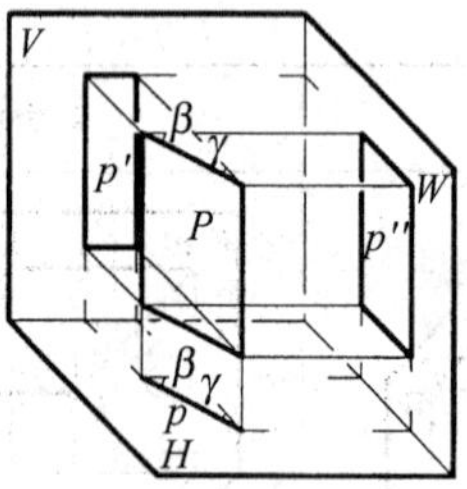	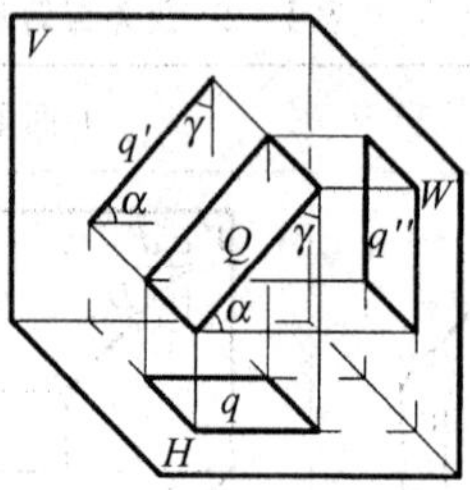	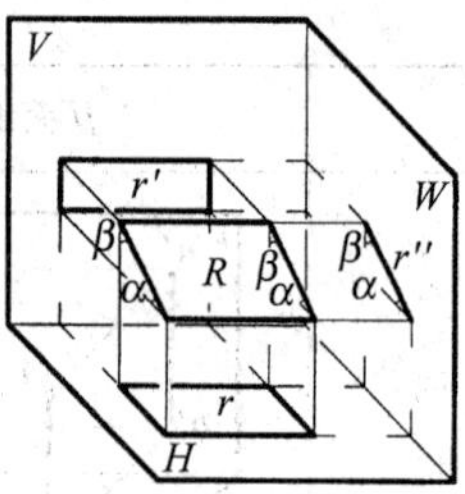
投影图	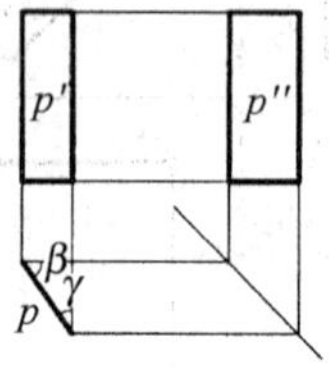	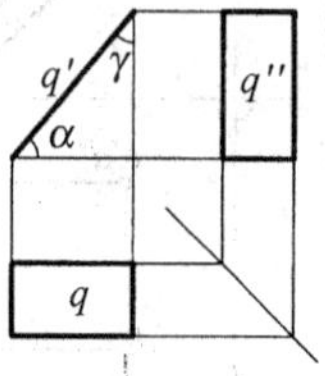	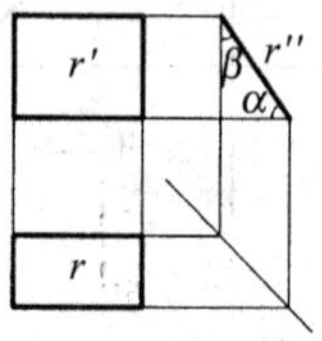

由此可见,平面若垂直于某一投影面,则在该投影面上的投影积聚成一条直线;而在另外两个投影面上的投影为其类似形。

(3) 投影面的平行面。

与某一投影面平行的平面,为投影面的平行面。一个平面平行于某一投影面,必定垂直于另外两个投影面。平行于 H 面、V 面、W 面的平面,分别叫作 H 面、V 面、W 面平行面,习惯上也叫作水平面、正平面、侧平面。它们的空间状况、投影图和投影特点如表 1-4 所示。

表 1-4 投影面的平行面

	H 面平行面	V 面平行面	W 面平行面
空间状况	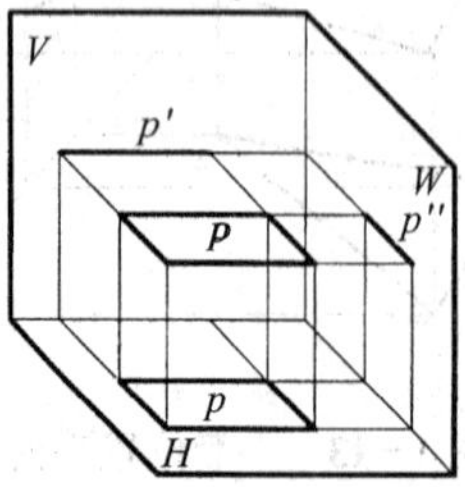	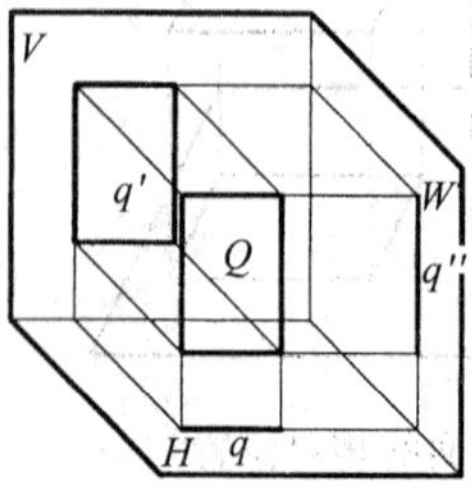	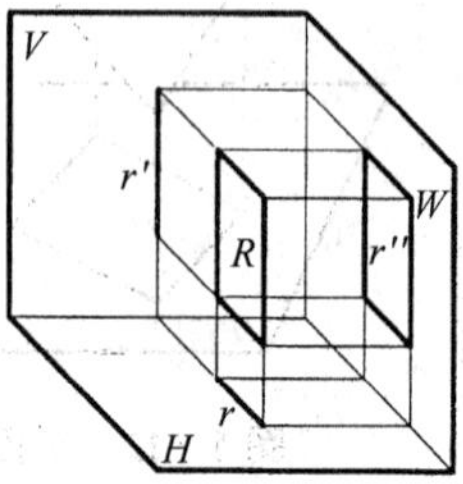
投影图	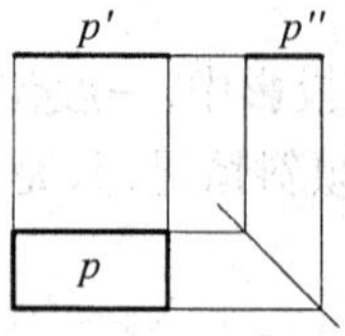	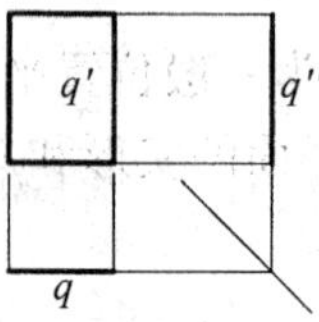	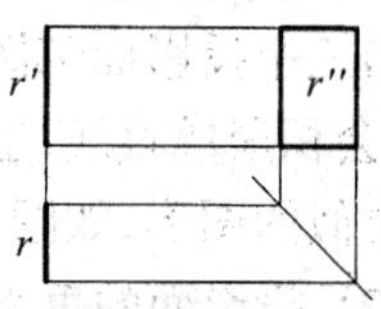

由此可见,平面若平行于某一投影面,则在该投影面上的投影反映了平面的真实形状和大小;而在另外两个投影面上的投影,积聚为直线,且为水平或竖直方向。

(三) 平面立体的投影

立体的形状和位置,由其表面所决定,表面全是平面的立体,称为平面立体;由曲面或曲面与平面围成的立体称为曲面立体。

一般的工程形体,不管它的形状有多复杂,都可以看作是由若干基本几何体组合成的,如图1-14所示。工程上常见的基本几何体有棱柱、棱锥、圆柱、圆锥等。

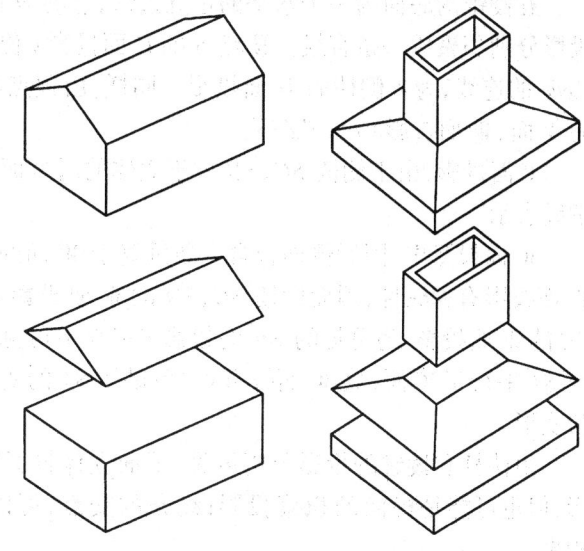

图1-14 平面立体的组合

平面立体的投影,为其各个棱面的投影;而棱面的投影,由其棱线的投影来表示;棱线的投影,为顶点的投影的连线。所以平面立体的投影,实质上是组成平面立体的点、直线和平面的投影的集合。

立体的投影图,一般由线条表示,不需注出顶点字母。本书中所注字母,仅为叙述的需要。

1. 棱柱的投影

图1-15为一个长方体,即一个四棱柱向三个投影面的投影。该长方体的三对互相平行的棱面,分别平行于三个投影面。

H 面投影是一个矩形,为长方体上顶面和下底面投影的重合,顶面为可见的,底面不可见,该投影反映了它们的实形。矩形的四条边线,为顶面和底面上各四条边线的重影,反映了它们的实长和方向;亦为四个侧面投影的积聚。矩形的四个顶点,为顶面和底面上、下各四个顶点的重影,亦为垂直于 H 面的四条棱线的积聚投影。

同样,也可分析出 V 面、W 面投影。

图1-15 四棱柱的三面投影

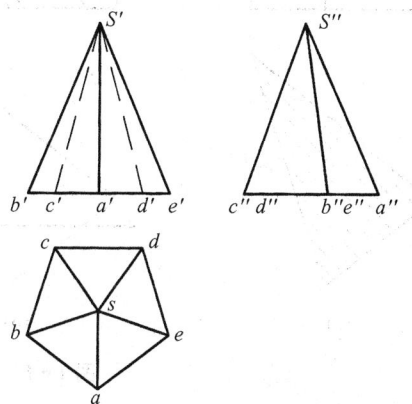

图1-16 五棱锥的三面投影

2. 棱锥的投影

图1-16为一个正五棱锥向三个投影面的投影。

五棱锥的底面为一个水平的正五边形,它的 H 面投影 $abcde$ 反映了其实形,V 面和 W 面投影分别积聚成一条直线。顶点 S 的 H 面投影 s 位于五边形 $abcde$ 的中心,s 与五边形顶点 $abcde$ 的连线,为各侧棱的 H 面投影。同样,由顶点的 V 面、W 面投影 s'、s'',可连得各侧棱的 V 面、W 面投影 $s'a'$、$s''a''$ 等。

V 面投影,由于侧棱 SC、SD 位于立体的后方而不可见,故它们的 V 面投影 $s'c'$、$s'd'$ 用虚线表示。

W 面投影中,因后侧面包含一条垂直于 W 面的底边 CD,该面亦垂直于 W 面,所以它的 W 面投影有积聚性,因而侧棱 SC、SD 的 W 面投影 $s''c''$、$s''d''$ 也重影。又左右两条侧棱 SB、SE 的 W 面投影,为可见的 SB 的投影 $s''b''$ 与不可见的 SE 的投影 $s''e''$ 重影,仍用实线表示。因 SA 平行于 W 面,故 W 面投影 $s''a''$ 反映了 SA 的实长。所有侧面在三个投影中没有一个反映实形。

由棱柱和棱锥的投影分析可见,平面立体投影图中的线条,可以单纯地代表棱线的投影,但也可能是棱面的积聚投影;线条的交点,可以单纯地是点的投影,也可能是棱线的积聚。

3. 平面立体的截断

平面立体被一个平面所截,余下的立体仍为平面立体,该平面与立体相交部分为一个平面多边形,称为截断面。

图 1-17(a)、(b)、(c)分别为一个三棱柱被一个平面所截切的几种不同情况。图 1-17(a)中截平面垂直于棱柱的侧棱但平行于其上下底面,图 1-17(b)中截平面平行于侧棱,图 1-17(c)中截平面与侧棱成一倾斜角度。

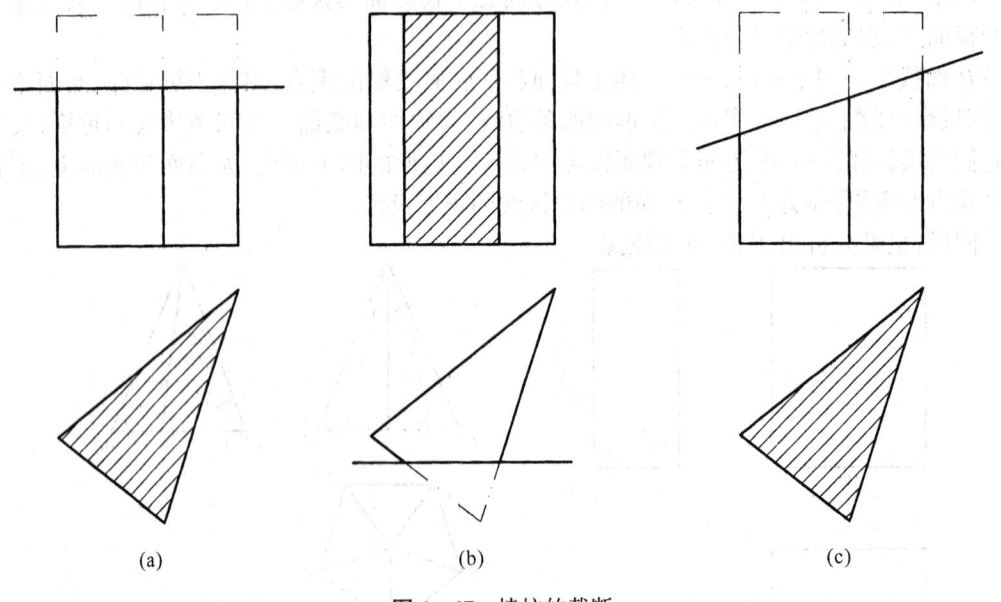

图 1-17 棱柱的截断

图 1-18(a)、(b)、(c)分别为一个三棱锥被一个平面所截切的几种不同情况。图 1-18(a)中截平面与底面平行,图 1-18(b)中截平面过棱锥的顶点,图 1-18(c)中截平面与底面成一倾斜角度。

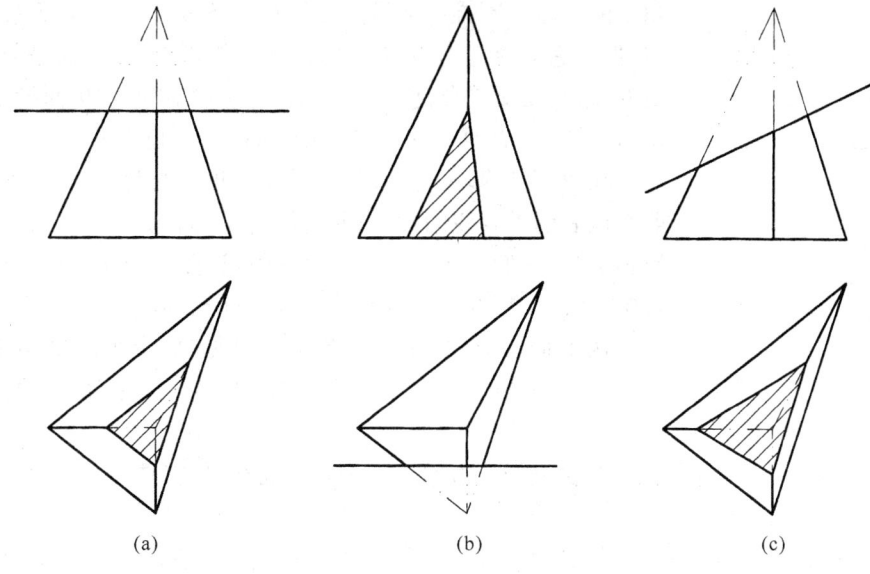

图 1–18 棱锥的截断

（四）曲面立体的投影

1. 圆柱的投影

图 1–19 为一个圆柱体向三个投影面的投影。

该圆柱体的上下底圆，平行于 H 面，故其 H 面投影上的圆反映了上下底圆的实形，上下两圆重影，上圆可见，下圆不可见；圆柱的侧面则垂直于 H 面，在 H 面的投影积聚在圆周上。

V 面投影为一矩形，中间的细点划线表示圆柱轴线的投影，称为投影中心线。矩形的上下两条水平线为上下底圆的积聚投影，左右两条边为空间圆柱面上最左和最右两条素线的 V 面投影，而这两条素线的 W 面投影与轴线的 W 面投影重合，因不是投影外形线，所以不予表示，即仍以中心线表示。

而 W 面投影的矩形，上下两条水平线为仍为上下底圆的积聚投影，左右两条边为空间圆柱面上最前和最后两条素线的 W 面投影，同样这两条素线的 V 面投影与轴线的 V 面投影重合，不是投影外形线，不需表示。

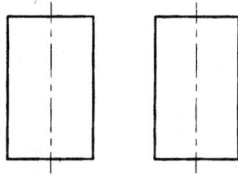

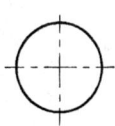

图 1–19 圆柱的三面投影

在 V 面投影中，前半个圆柱面可见，后半个圆柱面不可见，其对应的 W 面投影分别是 W 面上轴线的右侧和左侧的半个矩形。在 W 面投影中，左半个圆柱面可见，右半个圆柱面不可见，其对应的 V 面投影分别是 V 面上轴线左侧和右侧的半个矩形。

2. 圆锥的投影

图 1–20 为一个圆锥向三个投影面的投影。

圆锥的底面为一个水平的圆，它在 H 面的投影反映了实形；而圆锥面在 H 面的投影也为一个圆，与底圆的 H 面投影重合。由于圆锥面在底圆的上方，所以 H 面投影中，锥面可见，而底面不可见。

圆锥的 V 面和 W 面投影都是三角形，三角形的底边是圆锥底面的积聚。V 面投影上三

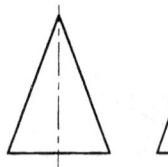

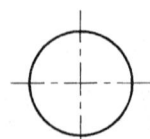

图 1-20 圆锥的三面投影

角形的两腰是圆锥面上最左和最右两条素线的投影,为投影外形线,但与它们对应的 W 面投影却不是投影外形线,而是与圆锥轴线的 W 面投影重合,故不予表示,与它们对应的 H 面投影,成一条水平线,与 H 面投影圆周的中心线重合,也不需表示。

在 W 面投影中,投影外形线即三角形的两腰,为圆锥面上最前和最后两条素线的投影,而它们的 V 面投影与圆锥轴线的 V 面投影重合,它们的 H 面投影,为一条竖直线,与 H 面投影圆的竖直中心线重合,都不是投影外形线,不用表示。

在 V 面投影中,前半个圆锥面可见,后半个圆锥面不可见;在 W 面投影中,左半个圆锥面可见,右半个圆锥面不可见。

3. 曲面立体的截断

曲面立体被一个平面所截,其截交线一般情况下为平面曲线,但特殊情况下也可能为直线。

表 1-5 表示了圆柱被平面截切的三种情况的空间示意图及投影图。当截平面垂直于圆柱的轴线时,截断面为一个圆;当截平面平行于轴线时,截断面为一矩形;当截平面与轴线斜交时,截断面为一椭圆。

表 1-5 圆柱的截断

截平面位置	垂直于圆柱轴线	平行于圆柱轴线	倾斜于圆柱轴线
截断面	圆	矩形	椭圆
空间状况			
投影图			

表 1-6 表示了圆锥被平面截切的五种情况的空间示意图及投影图。当截平面垂直于圆锥的轴线时,截断面为一个圆;当截平面与轴线斜交时,截断面可能为椭圆、抛物线和双曲线;当截平面经过圆锥的顶点时,截断面为一个三角形。

表1-6 圆锥的截断

截平面位置	垂直于圆锥轴线	倾斜于圆锥轴线			通过圆锥顶点
截断面	圆	椭圆	抛物线	双曲线	三角形
空间状况					
投影图					

三、轴测投影图

（一）轴测投影的基础知识

在建筑工程中主要用正投影图表达建筑物的形状和大小，因为正投影图能完整准确地表示形体的几何尺寸，但这种图直观性差，不容易看懂。而轴测图是用一个图形直接表示建筑物的整体形状，图形具有立体感，便于了解形体的空间形状，但它却不能直接反映物体的确切形状和大小，所以，轴测投影图一般作为一种辅助性图样，以帮助读图，如图1-21所示。

1. 轴测投影的形成

前面我们介绍过四棱柱的投影，为了得到四棱柱各个面的实形，一般将四棱柱的六个面分别平行于三个基本投影面，如将其前后两个面平行于V面，则V面投影可反映它们的实形，

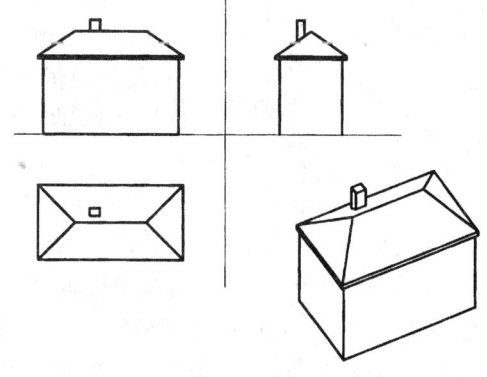

图1-21 正投影图与轴测投影图的比较

再结合另外两个投影组合起来，相互补充，共同表示一个立体。

现在改变立体对投影面的相对位置，使立体与投影面之间成一个倾斜的角度，或者改变投射线的方向，就能得到具有立体感的平行投影图，如图1-22所示。

这种用平行投影的方法，把形体连同它的坐标轴一起向单一投影面投影得到的投影图，称为轴测投影图。

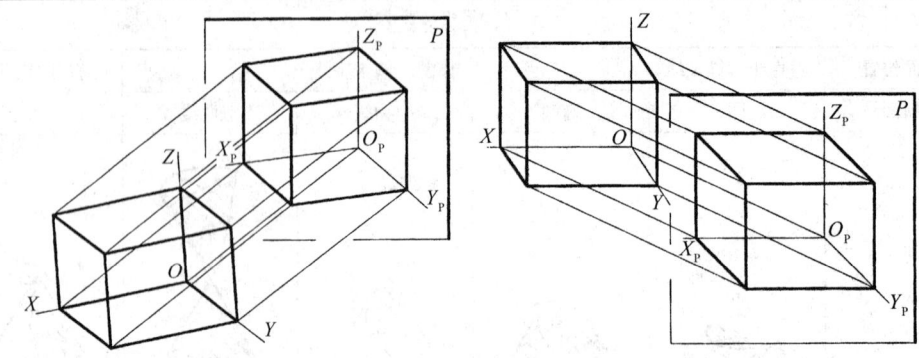

图 1-22 轴测投影的形成

2. 轴测投影的性质

(1) 常用术语。

① 轴测轴：三根坐标轴 OX、OY、OZ 在轴测投影面上的投影 O_1X_1、O_1Y_1、O_1Z_1 称为轴测投影轴，简称轴测轴。

② 轴间角：相邻两轴测轴之间的夹角，称为轴间角。

③ 轴测：形体的投影所反映的长、宽、高数值是沿轴测轴 O_1X_1、O_1Y_1、O_1Z_1 来测量的。

④ 轴向伸缩系数：沿轴测轴方向，线段的投影长度与其真实长度之比，称为轴向伸缩系数。轴测投影图中，直线的投影长度一般小于或等于其空间长度，故伸缩系数一般 $\leqslant 1$。在实际作图过程中，常采用简化伸缩系数。

(2) 轴测投影的特性。

① 由于物体对轴测投影面的倾斜角度不同，或投射线对轴测投影面的倾斜角度不同，同一物体可以画出无数个不同的轴测投影图，不同的轴测投影图的三个轴测轴的方向、轴间角及伸缩系数都不相同。

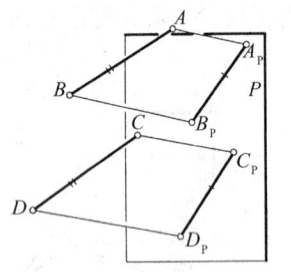

图 1-23 平行两直线的轴测投影

② 平行性：因轴测图采用的是平行投影，所以在轴测投影图中，凡空间相互平行的两直线，其轴测投影仍然相互平行；直线平行于坐标轴，其轴测投影也平行于相应的轴测轴，如图 1-23 所示。

③ 同比性：空间平行的两直线，其平行投影的伸缩系数相等。

这样，如果先知道了轴测投影中的轴测轴的方向和伸缩系数，则与坐标轴平行的直线，其轴测投影必平行于轴测轴，且投影长度等于其空间长度乘以该轴的伸缩系数。其实，所谓"轴测"，就是沿着坐标轴的方向，其轴测投影可以测量。既可以由空间长度乘以伸缩系数得出投影长度，也可以由投影长度除以伸缩系数得到空间长度。轴测投影的叫法即来源于此。

(二) 轴测投影图的分类和选择

1. 轴测投影的分类

(1) 轴测投影的分类，按投射线对投影面是否垂直，可分为：

① 正轴测投影——投射方向垂直于投影面。

② 斜轴测投影——投射方向倾斜于投影面。

(2) 按三个轴的伸缩系数是否相等,可分为:
① 三等轴测投影——三个伸缩系数相等,又简称为等轴测投影。
② 二等轴测投影——两个伸缩系数相等。
③ 不等轴测投影——三个伸缩系数都不等。
具体的一种轴测投影,一般由两个分类名称合并而成。如正轴测投影中的三等轴测投影称为正三等轴测投影。

此外,在斜轴测投影中,若使轴测投影面平行于正立坐标面 OXZ 或水平坐标面 OXY,则在有关名称前加"正面"或"水平"两字。如水平斜二等轴测投影。

2. 国家标准规定应采用的轴测图

根据"房屋建筑制图统一标准",房屋建筑的轴测图,宜采用以下几种轴测投影并用简化的轴向伸缩系数绘制。

(1) 正三等轴测投影,简称正等测,其轴间角均为 120°,轴向伸缩系数通常采用简化系数 1。其示意如图 1-24。

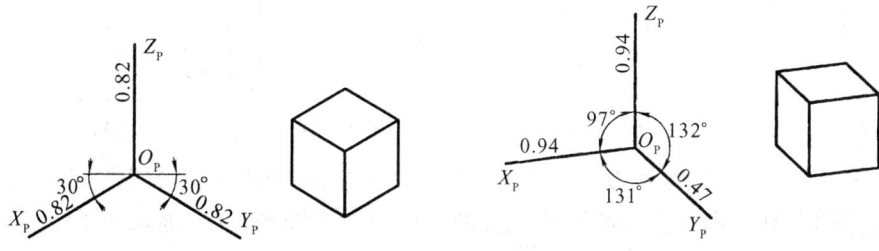

图 1-24 正等测示意图　　　　图 1-25 正二测示意图

(2) 正二等轴测投影,简称正二测,其示意如图 1-25。

(3) 正面斜等轴测投影和正面斜二等轴测投影,简称正面斜等测和正面斜二测,其示意如图 1-26、图 1-27。

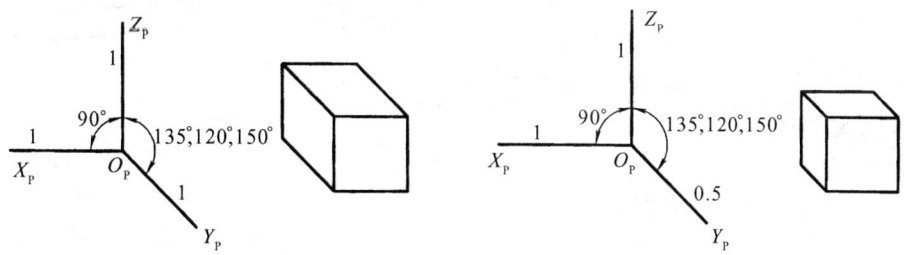

图 1-26 正面斜等测示意图　　　　图 1-27 正面斜二测示意图

(4) 水平斜等轴测投影,简称水平斜等测,其示意如图 1-28。

在轴测投影图中,OZ 轴在图纸上一般呈竖直方向,另外,两轴的位置由轴间角确定。为作图方便,通常采用简化伸缩系数,如在正等测投影中,沿三个轴向的伸缩系数均为 0.82,采用简化系数 1 后,凡与轴测轴平行的线段,在轴测图中均按实量取。这样得到的投影图,实际放大了约 1.22 倍(1/0.82),但对整个图形的形状和相对位置并没有影响。

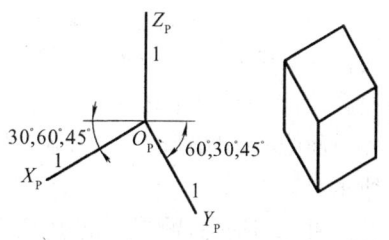

图 1-28 水平斜等测示意图

3. 轴测投影的选择

(1) 同一种轴测投影的不同形式。

同一种轴测投影，只要保持轴间角不变，可以根据表达要求改变轴测轴的方向。如图 1-29 中的四个图，都是用正二等轴测投影表示的从前向后观看的正方体，它们的轴测轴方向各不相同。图 1-29(a)、(b) 为从下向上观看，即仰视图；图 1-29(c)、(d) 为从上向下观看，即俯视图；又图 1-29(a)、(c) 为从右向左观看；图 1-29(b)、(d) 为从左向右观看。事实上，正方体任一顶点的三条棱线都可作为轴测轴，画图时，可根据表达的要求加以选择。

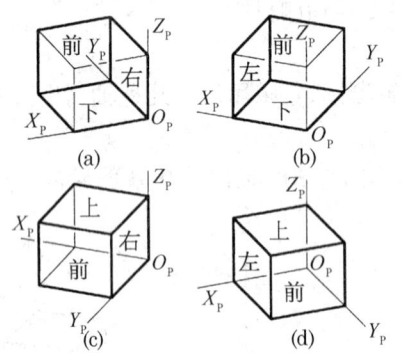

图 1-29 正方体轴测投影的不同形式

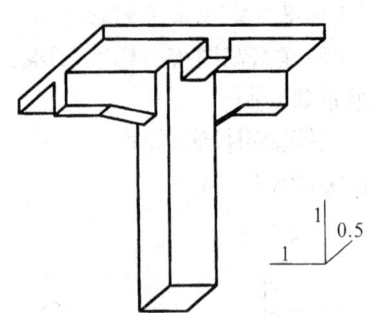

图 1-30 柱顶的正二等轴测投影图

又如图 1-30 所示的交梁楼面柱顶的正二等轴测投影，采用了仰视图，以表示梁柱的接头情况，而图 1-31 中所示的屋架下弦端部的正面斜二等轴测投影，则采用了俯视图，从上向下，从右向左观看，以看清切口的形状。

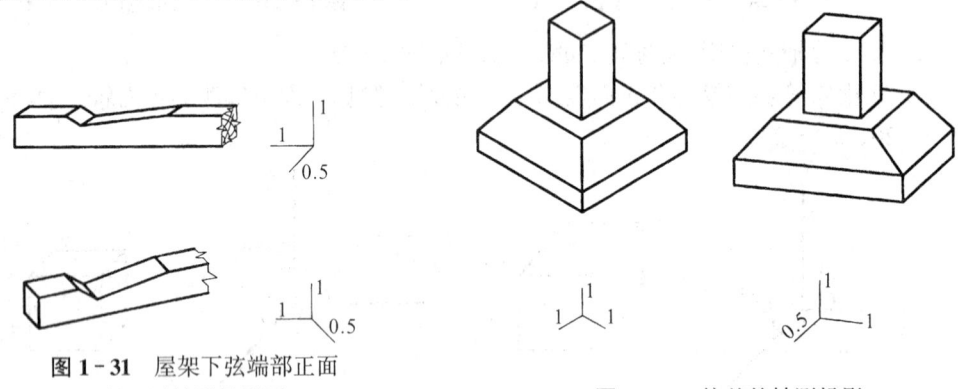

图 1-31 屋架下弦端部正面斜二测轴测投影图

图 1-32 柱基的轴测投影

(2) 不同轴测投影的表示。

当然，观察角度相近，选择不同的轴测投影类型，得到的轴测投影效果也是不同的。

图 1-32 中的柱基，若采用正等测投影，柱基的斜面交线成为竖直方向而与基座的竖直棱线在一条线上，图示效果不佳，而采用正二测效果较好。图 1-33 中的拱顶，也不宜采用正等测投影，因为这时两曲面的相交线成为一条竖直线而显不出曲线形状，右图的图示效果较好。

而圆柱与圆球的轴测投影，为了避免较大的变形，通常采用正等轴测投影，如图 1-34 所示。

可见，选择轴测投影的形式，应根据要表达的具体形体的形状和位置来确定。总之，以选择能够最好地表达物体形状特征的轴测投影为佳。

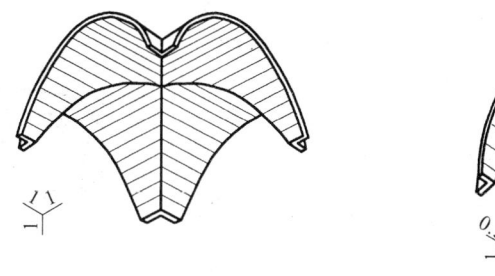

图 1-33　拱顶的轴测投影

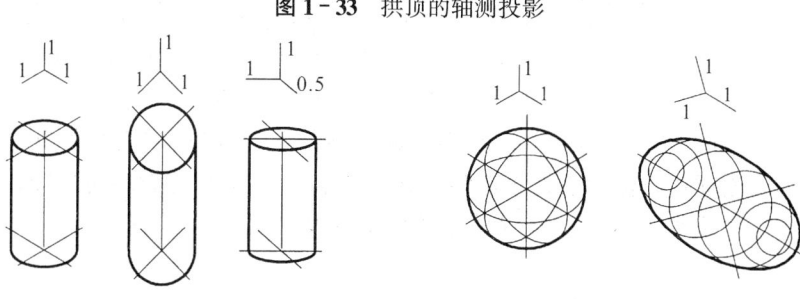

图 1-34　圆柱和球的轴测投影

（三）轴测投影图的基本作法

要作形体的轴测投影图，首先应在形体上选取一点作为原点，选取最有利于特征表达和作图方便的位置为轴测轴，三条轴线应相互垂直，交于原点。再选取合适的轴测投影、伸缩系数，利用直线的平行性、图形特点等几何特性进行作图。

1. 直接作图法

对于简单的几何形体，可以直接选轴，并沿轴线量取尺寸作图，如图 1-35 所示的作图过程。

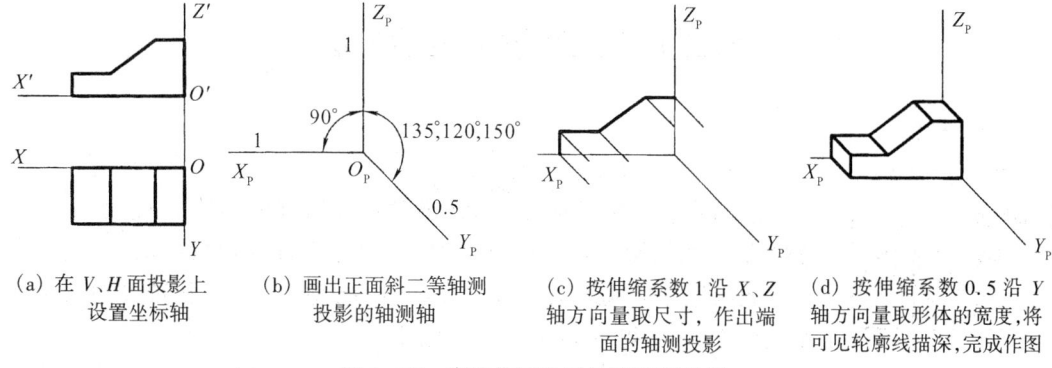

（a）在 V、H 面投影上设置坐标轴　　（b）画出正面斜二等轴测投影的轴测轴　　（c）按伸缩系数 1 沿 X、Z 轴方向量取尺寸，作出端面的轴测投影　　（d）按伸缩系数 0.5 沿 Y 轴方向量取形体的宽度，将可见轮廓线描深，完成作图

图 1-35　直接作图法画轴测投影示例

2. 形体分解法

应用形体分解法，将立体分解为一些基本几何形体，再按各种方式组合而成。如许多形体可看作基本形体切割而成，为此，先作出基本形体的轴测投影，然后进行切割，从而完成立体的轴测图，如图 1-36 所示的作图过程。

3. 坐标法

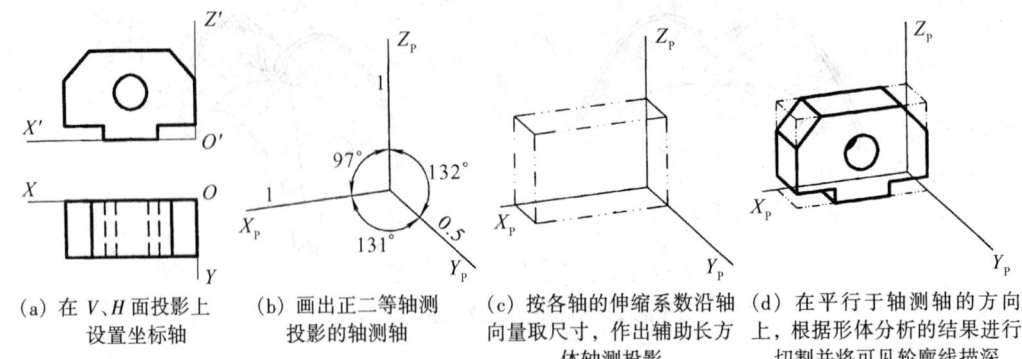

(a) 在 V、H 面投影上设置坐标轴　(b) 画出正二等轴测投影的轴测轴　(c) 按各轴的伸缩系数沿轴向量取尺寸，作出辅助长方体轴测投影　(d) 在平行于轴测轴的方向上，根据形体分析的结果进行切割并将可见轮廓线描深

图 1-36　形体分析法画轴测投影示例

有些形体复杂或位置特殊的立体，可以根据坐标关系，画出立体表面各点的轴测投影，然后连成立体的轮廓线。坐标法是作轴测投影的基本方法，但顶点较多时比较繁琐，可结合各点之间的相互关系作图，如图 1-37 所示的作图过程。

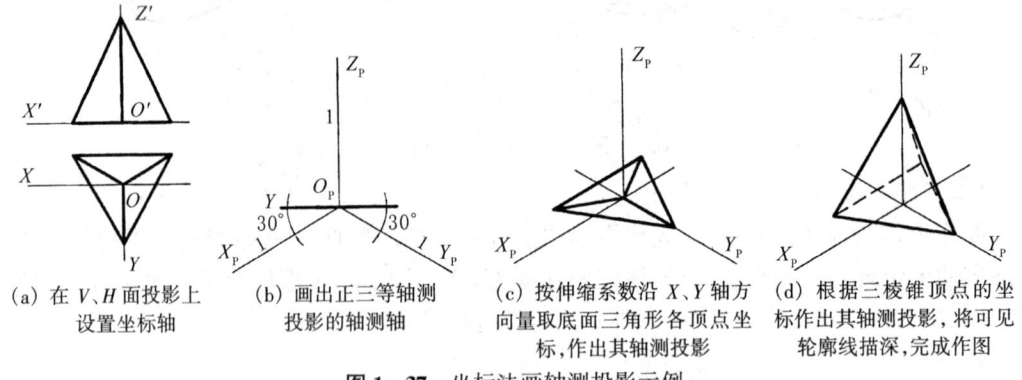

(a) 在 V、H 面投影上设置坐标轴　(b) 画出正三等轴测投影的轴测轴　(c) 按伸缩系数沿 X、Y 轴方向量取底面三角形各顶点坐标，作出其轴测投影　(d) 根据三棱锥顶点的坐标作出其轴测投影，将可见轮廓线描深，完成作图

图 1-37　坐标法画轴测投影示例

实际作图时，可根据形体的特点，将几种作图方法综合起来运用。

第二节　工程图的表达方法

一、视图

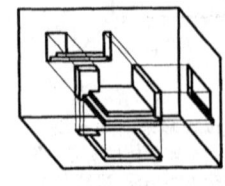

图 1-38　三面视图

（一）三面视图和六面视图

前面我们介绍了利用正投影原理可以得到形体的 H 面投影、V 面投影和 W 面投影。在工程制图中，运用已学过的正投影法，以观察者处于无限远处的视线来代替正投影中的投射线，将工程形体向投影面作正投影时，所得到的图形称为视图。

在工程图中，我们把相当于水平投影、正面投影和侧面投影的视图，分别称为平面图、正立面图和左侧立面图，这就是三面视图。

在三视图的排列位置中，平面图位于正立面图的下方，左侧立面图位于正立面图的右方。正立面图反映了物体的上下、左右关系，即高度和长度；平面图反映了物体的左右、前后关系，即长度和宽度；左侧立面图则反映了物体的上下、前后关系，即高度和宽度关系，如图 1-38 所示。

对于某些工程形体,画出三视图后还不能清楚地表达其形状时,可根据需要增加新的视图来表达。如增设从下向上、从后向前和从右向左观看所得到的视图,分别称为底面图、背立面图和右侧立面图。这样一共得到六个视图,这六个视图通常称为基本视图。

六面视图的展开过程如图 1-39 中(a)所示。在六面视图的排列位置中,平面图、正立面图和左侧立面图的位置与三面视图中的位置一致,增加的底面图位于正立面图的上方,右侧立面图位于正立面图的左方,背立面图位于左侧立面图的右方,如图 1-39(b)所示。

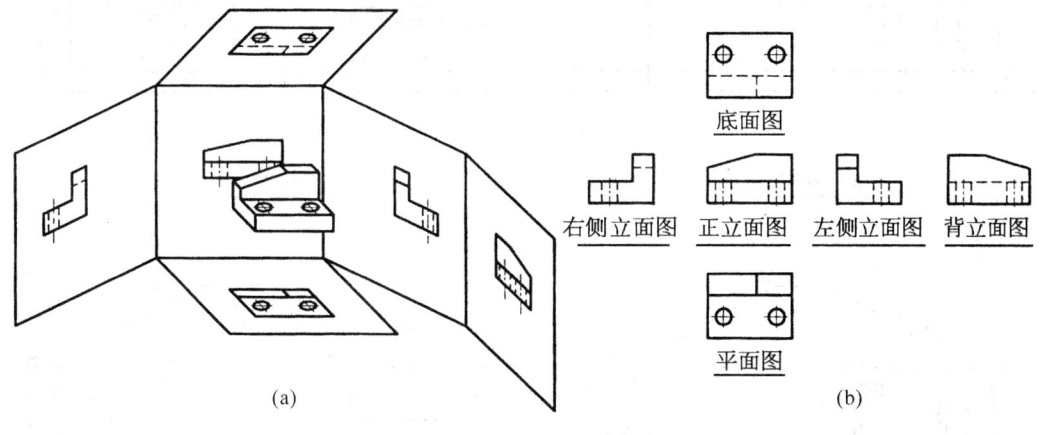

图 1-39 六面视图

从图中可以看出,平面图与底面图,正立面图与背立面图,左侧立面图与右侧立面图分别呈对称图形,但图形中的虚实线有所不同。

六视图之间的投影联系规律为:

正立面图、平面图、底面图和背立面图——长对正;

正立面图、左侧立面图、右侧立面图和背立面图——高平齐;

平面图、左侧立面图、底面图和右侧立面图——宽相等。

如果六个视图画在一张图纸内,且按图 1-39 所示位置排列时,可以省略注写视图的名称。但为了明确起见,在工程图中通常仍注写出各视图的名称。如不能按图 1-39 的排列配置视图时,则必须分别注写各个视图的名称,图名一般注写在视图的下方。

对于房屋建筑,由于图形较大,一般都不能将所有视图排列在一张图纸上,因此在房屋工程图中均需注写各视图的图名。图 1-40 为一幢房屋的轴测图和视图,该房屋四个立面上门窗及构配件的布置情况都不相同,因此,要完整地表达它的外貌,需要画出四个方向的立面图和一个屋顶平面图。由于房屋建筑一般都坐落在地面上,因此不需要画出底面图。

图 1-40 中仅表达了房屋各个面的外貌,图中只画出了可见的图线,未画出不可见的图线(虚线)。不可见的图线由剖面图和断面图表示。

(二) 工程形体的分析与读图

一个复杂的工程形体,可以看成由若干基本几何体组合而成,组合的方式有叠加、切割、贯穿、相交等。要读懂复杂形体的投影图,首先应先对形体进行形体分析,以弄清该组合体由哪几部分组成,每部分的组合方式如何,从而对形体各部分的形状、位置有一个清楚的了解。常用的读图方法有两种:形体分析法和线面分析法。

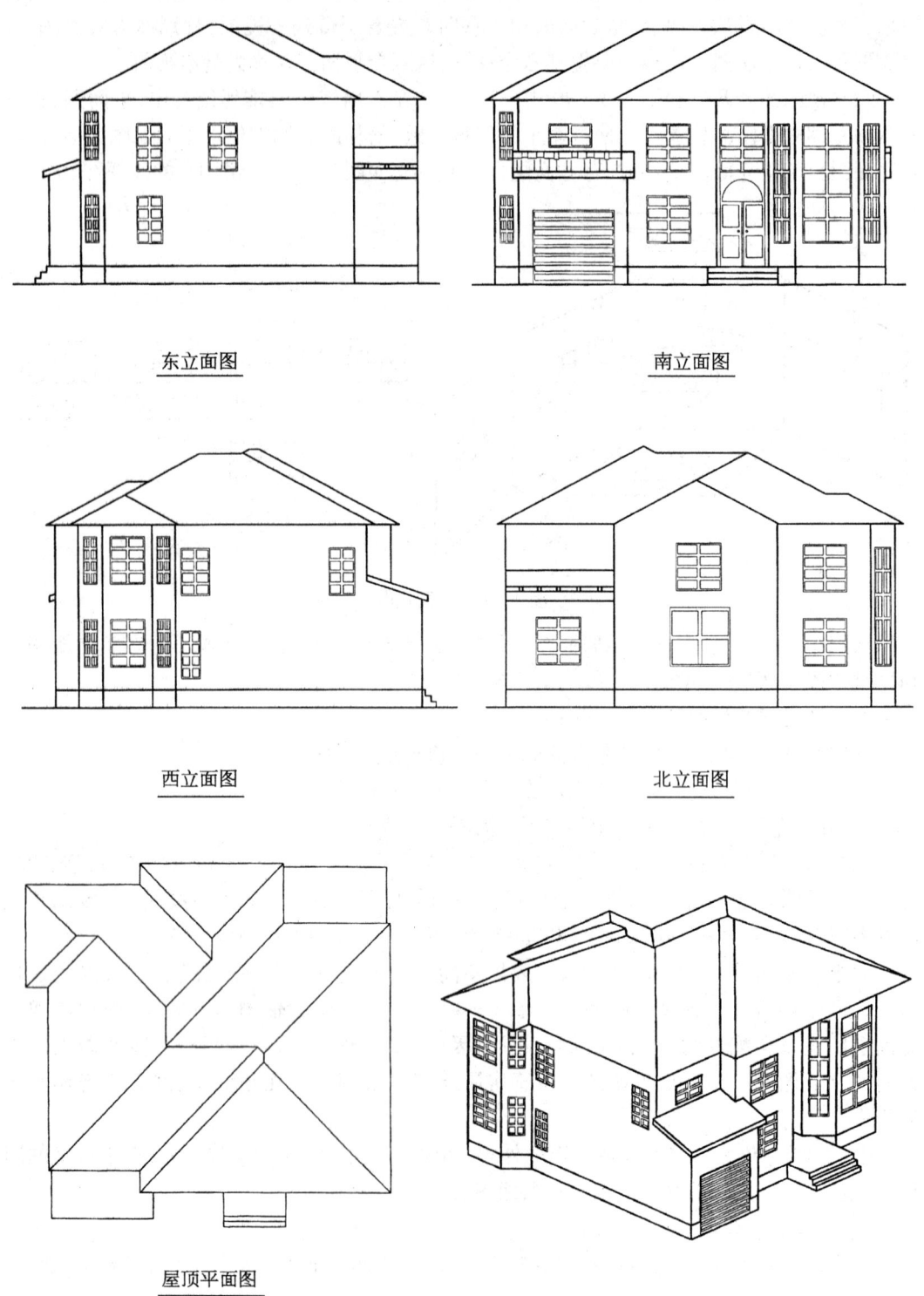

东立面图　　　　　　　　　南立面图

西立面图　　　　　　　　　北立面图

屋顶平面图

图 1-40 房屋的视图

1. 形体分析法

使用形体分析法读图时,应根据视图的特点,把视图按封闭的线框分解成几个部分,每一部分按线框的投影关系,分离出组合体各组成部分的投影。想像出由这些线框所表示的基本几何体的形状和它们之间的组合关系,最后综合想像出形体的完整形状。

读图时,一般以最能反映形体形状特征的视图为主,从中分析组合体的组成,再与其他投影图联系起来看,这样能较快地确定形体的空间形状。

现以图 1-41 所示的组合体为例,来说明如何采用形体分析法读图。

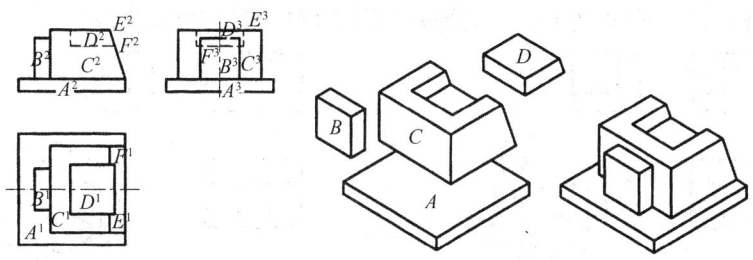

图 1-41 用形体分析法读图

从投影图中看,正面图中有三个由实线围成的封闭的四边形 A^2、B^2、C^2,及一个有虚线围成的封闭四边形 D^2。由于在平面图和左侧面图中,与矩形 A^2、B^2 对应的投影亦是矩形 A^1、B^1 和 A^3、B^3,可知组合体的下方及左方的形体均为长方体;又正面图中右方实线 C^2 所示的是一个梯形,对应的 C^3 是一个矩形,故 C 可能是一个四棱柱,对应的平面图是两个相交的 U 形图形,中间有一个矩形 D^1,而对应于 D 的正面图和左侧面图是虚线围成的梯形 D^2 和矩形 D^3,故 D 是一个四棱柱。因而 C 是由一个四棱柱在右上方挖去一个小的四棱柱 D 后所形成的形体。(因挖去了 D,使 C 的右上方棱线 E 被中断,直线 F 为 D 的底面与 C 的右侧面的交线。)

2. 线面分析法

形体分析法是读图识图的基础,在形体分析的基础上,当物体的某个局部不易看懂时,可运用线面分析法,对组成视图的某些线条作进一步的线、面投影分析,这就需要熟练掌握各种位置的线、面的投影特点,并根据投影想像出空间形体的形状和位置。最后,把想像出的组合体与已知视图对照,来验证想像是否正确。

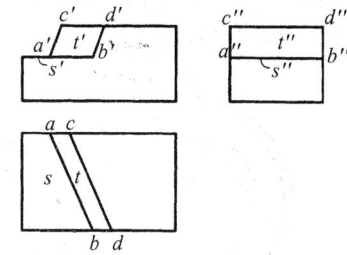

图 1-42 用线面分析法读图

如图 1-42 所示形体的三面视图,从三个投影的外轮廓线看,这是一个长方体,从 V 面投影可以看出,长方体的左上角被切去了一部分。对应 H 面投影图可知,被切去的是一楔形体,也就是长方体上挖了一个楔形槽口,其 H 面投影为 s、t 两个封闭图形。s 是一封闭的梯形,对应 V 面、W 面都没有与之相似的梯形,而只有两个直线段 s' 与 s'',且都是水平直线段,可知 S 平面为水平面;t 封闭形是一个四边形,对应 V 面与 W 面,都各有一个相似的四边形 t' 和 t'',则说明 T 平面是一般位置平面。T 平面与 S 平面相交于直线 AB。综合以上分析,即可判断出该组合体的形状。

以上分析介绍了形体分析法与线面分析法,必须指出的是:在阅读、思考投影图时,并不是单一使用某种方法,而是综合运用所掌握的方法与经验。一般来说,阅读投影图是"先整体,后细部",先用形体分析法认识立体的整体,进而用线面分析法认识立体的细部。

下面再通过两个示例来说明组合体的读图方法。图 1-43 中的两个组合体的正面图和平面图比较相似,而左侧面图最能反映它们的形状特征。从左侧面图来看,两个组合体都是由 L 形的底板和竖板,另外再加一块肋板组成,不同的是图 1-43(a)的肋板为四棱柱,图 1-43(b)的肋板为三棱柱。图 1-43(a)中四棱柱肋板的上顶面与竖板的上顶面重合为同一个面,肋板前面的面与底板前面的面重合为同一个面,中间无接缝,故实际上无交线。而图 1-43(b)中肋板的一个侧面为斜面,与竖板及底板在转折处均形成交线。

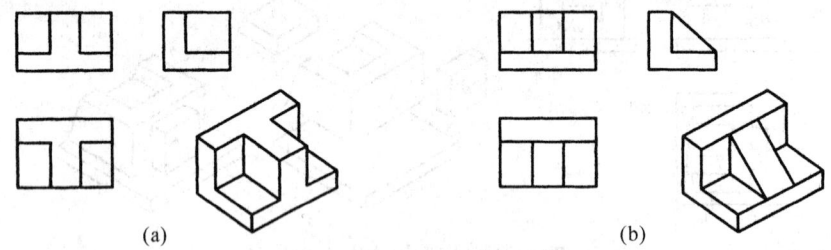

图 1-43 形状相似的组合体的阅读

图 1-44 所示为一台阶的三视图。通过形体分析很容易得知该形体由三级台阶和两块竖板组成。其正面图和平面图也较易读懂,而侧面图中的两小段虚线很容易被忽视,请运用线面分析法,对照图中标注的线段三面投影字母仔细阅读,弄清其对应的位置。

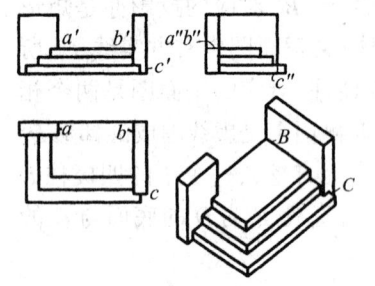

图 1-44 综合运用两种方法读图

(三) 视图的简化画法

在一些特定的情况下,采用一些简化画法可以节省绘图时间并使图面整洁。在制图统一标准中,规定了以下一些简化画法,读图时遇到这些简化表示方法要能看懂。

1. 对称简略画法

如果形体对称,可以对称线为界,只画出对称图形的一半;当图形有两条对称线时,可只画该图形的 1/4,并画出对称符号。图形也可稍许超出其对称线,这时可不画对称符号,如图 1-45 所示。

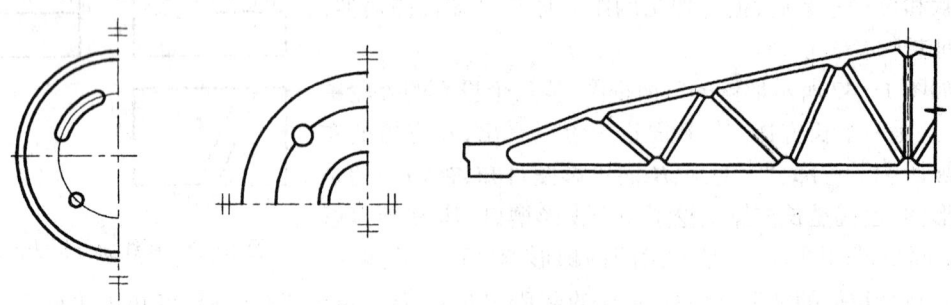

图 1-45 对称简略画法

2. 相同元素的简略画法

形体内有多个完全相同而连续排列的构造元素时,可仅在两端或适当位置画出其完整形状,其余部分以中心线或中心线交点表示。如相同构造元素少于中心线交点,则其余部分应在相同构造元素位置的中心线交点处用小圆点表示,如图 1-46 所示。

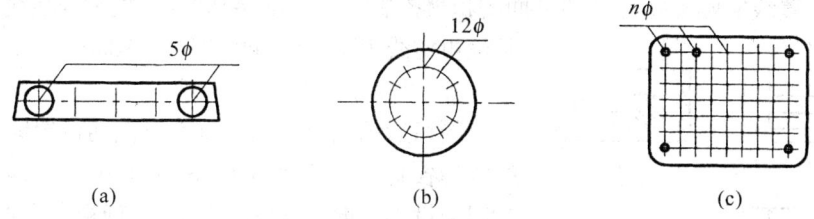

图 1-46 相同元素简略画法

3. 较长构件的折断表示

一些较长的构件,如沿长度方向的形状相同或按一定规律变化,可在当中用折断线断开的形式省略表示,如图 1-47 所示。

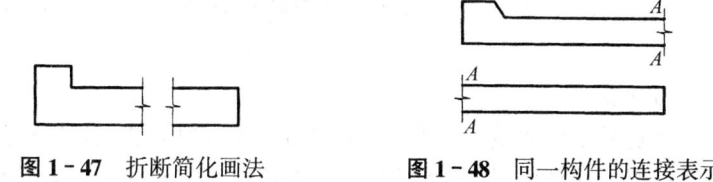

图 1-47 折断简化画法　　　图 1-48 同一构件的连接表示

4. 同一构件的连接表示

同一个构件,如果由于图面有限,绘制位置不够,可将该构件分成几个部分绘制,并以连接符号表示相连。两个被连接的符号,必须用相同的字母编号,如图 1-48 所示。

5. 构件局部不同时的简略画法

当所绘制的构件图形与另一构件的图形仅局部不同时,可只画该构件不同的部分,但应在两个构件的相同部分与不同部分的分界线处,分别绘制连接符号。两个连接符号应对齐,如图 1-49 所示。

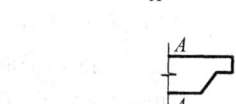

图 1-49 构件局部不同的简化画法

二、剖面图

(一) 剖面图的形成

利用三视图和六面视图,可以把物体的外部形状和大小表达清楚,至于物体的内部构造,在视图中用虚线表示。对于构造简单的工程形体,用视图就能表达清楚,但对结构复杂

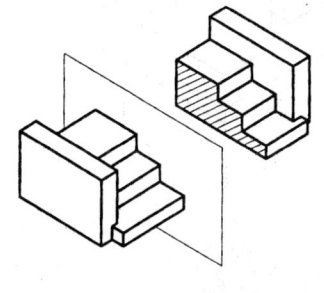

图 1-50 剖面图的形成

的建筑物,内部有各个房间,还有门窗、楼梯、基础等。如果仅用视图表示,则会出现较多的虚线,甚至虚实线相互重叠或交叉,致使图面含糊,表达不清。

为此,在工程制图中往往采用剖面图来解决这一问题。用一个假想的平面作为剖切平面将物体剖开,移去观察者和剖切平面之间的部分,作出剩下物体的视图,即为剖面图。

如图 1-50 为一台阶剖面图的形成情况。由于作了剖面,台阶内部原来看不见的部分,在剖面图上成为可见。

(二) 剖面图的表示

剖面图的表示由剖切位置线、剖视方向及剖切编号组成。

1. 剖切位置线

剖切位置线实际上就是剖切平面的积聚投影。为了不穿越图形,规定剖切线用断开的两段粗实线表示,其长度宜为 6~10mm。

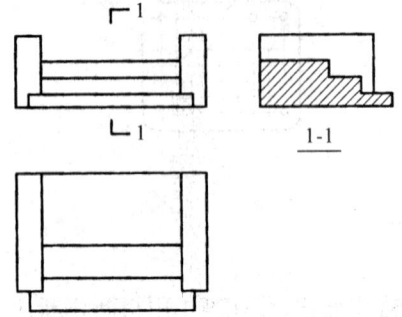

图 1-51 剖面图的表示

2. 剖视方向

剖切后的剖视方向应垂直于剖切位置线,在剖切线的两端各画一段长度为 4~6mm 的粗实线,粗实线的指向即为投影方向。如图 1-51 中,剖视方向线在剖切线的右侧,表示剖视方向为从左往右看。

3. 剖切编号

用于标注剖切符号的编号,一般采用阿拉伯数字 1-1、2-2…依次编号,通常注写在剖视方向线的端部,水平方向书写,而在剖面图的下方应写出与之对应的编号及图名,如图 1-51 中的"1-1 剖面图"。

(三) 剖面图的种类

作剖面图时,剖切平面的数量、剖切位置和剖切方式应根据被剖切物体的内部构造及外部形状决定,可选择以下几种形式剖切物体:单一剖切面、几个平行的剖切面、几个相交的剖切面及分层剖切等。

1. 单一剖切面

根据不同的剖切方式,单一剖切面的剖面图又有全剖面图、半剖面图、局部剖面图等几种形式。

(1) 全剖面图。

用一个剖切平面把物体全部剖开后所画出的剖面图,称为全剖面图。

如图 1-52 所示组合体,处于正面图位置的是一全剖面图,位于平面图和左侧立面图位置的为视图,视图中只画出了可见部分,虚线未表示。

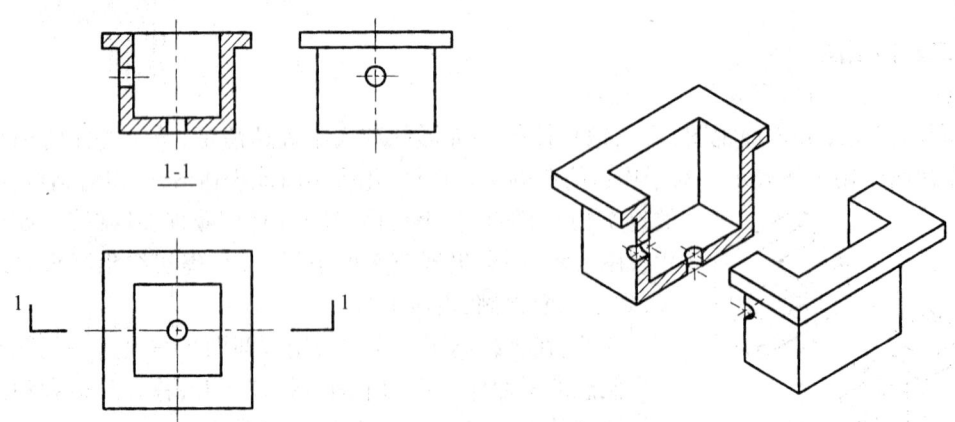

图 1-52 组合体的全剖面图

又如图 1-53 所示的两个剖面图分别为图 1-40 中所示房屋水平方向和竖直方向的全剖面图。平面图是由一个水平的剖切平面假想沿底层窗台上方将房屋切开后,移去上面部分,再向下投影得到的全剖面图,在房屋图中习惯上称为平面图;1-1 剖面图的位置在平面

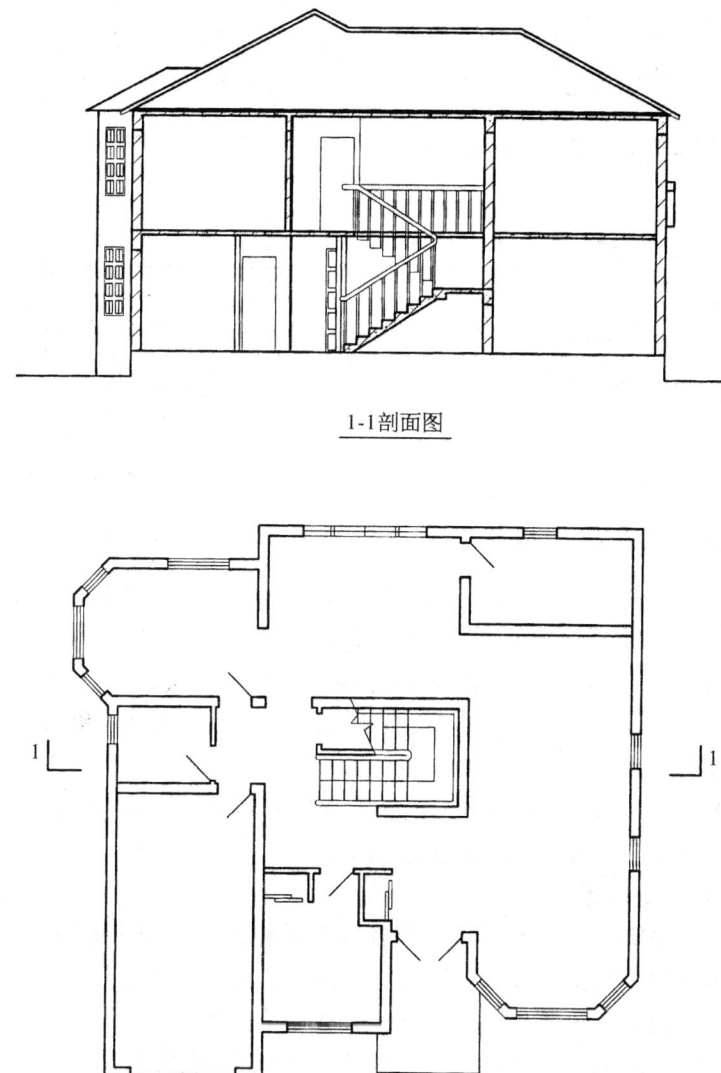

1-1剖面图

平面图

图1-53 房屋的全剖面图

图中有标注。有关房屋图的具体表示方法将在下一章中详细介绍,这里两个剖面图可先作一般了解,等学完第二章后再仔细阅读。

(2) 半剖面图。

当物体对称时,以对称线为界,一半画外形图,一半画剖面图,合成的投影图称为半剖面图。半剖面图利用物体的形状特点,在一个图中,既表示出了物体的外部形状,又表示出其内部构造。中间的对称线仍用细点划线表示。如图1-54表示的就是一个圆锥形薄壳基础的半剖面图。

(3) 局部剖面图。

物体局部被剖切后得到的视图,称为局部剖面图。局部剖面图仅适用于只有一小部分

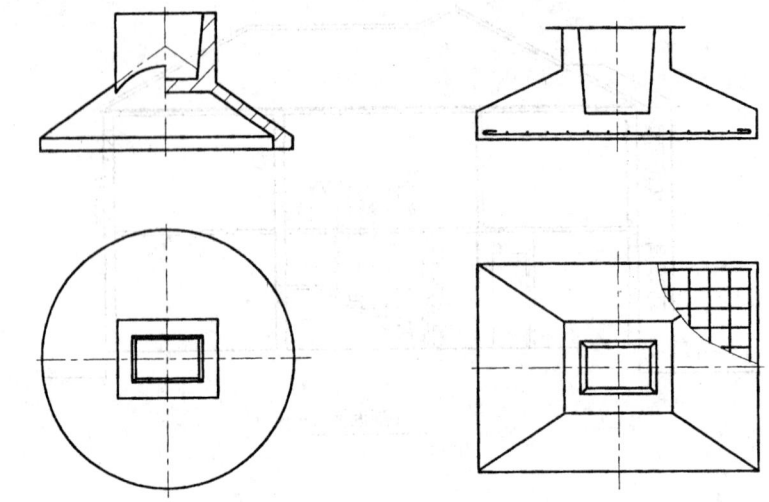

图 1-54　圆锥形薄壳基础的半剖面图　　图 1-55　杯形基础的局部剖面图

需要用剖面表示的情况。一般在形体内部结构分布均匀，故只须了解局部就可知全部的情况下，或只须了解某一局部而没有必要了解全部结构的情况下，可采用局部剖面图。

因为局部剖面图的大部分仍为表示外形的视图，故仍用原来的视图名，且不标注剖切符号。局部剖面图与外形视图之间用波浪线分界，波浪线不能与轮廓线或中心线重合且不能超出外形轮廓线。

图 1-55 表示了杯形基础的局部剖面图。因为该基础底板内的钢筋是均匀分布的，所以用右下角的局部剖面图表示了其内部配筋情况。

2. 几个平行的剖切面

当建筑物内部层次结构较多，用一个平面剖切不能将内部结构表达清楚时，可用两个或三个互相平行的剖切平面剖切，画出其剖面图，这种剖面图习惯上也叫阶梯剖面图。如图 1-56 所示，由于要表示的两个孔不位于同一平面上，故把剖切平面沿着平面图所示的转折剖切线，转折成两个平行的剖切平面，这样得到的剖面图能同时反映出两个位置的内部结构。

由于剖切是假想的，因此在剖面图中不应画出两个剖切平面的分界交线。需要转折的剖切线，应在转角的外侧加注与该符号相同的编号。

3. 几个相交的剖切面

一个物体也可用几个相交的剖切平面剖切，并将倾斜于基本投影面的剖面图旋转到平行于基本投影面后得到剖面图，这种剖面图习惯上也叫旋转剖面图。用此方法剖切时，应在图名后注明"展开"字样。如图 1-57 所示，因两个圆管的轴线不位于同一平面上，故把剖切平面沿着图中所示的转折剖切线转折成两个相交的剖切平面。左方的剖切平面平行于正立投影面，右方的剖切平面倾斜于正立投影面，两个剖切平面相交于圆柱的轴线。剖切后，将倾斜剖切平面连同它上面的截交面以轴线为旋转轴，旋转至平行于正立投影面的位置，从而得到它的剖面图。

在剖面图中也不应画出两个相交剖切平面的交线。在相交的剖切线外侧，应在外角处加注与该符号相同的编号。

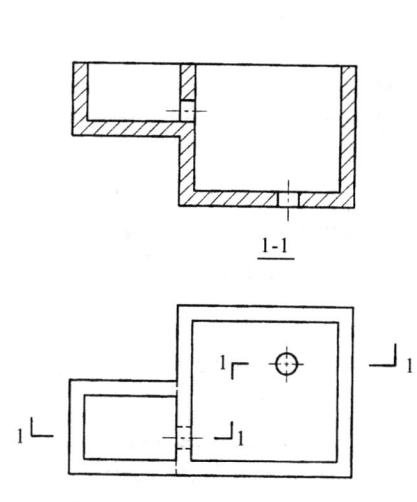
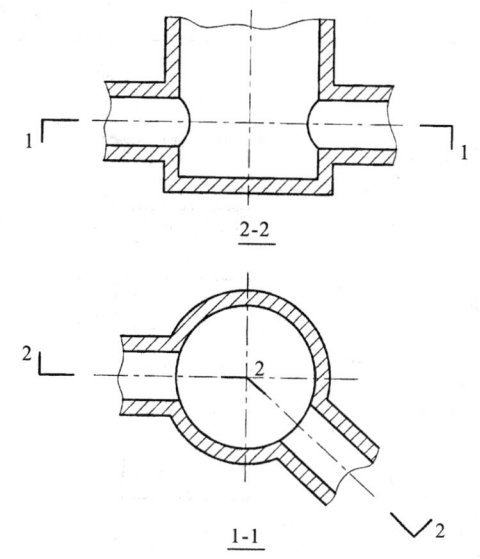

图 1-56 平行剖切面的剖面图　　　　图 1-57 相交剖切面的剖面图

4．分层剖切

对一些具有不同层次构造的建筑构件，可按实际需要，用分层局部剖切的方式进行剖切，所得到的剖面图称为分层剖切剖面图。图 1-58 是用分层剖切的方法表示墙面各层所用的材料和构造的方法，图中用两条波浪线作为分界线，分别把三层的构造都表达清楚了。这种方法多用于放映地面、墙面、屋面等处的构造。

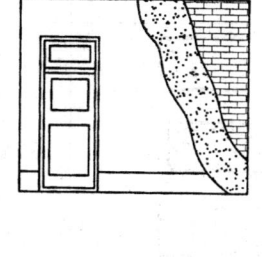
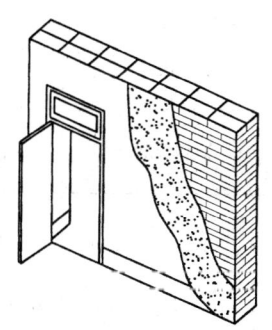

画分层剖切剖面图时，非剖切部分按外形投影画出，不标注剖切平面位置，只用波浪线表示剖切的范围，该线是符号性的，既不能超出轮廓线，也不能与图上其他图线重合。

图 1-58 分层剖切的剖面图

三、断面图

（一）断面图的基本概念

设想用一个剖切平面将物体剖开之后，仅画出剖切平面与物体相交的那部分图形即其截面的实形，这种图就叫作断面图，如图 1-59 所示。

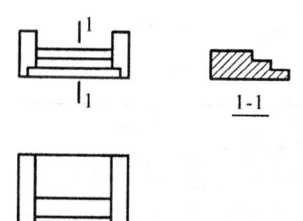

图 1-59 台阶的断面图

断面图与剖面图的区别在于，断面图仅仅是一个"面"的投影，而剖面图是物体被剖切后剩下部分的"体"的投影，它除了包含断面图以外，还应画出沿投射方向看到的后面物体的投影轮廓线。在具体作图时，被剖切到部分的轮廓线用粗实线绘制，剖切面没有切到，但沿投射方向可以看到的部分，用中实线绘制。断面图则只须用粗实线画出剖切面切到部分的图形。

在剖面图和断面图中，剖到的物体一般应表示出其材料图例，常用的建筑材料图例见表

表 1-7 常用建筑材料图例

名　称	图　例	说　明
自然土壤		包括各种自然土壤
夯实土壤		
砂灰土	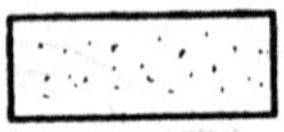	靠近轮廓线绘较密的点
砂石 碎砖三合土	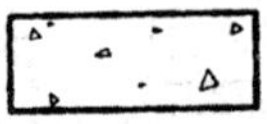	
石　材	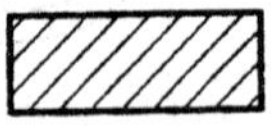	
普通砖	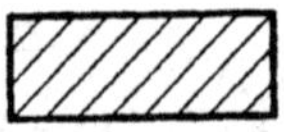	包括实心砖、多孔砖、砌块等砌体，断面较窄不易绘图例线时可涂红
空心砖		指非承重砖砌体
饰面砖		包括铺地砖、马赛克、陶瓷锦砖、人造大理石等
混凝土		1. 本图例指能承重的混凝土及钢筋混凝土。 2. 包括各种强度等级、骨料、添加剂的混凝土。 3. 在剖面图上画出钢筋时，不画图例线。 4. 断面图线小，不易画出图例线时，可涂黑
钢筋混凝土	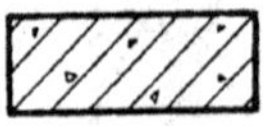	
木　材	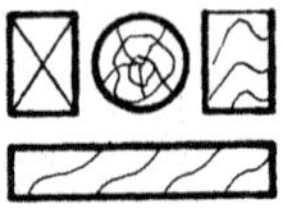	上图为横断面，上左图为垫木、木砖或木龙骨，下图为纵断面
金　属		包括各种金属。 图形较小时，可涂黑
网状材料		包括金属、塑料网状材料。 应注明具体材料名称
玻　璃		包括平板玻璃、磨砂玻璃、钢化玻璃、中空玻璃等各种玻璃
粉　刷	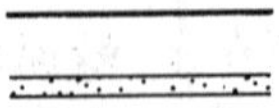	本图例采用较稀的点

1-7。当不需指明材料种类时，可用等间距的45°细线（称为图例线）来表示。

（二）断面图的表示

断面图的表示由剖切位置线及断面编号组成。

断面图的剖切符号，只用剖切位置线表示，以粗实线绘制，长度宜为 6~10mm。不须标注剖视方向符号。

断面图的编号,宜采用阿拉伯数字,按顺序编写,并应注在剖切线的一侧,与观察方向一致。同时在断面图的下方也应写出与之对应的编号及图名。

(三) 断面图的种类

断面图主要用于表达物体的断面形状,绘制时根据断面图的位置不同,可分为移出断面图、重合断面图和中断断面图三种形式。图1-60所示即为一角钢构件断面图的三种表示形式。

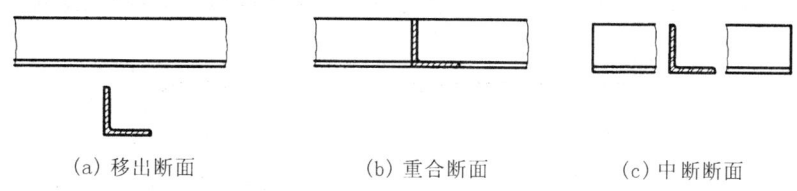

(a) 移出断面　　　　(b) 重合断面　　　　(c) 中断断面

图1-60 断面图的三种形式

1. 移出断面图

断面图画在投影图之外,称为移出断面图。这是最常用的一种断面图形式。如图1-61所示,断面图尽可能绘制在靠近杆件的一侧并按顺序依次排列。

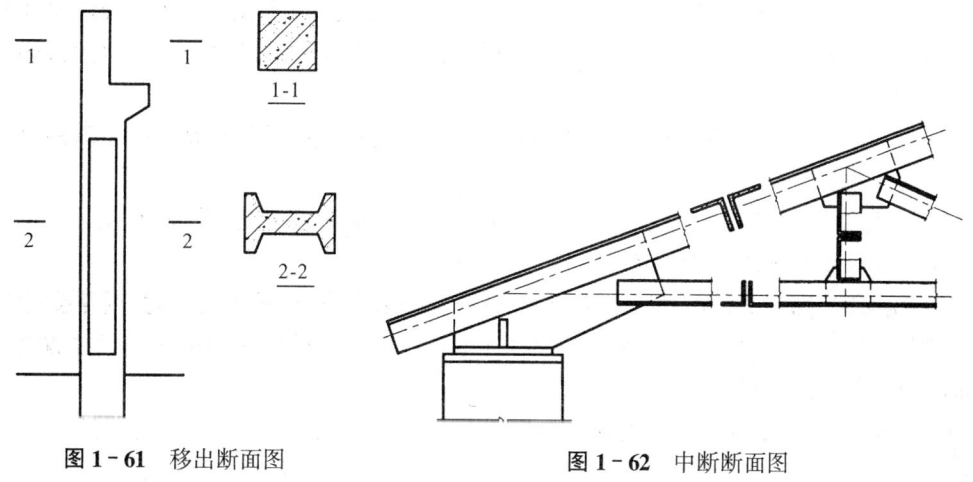

图1-61 移出断面图　　　　**图1-62** 中断断面图

2. 中断断面图

断面图直接画在投影图的中断处,称为中断断面图。对这种断面图不必画出剖切符号。多用于表示较长杆件的断面图。如图1-62中所示,钢屋架各杆件的断面图直接绘制在正面图杆件的中断处。

3. 重合断面图

断面图直接画在投影图的轮廓线范围之内,这种断面图称为重合断面图。这种断面图是假想用一个垂直于投影面的剖切平面剖开其投影图,然后把断面图向右(或向左)方向旋转90°所形成的断面图。这种

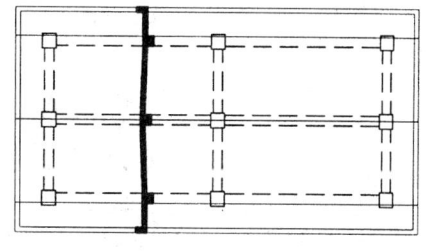

图1-63 重合断面图

断面图的轮廓线应画得粗一些,以便与投影图上的线条相区别,不致混淆。而视图中的轮廓线与断面图重叠时,仍应连续画出,不可间断。如图1-63中所示,结构梁板的断面图就直接画在了结构布置图上。

四、尺寸标注

(一) 尺寸的组成和形式

在工程图中,除了用视图和剖面图、断面图来表达物体的内外形状外,还必须标出物体的实际尺寸以明确其大小和位置。

一个完整的尺寸标注形式,一般包括尺寸界线、尺寸线、尺寸起止符号和尺寸数字,其一般形式如图1-64所示。工程图中尺寸数字的单位一般为毫米,不需特别注明。

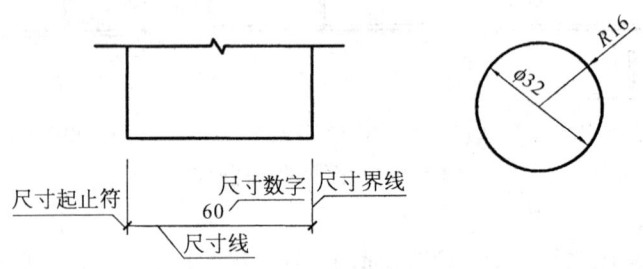

图1-64 尺寸的组成和形式

尺寸起止符的形式有斜短线和箭头两种形式,房屋建筑制图标准中规定线性尺寸的起止符一般采用45°中粗斜短线形式,而标注半径、直径、角度和弧长时的尺寸起止符,则采用箭头形式。

标注圆的直径或半径时,在尺寸数字前面应分别加注字母"ϕ"或"R",标注球的直径时应在数字前加注"$S\phi$"。

尺寸标注总体要求准确、齐全,另外尺寸的配置要尽量做到清楚、整齐、直接。

(二) 基本几何体的尺寸标注

任何几何体,都有长、宽、高三个方向的大小,所以在图形上标注尺寸时,通常要把反映基本几何体三个方向的尺寸标注齐全。如柱体和锥体应标出确定底面形状的尺寸和高度尺寸,球体则只要标注直径一个尺寸即可。

图1-65所示为基本几何体需标注的尺寸。

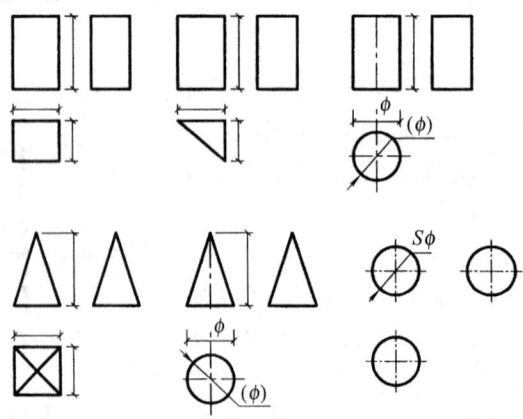

图1-65 基本几何体的尺寸标注

(三) 组合体的尺寸标注

组合体可视为由若干基本几何体通过一定方式组合而成的。如图1-66所示的组合体,底板由长方体和半圆柱体组合在一起,再挖去一小圆柱体组成;竖板由一长方体切去前上方一个三棱柱而成(也可看成是一个五棱柱)。

在标注组合体的尺寸时,也需首先对组合体进行形体分析,在此基础上进行尺寸标注。

组合体的尺寸可分为三类,即定形尺寸、定位尺寸和总尺寸。

1. 定形尺寸

定形尺寸用来确定各基本几何体的形状和大小。如图1-66中,底板长方体的长、宽、高分别为30、30、10,半圆柱体的底圆半径为15、高为10,小圆柱孔的尺寸为直径 φ15、高10,其中高度10为三个基本几何体的公用尺寸。竖板长方体的长、宽、高分别为10、30、20,切去的三棱柱的定形尺寸为10、15、10。

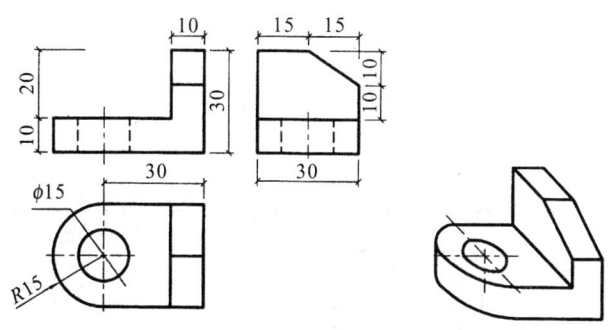

图1-66 组合体的尺寸标注

2. 定位尺寸

定位尺寸用来确定各基本几何体之间的相对位置。如底板中挖去的小圆柱孔,它的轴线位置在平面图中由点划线标识,所以标注点划线位置的尺寸30同时也是一个定位尺寸。

3. 总尺寸

总尺寸用来表示组合体的总长、总宽和总高。图1-66中组合体的总宽和总高均为30,它的总长尺寸应为长方体的长度30与半圆柱体的半径15之和45,但由于一般尺寸不应标注到圆柱的外形素线处,故本图中总长尺寸未标出。

图1-67为一楼梯段的尺寸标注。在平面图中,由于最上一级踏步的踏面与平台面重合,因此平面图中梯段的踏面数要比该梯段的踏步级数少一。正立面图中梯段的踢面数与梯段的级数一致。踏步尺寸的注法一般写成每一段的尺寸×段数的形式,是为了读图的方便。如图中的 8×150=1200,既表示了段数,又表示了每一段的高度,还表示了该楼梯梯段的总高度。

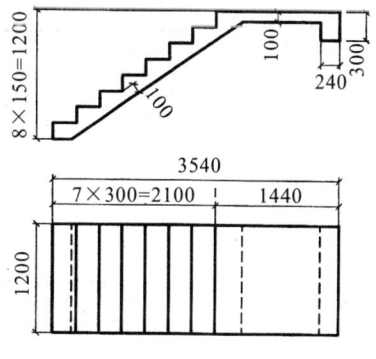

图1-67 楼梯梯段的尺寸标注

此外,正立面图中梯段斜板的厚度为100,是垂直于斜面方向的,而斜板两端产生的交线(平面图中为虚线)由作图确定,在施工过程中也是自然形成的,所以不必标注其尺寸。

复习思考题

1. 根据轴测图作出下列形体的三面投影。

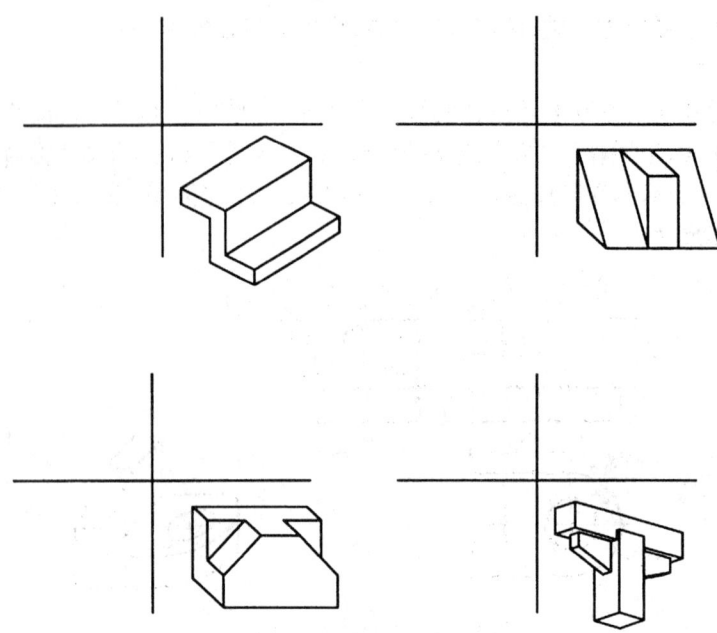

2. 补全三面投影图中所缺的图线。

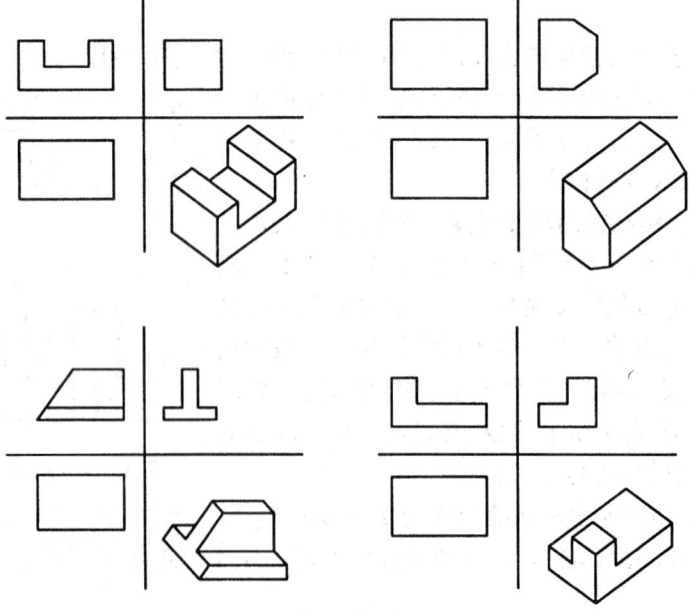

复习思考题

3. 根据形体的两面投影,作出其第三面投影。

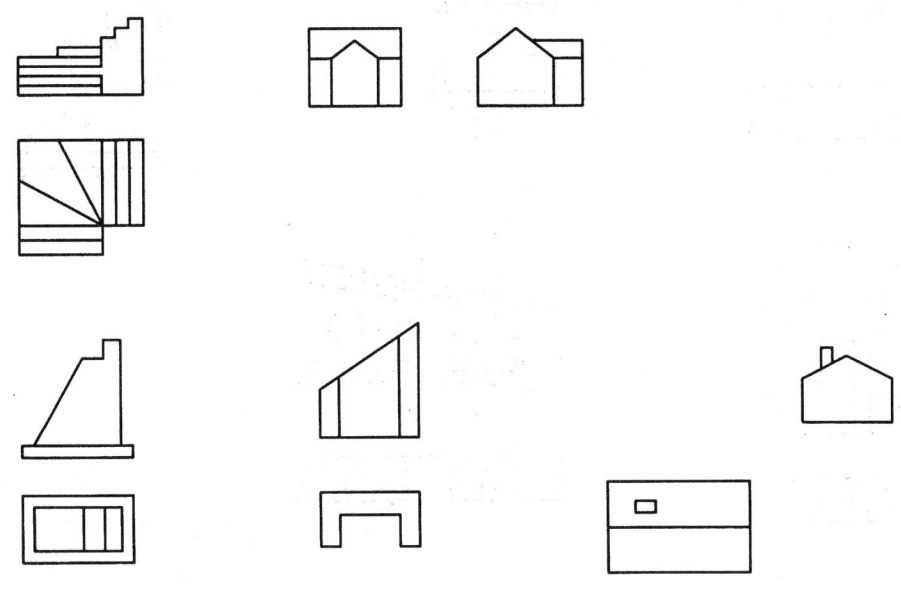

4. 根据三面投影,作出形体的轴测图。

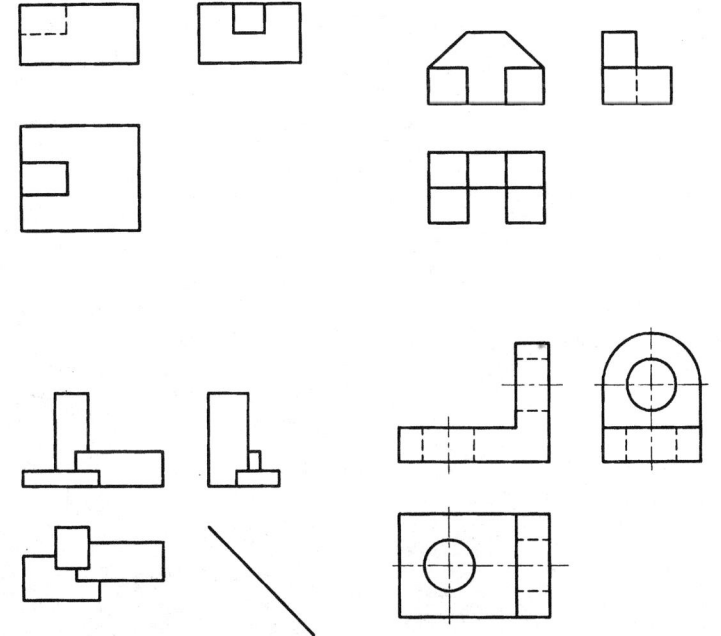

5. 作出下图中指定位置的剖面图或断面图。

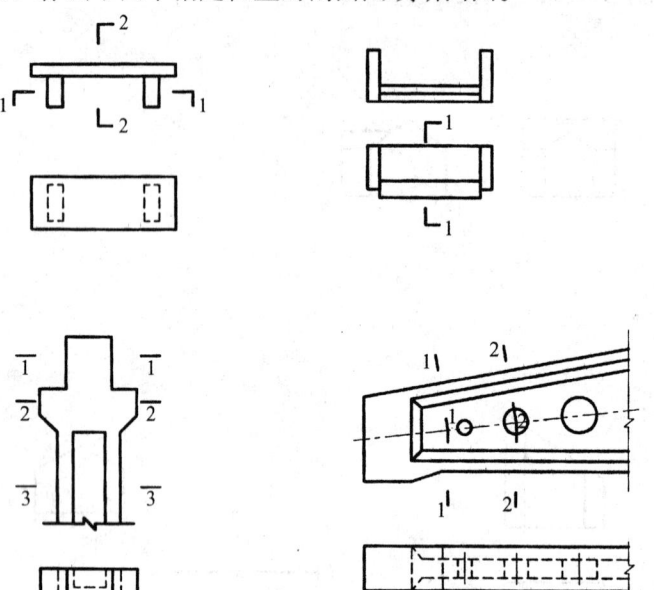

第二章 建筑施工图

第一节 建筑施工图概述

一、房屋的基本构成

房屋是为了满足人们各种不同的生活和工作需要而建造的。按照房屋的使用性质,通常可以分为:工业建筑(厂房、仓库等)和民用建筑(居住建筑和公用建筑等)。各类建筑,虽然他们的使用要求、外形设计、空间构造、结构形式及规模大小各不相同,但是其基本构成大致相似,都有基础、墙体(柱、梁)、楼(地)面、楼梯、屋面和门窗等。此外,一般还有台阶、雨篷、阳台、雨水管、水箱、天沟、明沟或散水等其他配构件及室内外墙面装饰等,如图2-1所示。

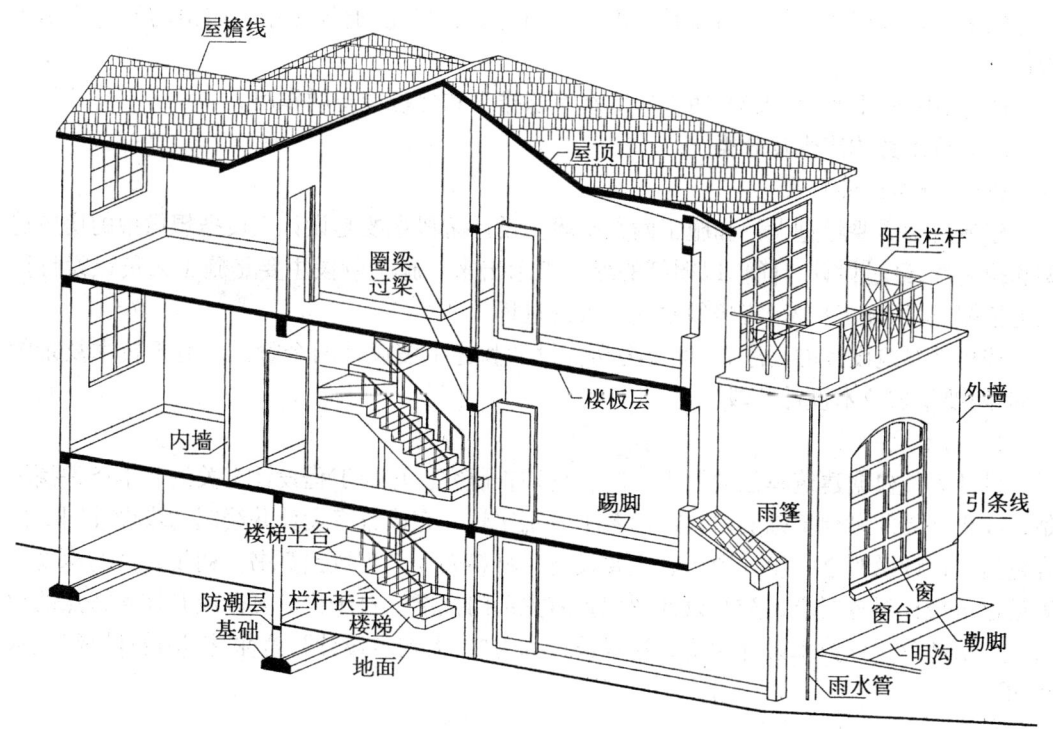

图2-1 房屋的组成

为了更好地阅读建筑施工图,首先应该了解房屋各部分的组成、名称及其作用。

1. 基础

基础是建筑最下部的承重构件,承受房屋的全部荷载,并将这些荷载传给地基。基础底面承受基础荷载的土壤层称为地基。

2. 墙体(柱、梁)

墙体是房屋的垂直构件。外墙起着抵御自然界各种因素对室内侵袭的作用,内墙起着分隔房间的作用。按受力情况分析,墙体可分为承重墙和非承重墙,承受墙除承受自身的重量外,还起着将屋面、各层楼面传来的荷载等传递给基础的作用;非承重墙只起围护、分隔作用。当房屋内部空间较大时,有时用梁、柱来承受上部荷载。

3．楼(地)面

楼(地)面是楼房中水平方向的承重和分隔构件。楼面是二层以上各层的水平分隔,它承受家具、设备和人的重量,并把这些荷载传递给承重墙体或柱子。地面位于房屋的底层,它直接将底层房间的荷载传下去。

4．楼梯

楼梯是楼房的垂直交通设施,供人们上下楼使用。它一般由楼梯段、休息平台、栏杆、扶手和楼梯井组成。

5．屋面

屋面是房屋顶部的围护和承重构件。它由屋面板、隔热层、防水层等组成,起防水、保温、隔热等作用。

6．门窗

门主要供人们作内外交通联系之用。窗则主要起采光、通风之用。门窗均属于非承重构件。

此外,雨篷、雨水管、天沟、明沟或散水等起排水和保护墙身的作用。

二、施工图的产生及分类

(一) 施工图的产生

建造房屋需要经过设计和施工两大阶段。设计阶段主要是设计人员把想像中的房屋造型和构造等,经过设计、计算,以图纸的形式表示出来。施工阶段主要是施工人员以设计图纸为依据,运用施工技术,将房屋建造出来的过程。

按房屋建筑设计的程序,一般分为初步设计和施工图设计两个阶段。对于技术复杂的工程,还要增加技术设计阶段。

1．初步设计

设计人员根据建筑单位的要求,应进行调查研究,把与工程设计有关的基本条件搞清楚,收集必要的设计基础资料,作出若干方案比较,完成方案设计并绘制初步设计图。内容包括:设计说明书、设计图纸、主要设备、材料表和工程概预算书。初步设计的深度应满足建筑设计规范要求,初步设计图应报有关部门批准。对于比较复杂或有技术特点的项目,要求部分达到技术设计深度,这种设计称为"扩大初步设计",简称"扩初设计"或"技术扩初"。

2．施工图设计

施工图设计应根据已批准的初步设计文件进行,其内容以图纸为主。施工图设计以单项工程为单位,其内容包括:封面、图纸目录、设计说明、图纸、预算等。

对于大型、比较复杂的工程,可在施工图设计之前,增加技术设计阶段,深入表达技术上所采取的措施和经济比较以及各种必要的计算等。

(二) 施工图的分类

施工图按其内容和专业工种的不同,一般分为三类。

1. 建筑施工图

简称"建施",是表达建筑的总体布局及单体建筑的形体、构造情况的图样,包括建筑总平面图、平面图、立面图、剖面图及建筑详图等。

2. 结构施工图

简称"结施",是表达建筑物承重结构的构造情况的图样,包括基础平面图、楼层结构平面图或柱网平面布置图以及结构详图等。

3. 设备施工图

简称"设施"。设备施工图一般又分为给排水施工图、电气施工图、暖通施工图和煤气施工图等。这些施工图都是表达各个专业的管道(或线路)和设备的布置及安装构造情况的图样。

其中建筑施工图是为了满足建设单位的使用功能需要而设计的施工图样;结构施工图是为了保障建筑的使用安全而设计的施工图样;设备施工图是为了满足建筑的给排水、电气、采暖通风的需要而设计的图样。在建筑工程设计中,建筑是主导专业,而结构和设备是配合专业,因此在施工图的设计中,结构施工图和设备施工图必须与建筑施工图协调一致。

三、建筑施工图的内容及有关规定

(一) 建筑施工图的内容

建筑施工图主要表示建筑物的总体布局、外部造型、内部布置、细部构造、内外装饰,以及一些固定设施和施工要求的图样。它是建造房屋时施工定位、基础开挖、砌筑墙身、铺设楼屋面板、制作楼梯、安装门窗和固定设施,以及室内外装饰的依据,也是编制拟建房屋的工程预算和施工组织设计等的依据。

建筑施工图一般包括:建筑施工图的图纸目录、建筑施工总说明、总平面图、建筑平面图、建筑立面图、建筑剖面图、门窗表和建筑详图等图纸。

(二) 建筑施工图的有关规定

为了统一表达,保证图纸质量,提高制图效率并便于阅读,建设部制订了《房屋建筑制图统　标准》(GB/T50001-2001)、《总图制图标准》(CB/T50103-2001)、《建筑制图标准》(GB/T50104-2001)及其他相关专业的国家标准。在绘制和阅读建筑施工图时,应严格遵照国家标准的有关规定。现对建筑施工图中常用的一些规定和表示方法予以说明。

1. 比例

由于建筑形体尺寸比较大,所以在图纸上采用的比例多为缩小比例。比例的选用,目的在于把图形表达清楚,应根据需要决定。一般在总图中采用的比例多为1:500、1:1000等;在建筑平、立、剖面图中通常采用的比例为1:50、1:100、1:200等;在建筑物或构筑物的局部放大图中通常采用的比例有1:10、1:20、1:50等;在配件及构造详图中采用的比例有1:1、1:5、1:10、1:20等。建筑图中具体宜选用的比例,在有关制图标准中分别有所说明,需要时可进行查阅。

2. 图线

工程图上的图线,其线型和线宽有着严格的规定。

所谓线型,就是图线的形状,共有六种:实线、虚线、单点长画线(点画线)、双点长画线(双点画线)、折断线和波浪线。

所谓线宽,就是图线的宽度,即粗细程度。房屋图中的线宽有粗、中、细之分,以粗线宽

度 b 为标准,中线宽度为 $0.5b$,细线为 $0.25b$。图线的宽度 b,宜从下列线宽系列中选取:2.0、1.4、1.0、0.7、0.5、0.35mm。

建筑工程制图中采用的图线,在各专业制图标准中都有严格的规定。在《建筑制图标准》中规定采用的图线见表2-1。

表2-1 图线

名 称	线 型	线 宽	用 途
粗实线	————	b	1. 平、剖面图中被剖切的主要建筑构造包括构配件的轮廓线。 2. 建筑立面图或室内立面图的外轮廓线。 3. 建筑构造详图中被剖切的主要部分的轮廓线。 4. 建筑构配件详图中的外轮廓线。 5. 平、立、剖面图的剖切符号
中实线	————	$0.5b$	1. 平、剖面图中被剖切的次要建筑构造,包括构配件的轮廓线。 2. 建筑平、立、剖面图中建筑构配件的轮廓线。 3. 建筑构造详图及建筑构配件详图中的一般轮廓线
细实线	————	$0.25b$	小于 $0.5b$ 的图形线、尺寸线、尺寸界线、图例线、索引符号、标高符号、详图材料做法引出线等
中虚线	– – – –	$0.5b$	1. 建筑构造详图及建筑构配件不可见的轮廓线。 2. 平面图中的起重机吊车轮廓线。 3. 拟扩建的建筑物轮廓线
细虚线	– – – –	$0.25b$	图例线小于 $0.5b$ 的不可见轮廓线
粗单点长划线	—— · ——	b	起重机吊车轨道线
细单点长划线	—— · ——	$0.25b$	中心线、对称线、定位轴线
折断线	——∿——	$0.25b$	不需画全的断开界线
波浪线	∼∼∼∼	$0.25b$	不需画全的断开界线、构造层次的断开界线

注:地平线的线宽可用 $1.4b$。

3. 定位轴线及编号

建筑施工图中的定位轴线是建筑物承重构件系统定位、放样的重要依据。凡是墙、柱、梁或屋架等主要承重构件,都应该标注轴线,构成纵横轴线网,并编上轴线号来确定它们的位置。对于非承重的分隔墙、次要承重构件等,有时用分轴线和附加的轴线号,有时也可以不注附加的轴线号,而是注明其与附近轴线之间的有关尺寸来确定。

定位轴线用细点画线来表示,轴线一般通过构件的中心线。但有时由于构造上的需要,也有例外,这时必须表明构件与定位轴线的位置关系。

轴线的端部画细实圆圈,直径为 8~10mm,定位轴线圆的圆心,应在定位轴线的延长线上或延长线的折线上。圆圈内注写轴线的编号,宜注在图样的下方与左侧。横向编号应用阿拉伯数字,从左至右顺序编写;竖向编写应用大写拉丁字母,从下至上顺序编写。为避免与数字 0、1、2 混淆,字母 O、I、Z 三个字母不得用作轴线编号,如图 2-2 所示。

附加轴线的编号,应以分数形式表示,并按下列规定编写:

(1) 两根轴线间的附加轴线,应以分母表示前一轴线的编号,分子表示附加轴线的编号,编号宜按阿拉伯数字顺序编写。如:1/2 表示 2 号轴线之后的第一根附加轴线;3/C 表示 C 号轴线之后的第三根附加轴线。

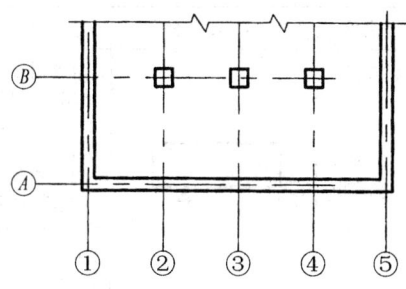

图 2-2 定位轴线的编号顺序

(2) 1 号或 A 号轴线之前的附加轴线,分母应以 01 或 0A 表示。如:1/01 表示 1 号轴线之前的第一根附加轴线;3/0A 表示 A 号轴线之前的第三根附加轴线。

4．尺寸和标高

建筑施工图中的尺寸标注有尺寸线和标高两种形式。尺寸线的形式和标注方法在上一章中已作过介绍。尺寸的单位,除建筑总平面图上及标高规定用米(m)为单位外,均必须用毫米(mm)为单位。

标高是标注建筑物高度的一种尺寸形式,它有绝对标高和相对标高之分。

绝对标高以我国青岛(验潮站)黄海的平均海平面为绝对标高的零点,全国各地标高以此为基准测出。

相对标高:一般建筑物都以底层室内主要地面定义为相对标高的零点,其他各个位置的标高以此为基准。除总平面图需注绝对标高外,其他图纸中的标高只须标注相对标高。

对于房屋,还有建筑标高和结构标高之分。建筑标高是指包括粉刷层在内的、装修完成后的标高;结构标高则是不包括构件表面粉刷层厚度的构件毛面标高。标高除了门窗洞口不包括粉刷层外,通常在表示构件的上顶面标高(如室内外地面、台阶等)时,标注建筑标高,即完成面的标高;而在标注下底面(如阳台的底面、雨篷底面等)时,标注结构标高,即毛面标高。

标高符号为一个等腰直角三角形,以细实线绘制。它的一般标注形式如图2-3(a)所示。当标注的高度不够时,也可按图 2-3(b)所示形式绘制。总平面图中室外地坪的标高符号,用涂黑的三角形表示,如图 2-3(c)所示。标高符号的尖端应指至被注高度的位置,尖端一般应向下,也可向上。通常当标注构件上顶面(如室内外地面、台阶面、窗台面等)标高时,尖端向下;而当标注构件下底面(如梁底、雨篷板底等)标高时,尖端向上,如图 2-3(d)所示。在图样的同一位置需表示几个不同标高时,标高数字可按图 2-3(e)所示的形式注写。

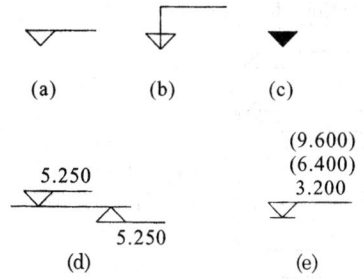

图 2-3 标高符号的形式

书写标高数字时,零点标高应写成 ±0.000,正数标高不注"+"号,负数标高应注"-"号。

5．图例及代号

为了房屋施工图样的制图简便、统一,在国家制图标准中,较多地提供了规定的图形符号与代号来代表建筑配构件、建筑材料等。熟悉和掌握这些符号和代号,对阅读建筑工程图是非常重要的。表 2-2 和表 2-3 摘录了部分常用的建筑总平面图图例和建筑构造及配件图例。

表 2-2 总平面图例

名称	图例	说明	名称	图例	说明
新建的建筑物	 （图例：矩形内标"8"，下方▲）	1. 需要时可用▲表示出入口，可在图形内右上角用点数或数字表示层数。 2. 建筑物外形用粗实线表示，需要时地面以上建筑用中实线表示，地面以下建筑用细实线表示	烟囱	（图例）	实线为烟囱下部直径，虚线为基础，必要时可注写烟囱高度和上、下口直径
			露天桥式起重机	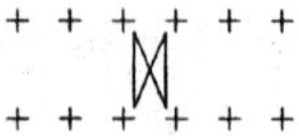 （图例）	
原有的建筑物	（矩形图例）	用细实线表示	截水沟或排水沟	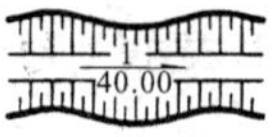 （图例：40.00）	"1"表示1%的沟底纵向坡度 "40.00"表示变坡点间距离 箭头表示水流方向
计划扩建的预留地或建筑物	（虚线矩形）	用中虚线表示	坐标	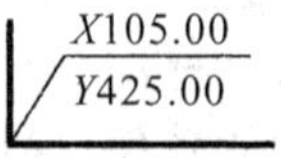 X105.00 Y425.00 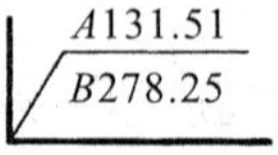 A131.51 B278.25	上图表示测量坐标 下图表示建筑坐标
拆除的建筑物	（带×矩形）	用细实线表示			
散状材料露天堆场	（图例）	需要时可注明材料名称	填挖边坡	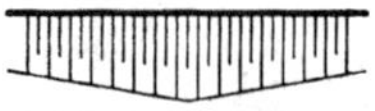 （图例）	边坡较长时可在一端或两端局部表示 下边线为虚线时表示填方
其他材料露天堆场或露天作业场	（带×图例）		护坡	（图例）	
铺砌场地	（网格图例）		雨水井	（图例）	
			消火栓井	 （图例）	
树木与花卉	（图例）	各种不同的树木有多种图例	室内标高	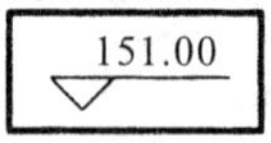 ▽151.00	
			室外标高	●143.00 ▼143.00	
草坪	（点状图例）		桥梁	（图例）	上图为公路桥 下图为铁路桥 用于旱桥时应注明
水池坑槽	（图例）		原有道路	 （实线）	
			计划扩建的道路	 （虚线）	
围墙及大门	（图例）	上图为实体性质的围墙 下图为通透性质的围墙 如仅表示围墙时不画大门	新建道路	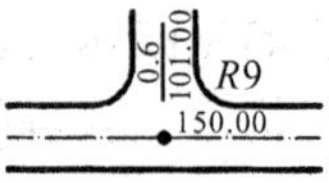 0.6 / 101.00 R9 / 150.00	"R9"表示道路转弯半径为9m，"150.00"为路面中心标高 0.6表示0.6%的纵向坡度 "101.00"表示变坡点间距离

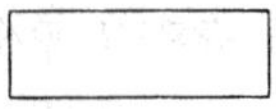

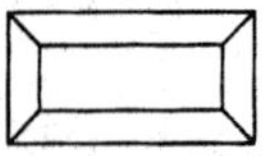

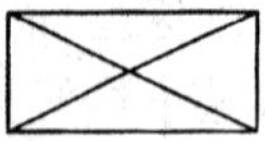

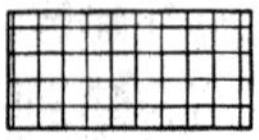

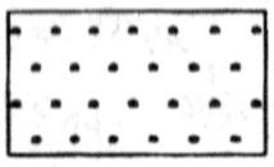

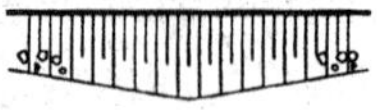

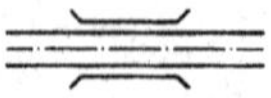

表2-3 建筑构造及配件图例

名称	图例	说明	名称	图例	说明
墙体		应加注文字或填充图例表示墙体材料，在项目设计图纸说明中列材料图例表给予说明	检查孔		左图为可见检查孔，右图为不可见检查孔
隔断		1．包括板条抹灰、木制、石膏板及金属材料等隔断。2．适用于到顶与不到顶隔断	孔洞		
			坑槽		
栏杆			墙预留洞	宽×高或φ 底顶成中心标高××.×××	
楼梯	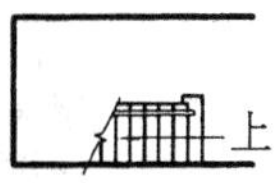 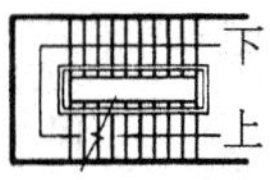 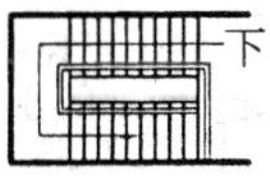	上图为底层楼梯平面，中图为中间层楼梯平面，下图为顶层楼梯平面。楼梯及栏杆扶手的形式和梯段踏步数应按实际情况绘制	梁式悬挂起重机	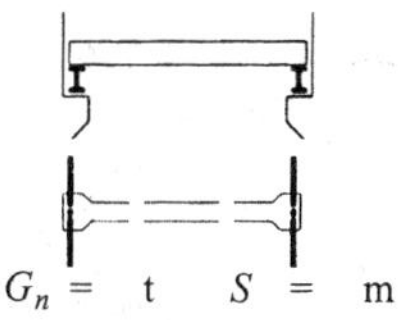 $G_n = $ t $S = $ m	1．上图表示立面（或剖面）。2．下图表示平面。3．起重机的图例应按比例绘制有无操纵室，可按实际情况绘制。4．需要时，可注明起重机的名称，行驶的轴线范围及工作级别。5．本图例的符号说明：G_n—起重机起重量，以t计算；S—起重机的跨度或臂长，以m计算
			梁式起重机	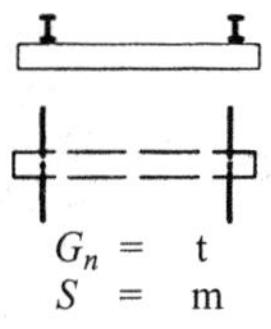 $G_n = $ t $S = $ m	
			桥式起重机	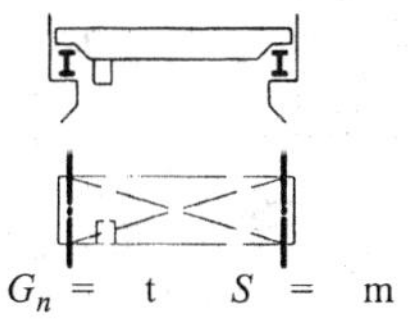 $G_n = $ t $S = $ m	
坡道		上图为长坡道，下图为门口坡道	电梯	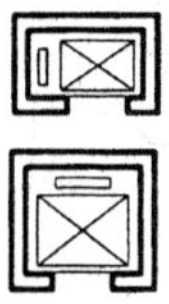	1．电梯应注明类型，并绘出门和平行锤的实际位置。2．观景电梯等特殊类型电梯应参照本图例按实际情况绘制
			自动扶梯	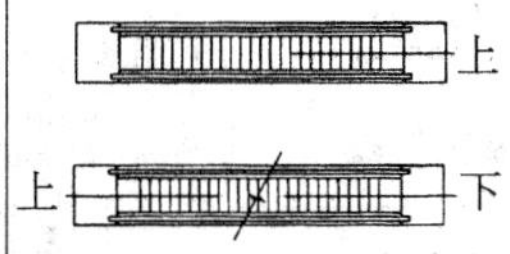	
			平面高差	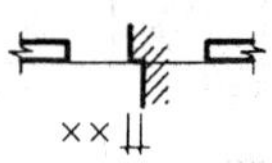 ××↓	适用于高差小于100的两个地面或楼面相接处

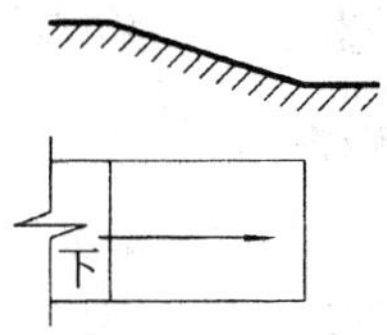

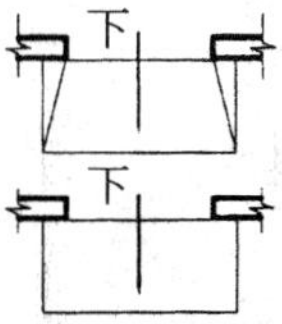

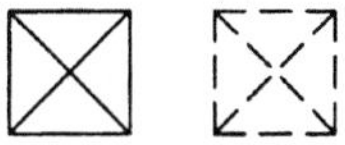

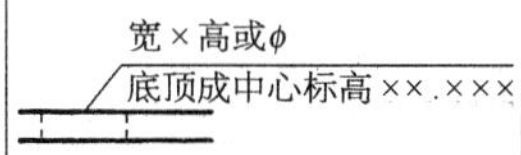

(续表)

名称	图例	说　明	名称	图例	说　明
空门洞	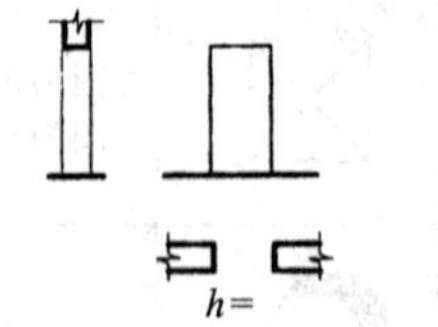	h 为门洞高度	单层固定窗	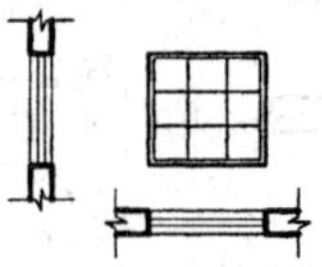	
单扇门（包括平开或单面弹簧）	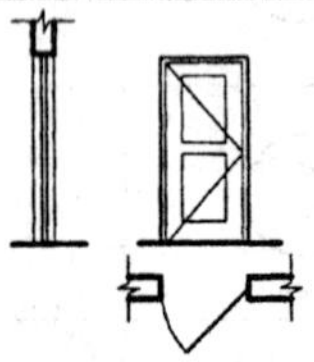		单层外开上悬窗	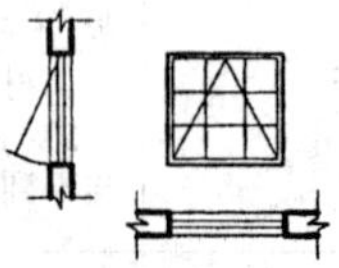	
双扇门（包括平开或单面弹簧）	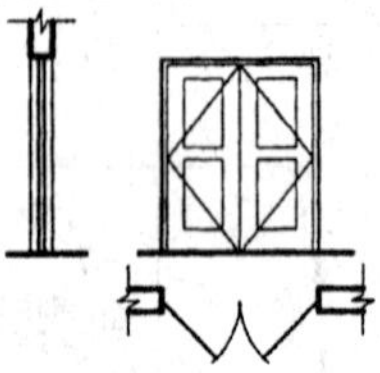	1. 门的名称代号用 M 表示。 2. 剖面图上左为外，右为内，平面图上下为外，上为内。 3. 立面图上开启方向线交角的一侧为安装合页的一侧，实线为外开，虚线为内开。 4. 平面图上门线应 90°或 45°开启，开启弧线宜绘出。 5. 立面图上的开启线在一般设计图中可不表示，在详图及室内设计图上应表示。 6. 立面形式应按实际情况绘制	单层中悬窗	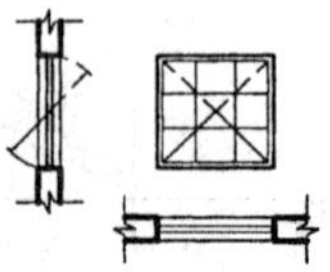	1. 窗的名称代号用 C 表示。 2. 立面图中的斜线表示窗的开关方向，实线为外开，虚线为内开；开启方向线交角的一侧为安装合页的一侧，一般设计图中可不表示。 3. 剖面图上左为外，右为内，平面图上下为外，上为内。 4. 平、剖面图上的虚线仅说明开关方式，在设计图中不需表示。 5. 窗的立面形式应按实际情况绘制。 6. 小比例绘图时平、剖面的窗线可用单粗实线表示
单扇双面弹簧门	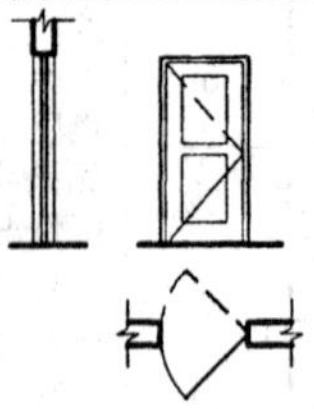		立转窗	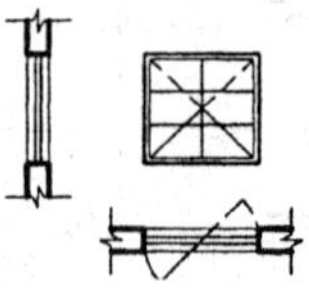	
双扇双面弹簧门	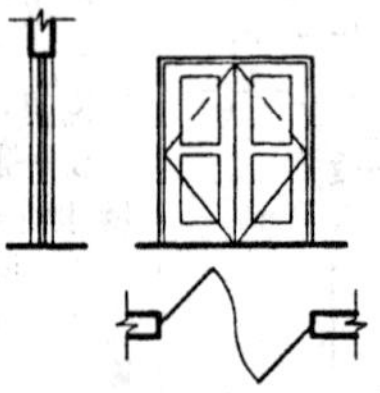		单层外开平开窗	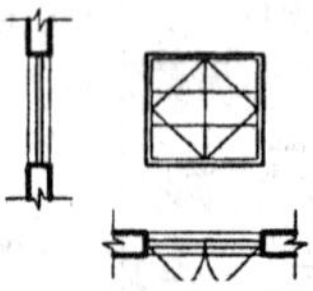	
转门	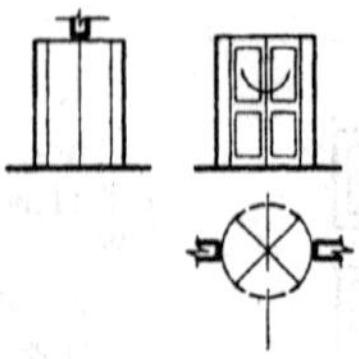		单层内开平开窗	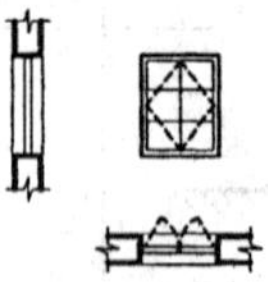	
竖向卷帘门	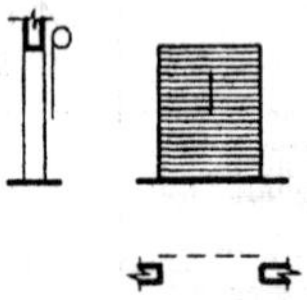	1. 门的名称代号用 M 表示。 2. 剖面图上左为外，右为内，平面图上下为外，上为内。 3. 立面形式应按实际情况绘制	推拉窗	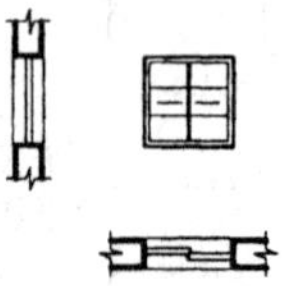	
推拉门	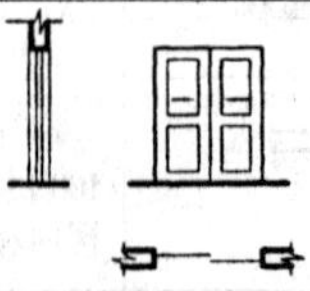		高窗	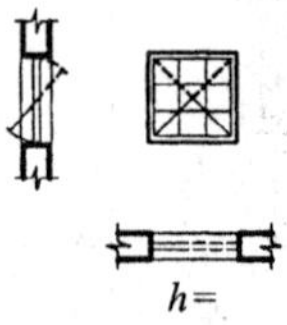	$h=$

6. 详图和索引符号

在房屋施工图的图样中，当所用比例较小而无法清楚地表示某一局部或某一构件时，需要另外用详图来表示，这时应在图中用引出线引出索引符号给以索引，并在所画的详图中编注相应的详图符号与之对应。索引符号和详图符号内的详图编号与图纸编号必须对应一致，以便看图时查找相应的图纸。

索引符号的一般形式如图 2-4(a)所示，由一个直径为 10mm 的圆和水平直线组成，圆和直线均为细实线。具体形式有图(b)、(c)、(d)三种，在这三种形式中，上半圆的数字都表示详图的编号，下半圆的数字表示该详图所在的图纸编号。其中图(b)下半圆中为一段水平细实线，表示索引出的详图与被索引的图样在同一张图纸上，所以不必另注图纸号；图(c)下半圆中为数字9，表示此处索引出的详图在编号为9的图纸上；图(d)中索引出的详图采用了标准图集，应在索引符号水平直径的延长线上加注该标准图册的编号。

另外，索引符号还有一种形式，即用于索引剖面详图，则应在被剖切的部位绘制剖切位置线，并以引出线引出索引符号，引出线所在的一侧为投射方向，索引符号中数字的意义同上，如图 2-4(e)、(f)、(g)、(h)所示。

详图符号的圆用直径为 14mm 的粗实线绘制。它的形式有两种：当详图与被索引的图样在同一张图纸内时，详图符号内只需注明详图本身的编号即可；若详图与被索引的图样不在同一张图纸内，应用细实线在详图符号内画一水平直径，在上半圆中注明详图编号，在下半圆中注明被索引的图纸的编号，如图 2-5 所示。

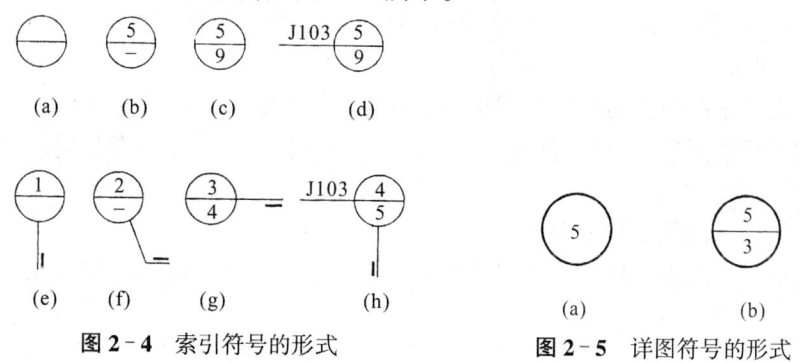

图 2-4　索引符号的形式　　　图 2-5　详图符号的形式

四、施工图的阅读方法

前面所讲述的正投影法是绘制建筑施工图的基本原理，轴测投影图、透视投影图有时作为建筑图的辅助图样。

在阅读房屋施工图时，首先必须掌握正投影的基本原理，熟悉房屋建筑的基本构造知识，还必须记住和熟悉常用的建筑图例和符号。

（一）施工图的阅读步骤

一套房屋施工图，少则几十张，多则数百张。每套施工图不论图纸张数多少，其阅读的步骤一般如下。

(1) 阅读图纸前，先按照图纸目录，整理好图纸，找全所使用的标准图纸。

(2) 先阅读施工总说明，从总体上了解工程的性质、规模、结构形式、技术措施等，使自己对建筑物的基本情况有所了解。

(3) 了解基本情况后，再进行详细阅读。对各专业类的施工图纸，首先应看建筑图，再看结构图,最后看设备图。阅读建筑图时,应先看总平面图,后看平面图、立面图和剖面图,再看详图。识读某一张图纸时,应先看图名、比例及图纸中的文字说明,再看图形、图形中的图例及代号所表示的部位。有了图形的概念,再看具体尺寸,并反复对照其他有关图纸进行阅读。

(4) 在阅读施工图的过程中,应特别注意有关的设计变更备忘录,并及时废弃原图样,以免造成失误。

总之,施工图的阅读应遵循"先整体后局部"的原则,由粗到细逐步加深了解,不能操之过急。

(二) 标准图集的查阅

建筑工程施工图中,有些建筑配构件、节点详图(材料与做法)等,常选自某种标准图集或通用图集。这些被选定的图样也是工程施工图的组成部分。目前使用的标准图集种类很多,现将有关查阅方法说明如下。

1. 标准图集的分类

我国编制的标准图集,按其编制的单位和使用范围大体可分为三类:

(1) 经国家批准的通用标准图集,可在全国范围内使用。

(2) 经各省、市、自治区地方有关部门批准的通用标准图集,主要供本地区使用。

(3) 由各设计单位编制的标准图集,主要供本单位设计使用。

全国通用的标准图集,通常采用"J×××"或"建×××"代号,表示建筑标准配件类的图集;用"G×××"或"结×××"代号,表示结构标准构件类的图集。

2. 标准图的查阅方法

(1) 根据施工图中注明的标准图集名称编号及编制单位查找相应的图集。

(2) 阅读标准图集时,必须首先阅读图集的总说明,了解编制该图集的设计依据、使用范围、施工要求和注意事项等。

(3) 了解标准图集的编号和有关表示方法。

(4) 根据施工图中的详图索引编号查阅被索引详图,核对构件部位的适应性和尺寸。

第二节 总 平 面 图

一、图纸目录

图纸目录是施工图的首页。它说明本套图纸有几类,各类图纸分别有几张,每张图纸的图纸编号、图名、图幅大小等;如果采用标准设计图,应说明所使用标准设计图的名称、标准设计图所在的标准设计图集名和图号或页次。

二、施工总说明

施工总说明也叫设计说明,反映新建房屋工程的总体要求说明,一般包括:工程概况(工程名称、位置,建筑规模,建筑技术经济指标,建筑物的绝对标高和相对标高等),结构类型,主要结构的施工方法,对在图纸上未能详细注写的用料、做法或可以统一说明的问题进行详细说明,以及构件使用或套用的标准图集代号,等等。

下面是摘录的某住宅工程的建筑施工总说明。

(一) 工程概况

本工程基地总面积 56991m², 为别墅小区。其中包括别墅会所及门卫室等附属公建, 两种别墅为双拼形式, 其余为单体别墅。会所为二层, 别墅为二或三层。别墅区分三期建设。

(二) 工程定位及尺寸标注

工程放样定位见总平面图。

(三) 标高

本工程室内地坪设计标高 ±0.000 相当于绝对标高值见总平面施工图, 室内外高差 600, 凡室外走廊面及卫生间面分别比同楼层面降低 20, 找坡坡向排水。

(四) 建筑用料说明

1. 墙身防潮

±0.000 下结构圈梁兼做防潮层。砖墙 -0.060 处设防潮层, 做法为 20 厚 1:2 水泥砂浆掺 5% 避水浆。卫生间周边砌体下部均采用 C20 素混凝土挡水墙 (高 200), 门洞处不设。

2. 墙体

本工程为砖混结构体系。内墙采用 240 空心砖、120 空心砖。

3. 屋面 a (另有屋面做法 b、c 略)

彩色混凝土瓦屋面, 英红彩瓦, 挂瓦条 30×30、顺水条 40×40@500~600、涂膜防水层或防水卷材、20 厚 1:2.5 水泥砂浆找平层、现浇钢筋混凝土屋面板、板底抹灰。

4. 外墙粉刷

1) 外墙面窗台、门窗沿、雨篷、女儿墙压顶和挑板、突出腰线等部分上面做流水坡度, 下面做滴水线, 其宽度及深度不小于 10 (若图纸有特殊表示则以图纸为准)。

2) 外墙饰面 a (另有饰面做法 b、c 略): 外墙喷涂料饰面 (品种、色彩另定), 8 厚 1:2 水泥砂浆面层, 15 厚 1:3 水泥砂浆找平层、刷一道 YJ-302 型界面处理剂 (用于砖墙或混凝土墙)。

5. 内墙粉刷

1) 墙面粉刷, 油漆需待抹灰基本干燥以后方可进行。室内墙面, 柱面的阳角和洞口一律用 1:2 水泥砂浆做护角线, 其高 2000, 每侧宽度 50。

2) 内墙面: 面层见二次装修, 结合层视面层后定。15 厚 1:3 水泥砂浆打底扫毛、划纹 (用于砖墙或混凝土墙)。

6. 楼地面

1) 地面 a (另有地面做法 b 略): 面层自理, 结合层视面层后定自理。15 厚 1:3 水泥砂浆找平层面 (离地面设计标高低 30)、60 厚 C10 混凝土、100 厚碎石 (或碎砖) 夯实、素土夯实。

2) 楼面: 面层自理、结合层视面层后定自理。15 厚 1:3 水泥砂浆找平 (离楼面设计标高低 30)、刷素水泥浆一道、现浇钢筋混凝土。

7. 顶棚

本次施工图不设吊顶, 业主使用前根据空调等设备安装情况进行二次装修。详见二次装修图纸。无吊顶处顶棚为板底抹灰加室内涂料。

8. 门窗

1) 外门采用铝合金门, 内门采用木门, 门连窗采用铝合金门连窗, 窗采用铝合金窗, 设备间采用甲、乙级防火门。

2) 木质门除图中注明者外均与开启方向的粉刷面齐平立档。

3) 门窗预留在墙或柱内,木(铁)件应做防腐(锈)处理。

4) 铝合金门窗采用70系列,后安装施工,图面标示尺寸均为墙洞尺寸,门窗实际尺寸应按饰面粉刷后实际尺寸制作。

9. 其他

图中未详之处,均须按国家现行施工规程,验收规范及质量检测规定标准办理。

三、总平面图

建筑总平面图是表达一个建筑工程的建筑群体总体布局的水平投影图,主要表示新建房屋基地范围内的地形、地貌、道路、原有及新建建筑物、构筑物等。它是拟建工程项目施工定位、放样、土方工程、施工现场规划布置的主要依据,也是给排水、供电,以及暖通等专业管线总平面图规划布置和施工放样的依据。

(一) 总平面图的内容

1. 图例

建筑总平面图选用的比例一般较小,多为 1∶500、1∶1000、1∶2000 等,因此在《总图制图标准》中,规定了专门的总图图例来表示工程基地范围内的地貌、地物平面形状等,如果该标准中指定的总图图例不够用,也可自行设定图例,但要在总平面图上的适当位置专门画出自定的图例,注明其名称。常用的总图图例见表 2-2。

2. 规划红线

建设用地的范围由规划红线来确定。规划红线又称建筑红线,它是城市建设规划图上划分建设用地和道路用地的分界线,一般用红色线条来表示,故称为"红线"。规划红线由当地规划管理部门确定,在确定沿街建筑或沿街地下管线位置时,不能超越此线或按规划管理部门的规定后退一定的距离。

3. 总体布局

在总平面图中须表示出工程基地范围内的建筑物及构筑物的相对位置、周围道路(宽度起点、交叉点、坡向箭头、回转半径等)、绿化、围墙等的规划设计等。

4. 新建建筑物的定位

确定新建建筑物或构筑物的方式有两种。

(1) 对于规模较小、工程项目也较小的建筑物,可以根据相邻的原有永久性建筑物或道路等设施的相对位置来定位,标出定位尺寸,还应在图中直接标出拟建房屋的平面外包总尺寸。

(2) 用坐标定位。对工程项目较多、规模较大的拟建建筑,或因地形复杂,为了保证定位放线的准确性,通常采用坐标定建筑物、道路和管道的位置。坐标也有两种形式:一种是测量坐标,以细实线画成交叉十字线,坐标代号用"X、Y"表示,测量坐标值可在绘制有等距离的纵、横相交的方格网地形图中得到;另一种是建筑坐标,坐标网格画成网格通线,坐标代号用"A、B"表示。

总图中的坐标、标高、距离宜以 m 为单位,并应至少取至小数点后两位。

5. 室内外绝对标高

总图中标注的标高应为绝对标高,一般须注明建筑物底层室内地坪和室外平整地坪的标高值,对不同高度的地坪,应分别标注其标高。建筑物的层数,一般在建筑物的右上角用

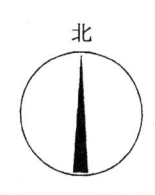

图 2-6 指北针

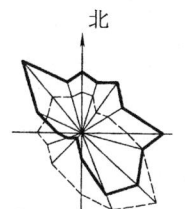

图 2-7 风玫瑰图

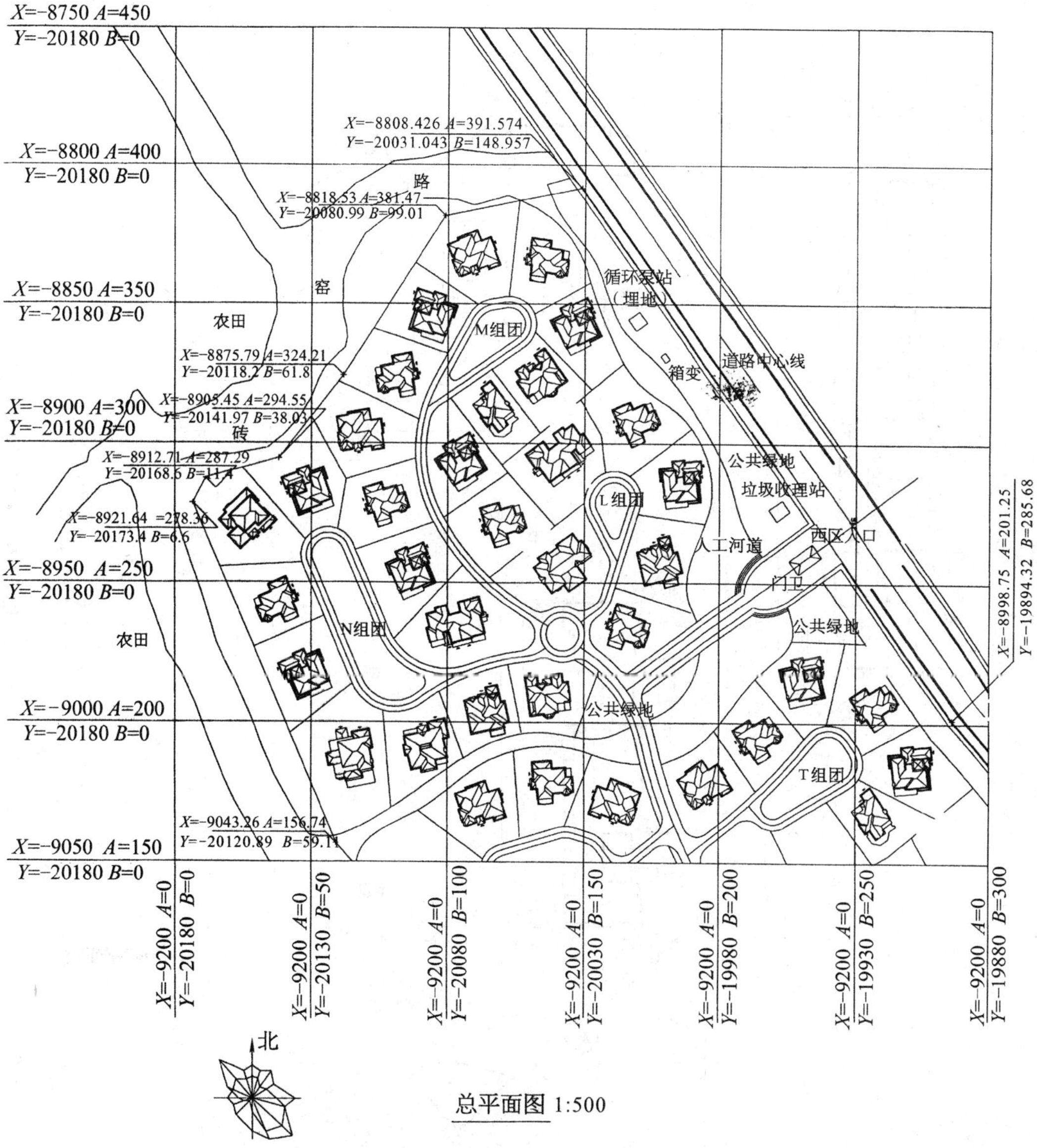

总平面图 1:500

图 2-8 某别墅小区总平面

46　第二章　建筑施工图

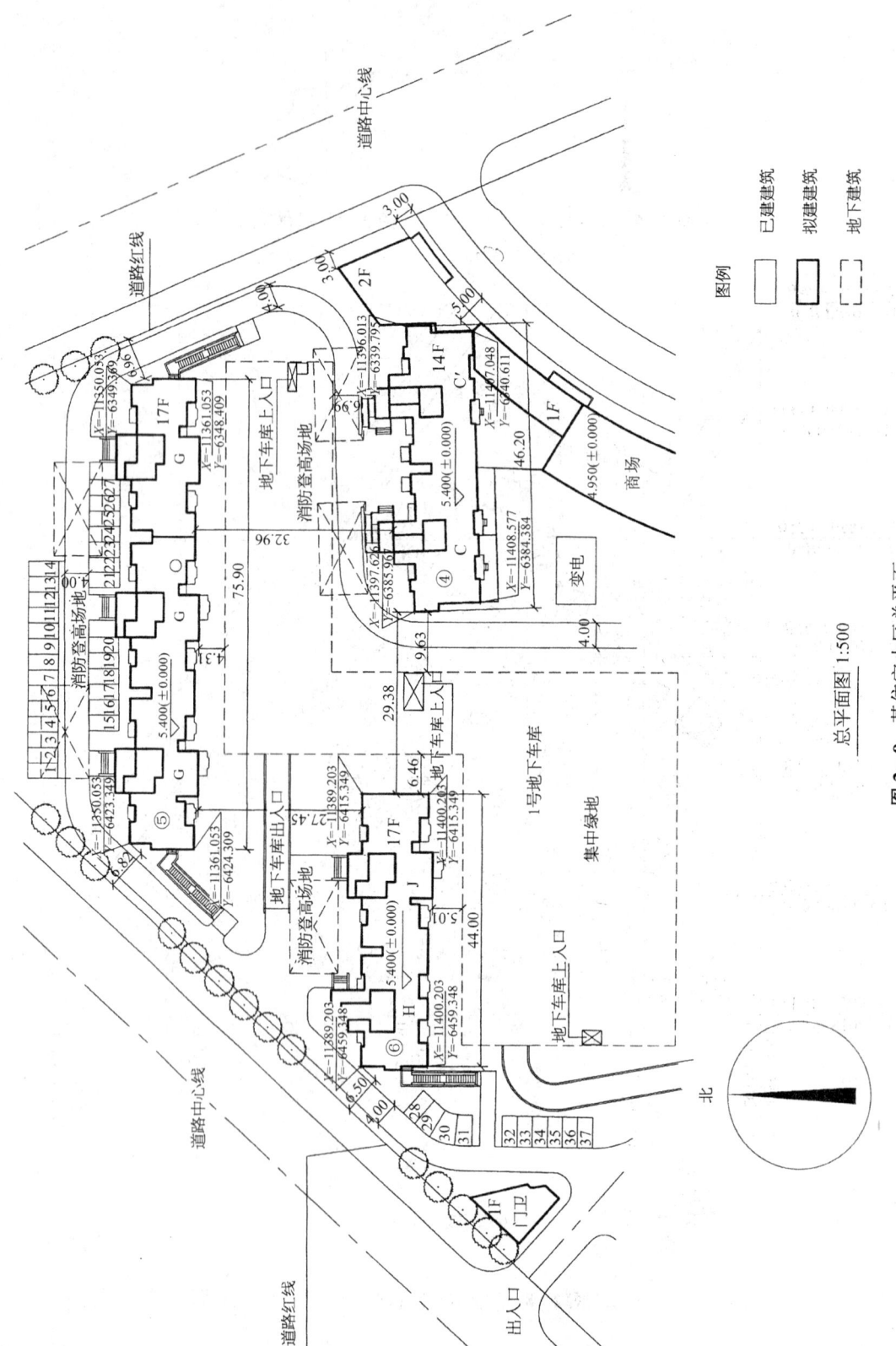

图 2-9　某住宅小区总平面

小圆点或数字表示。当层数较少时,用小圆点表示层数,如"∴"或"∵"表示建筑物为三层;如果建筑物层数较多,就用数字表示,如标有数字"6",表示建筑物为六层。

6. 指北针和风向玫瑰图

指北针指明建筑物的朝向,风玫瑰图表示该地区常年风向频率。图2-6和图2-7中所示为指北针的图例及上海地区的风玫瑰图。

在风玫瑰图中,实线表示全年风向频率情况,虚线表示6月至8月夏季的风向频率情况。建筑物的布置应考虑风向的因素,房屋建筑一般应垂直于夏季主导风向布置,以便能取得良好的通风效果,厂区内污染较大的车间则应布置在全年主导风向的下风向。

(二) 总平面图实例的阅读

图2-8为某别墅小区的总平面示意图(局部),图的比例为1:500,因工程规模较大,采用了坐标定位,图中标出了测量坐标和建筑坐标网格,因建筑比例较小,图中只标出了基地红线转折点的建筑坐标,其他尺寸在该图中未标注,另行出图。

图2-9为另一住宅小区总平面图的一角。道路红线给定了小区的用地范围。该小区拟新建的建筑物有4号楼、5号楼、6号楼,其中4号楼为14层,5号楼和6号楼为17层,另有商场、门房间及变电房等拟建公建配套设施,图中表示出了每幢住宅的主要形状及出入口。小区中心用虚线表示的Z字图形的位置为地下停车库,上面做集中绿化,另外设计了若干露天车位,地下车库有两个出入口,另有三个上入口,车道的设计包括进出住宅楼和地下车库出入口的道路在图中均有清楚地表示。绿化及环境设施的设计另由景观图表示。

新建建筑的定位由测量坐标给定,所注坐标值为外墙交点坐标,新建建筑与原有建筑的定位尺寸,新建建筑物的总长度以及与周围建筑、道路的距离等都用尺寸线进行了标注。

小区室外地坪的绝对标高为4.800m,拟建住宅的底层设计地坪绝对标高为5.400m,商场的室内地坪绝对标高为4.95m。

从图中的指北针可知,住宅楼的基本朝向是朝南,而商场等的位置则依据场地而设计。

第三节 建筑平面图

一、建筑平面图的表达方法

建筑平面图其实是一个剖面图,它是假想用一个水平面去剖切房屋,剖切平面一般位于每层窗台上方的位置,以保证剖切的平面图中墙、门、窗等主要构件都能剖到,然后移去平面上方的部分,对剩下的房屋作正投影所得到的水平剖面图,习惯上叫作平面图。

建筑平面图反映了建筑物的平面形状、房间分割,墙(柱)的位置、厚薄(断面形状),门窗的位置,以及其他构配件的设置等。建筑平面图是施工图主要的图样,是砌筑墙体、安装门窗和室内装修的重要依据,也是其他图样设计的基础。

一般来说,建筑物有几层,就应当画出几个平面图,并在图的下方注明相应的图名和比例。但是,当某几层的平面布置完全相同或绝大部分相同时,这几层可以合用一个平面图,图名标注"标准层平面图"或"二~六层平面图"等形式,局部不同的可另外画出。

此外,屋顶平面图不需剖切,直接画出其视图。

二、建筑平面图的图示内容

(1) 定位轴线。根据定位轴线了解各承重构件的平面定位与布置。

(2) 墙、柱。墙、柱在平面图中总能剖切到，用粗实线画出其轮廓线，房间应注明其名称。

(3) 门窗。门窗均按图例画出，并注明门窗编号。门用"M"表示，窗用"C"表示，也可用所选标准图集中门窗的代号来标注。同一类型的门窗用同一个编号。常用的门窗图例见表2-3建筑构造与配件图例。

(4) 楼梯。包括楼梯的主入口、楼梯间的位置、梯段上下走向、休息平台位置等。

(5) 其他构配件。包括阳台、雨篷、雨水管、入口台阶、散水、明沟等位置、形状，以及卫生间和厨房设备的布置。

(6) 尺寸和标高。平面图中的尺寸标注分定形尺寸、定位尺寸和总尺寸。外墙尺寸规定标注三道。最外面一道为总尺寸，标明房屋的总长度和总宽度；第二道为轴线之间的尺寸，一般为房间的开间或进深尺寸；最里面一道标出了外墙上门窗洞的定形和定位尺寸。

标高则注明了平面上各主要位置的相对标高值，从中可以看出房屋各处的高度变化。如房间、走廊、厨房、卫生间、阳台及楼梯平台等处的标高，这些标高均注到完成装修后的建筑标高。

(7) 剖切符号与索引符号、指北针等。

三、建筑平面图实例的阅读

该建筑是一个双拼别墅，有半地下室一层，地上两层。故它的平面图共有四个，分别为：半地下室平面图、底层平面图、二层平面图及屋顶平面图。

1. 半地下室平面图(图2-10)

半地下室平面图的剖切平面大约在±0.000标高上方一点的位置，剖切后向下观看，每户除了从地下室上行至底层的楼梯外，各有一个储藏室和一个车库，车库大门朝南，外有坡道供汽车驶入(可参看1-1剖面图)。半地下室的设计标高为-1.200m。

2. 底层平面图(图2-11)

底层平面是主要的建筑平面图，它的剖切位置大约在夹层厨房、餐厅的窗户上沿，表明了建筑物底层的平面布置情况。横向设有11根轴线，纵向设有9根轴线，轴线多与墙体中心线重合。墙体为空心砖砌筑，墙体交接处一般设有钢筋混凝土构造柱，这种构造柱是按混合结构抗震和构造要求设置的，它与墙内圈梁一起用来提高房屋的整体性和砌体抗剪强度。

由底层平面图中可知，东边一户由东面的四级台阶，经过平台，进入住宅。门厅右边是衣帽间，左边为客厅，从门厅向前，通过7级楼梯进入夹层，门厅及客厅的标高为±0.000m，夹层的标高为1.200m。夹层有卧室、厨房、餐厅、卫生间、洗衣房和储藏室等。由夹层再经过18级楼梯到二层楼面。西边一户的房型基本类似，读者可对照平面图自行阅读。

此外，底层平面图中还画出了明沟、坡道、平台、台阶、门柱、雨水管断面、预留洞等，以及厨房、卫生间、洗衣房等的固定设施。

门窗编号直接注于图上。整幢别墅各种门窗的型号、洞口尺寸、数量等在门窗表2-4中详细列出，以方便加工或订购。

尺寸标注有外墙的三道尺寸和其他细部尺寸,从中可以看到住宅的总长和总宽,各个房间的开间、进深、墙厚,门窗的宽度和位置等。标高则注明了室内外不同位置的相对高度。

另外,在台阶、明沟等处,有详图索引符号,说明有详图或标准图集另行表示该处的详细做法。

需要说明的是,详图索引符号与详图符号中的图纸号,在本章中都是以插图的编号来代替实际施工图中的图纸编号的。如半地下室平面图中的详图索引符号 ①/25,下半圆 25 表示该详图在图 2-25 中,上半圆 1 表示在图 2-25 中编号为 1 的详图,即为要索引的详图。这一点请读者特别注意,以便对照查阅。

指北针和剖切符号一般只在底层平面图中标出。指北针标明了房屋的朝向,剖切符号则表明了剖面图的数量、剖切位置、投影方向及其编号。

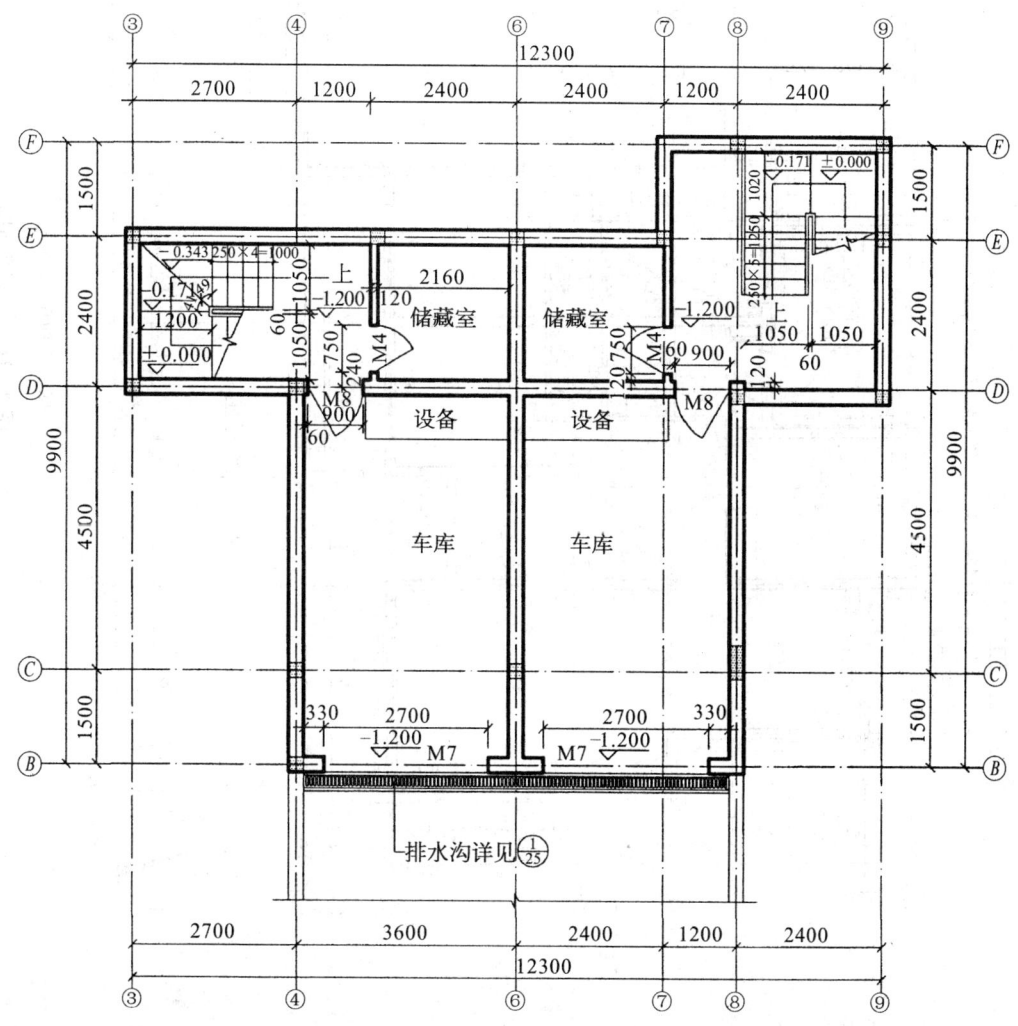

半地下室平面图 1:50

图 2-10 半地下室平面图

第二章 建筑施工图

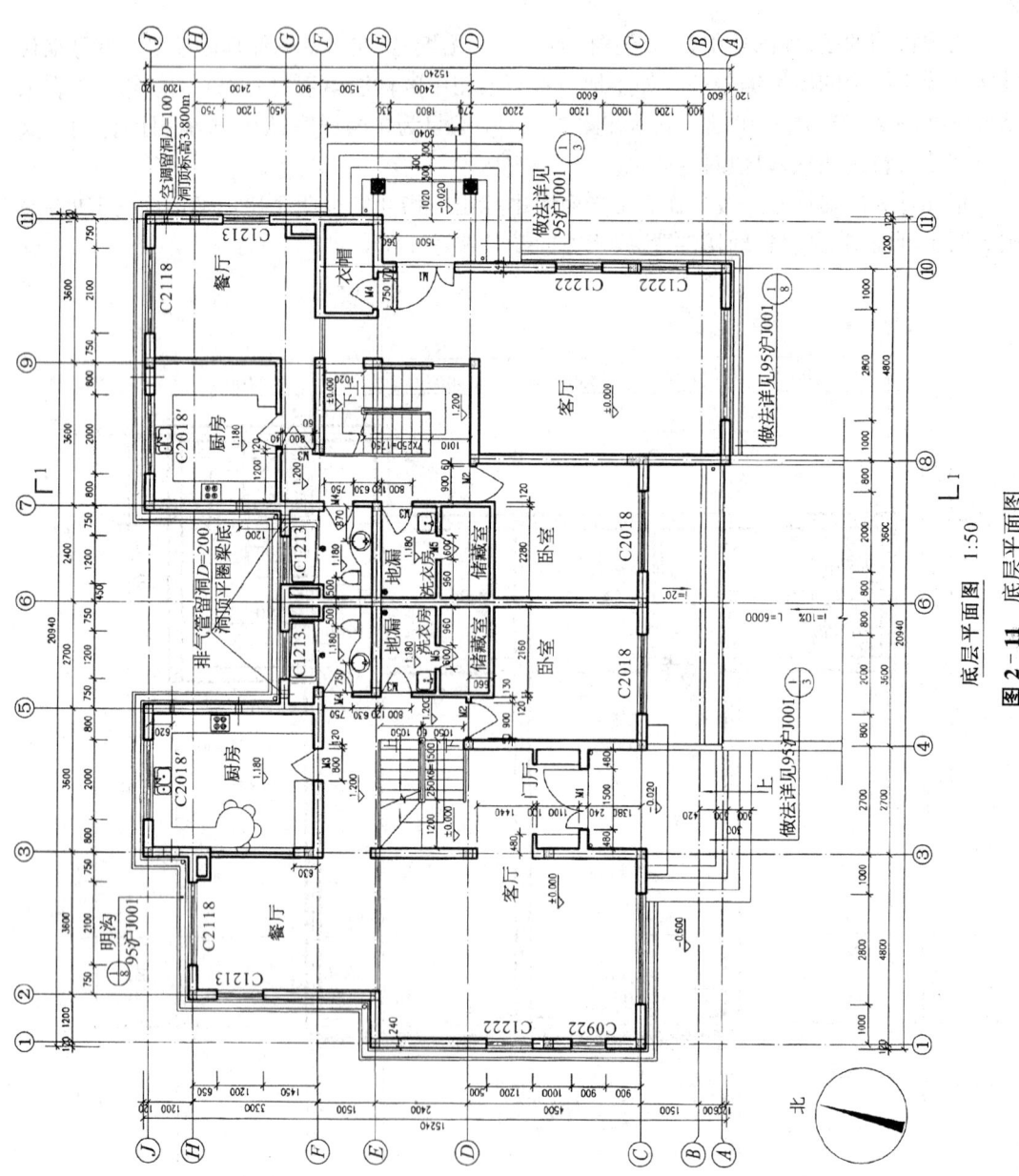

图 2-11 底层平面图

表2-4 门窗表

门窗编号	门窗类型	洞口尺寸(mm)		扇 数				备 注
		宽	高	半地下层	一层	二层	合计	
M1	成品装饰门	1500	2400		2		2	选用厂家定型成品
M2	木门	900	2100		2	4	6	户内木门用户自理
M3	木门	800	2100		4	2	6	户内木门用户自理
M4	木门	750	2100	2	3	5	10	户内木门用户自理
M5	木门	600	2100			2	2	户内木门用户自理
M6	木门	1200	2100			2	2	选用厂家定型成品
M7	车库门	2700	2200	2			2	选用厂家定型成品
M8	防火门	900	2100	2			2	选用厂家定型成品
LM2424	铝合金窗门	2400	2400			2	2	立面分隔门窗示意
C1222	铝合金窗	1200	2200		3		3	立面分隔门窗示意
C0922	铝合金窗	900	2200		1		1	立面分隔门窗示意
C2022	铝合金窗	2000	2230			4	4	立面分隔门窗示意
C1508	铝合金窗	1500	850			1	1	立面分隔门窗示意
C1213	铝合金窗	1200	1300	4	3		7	立面分隔门窗示意
C1217	铝合金窗	1200	1700			2	2	立面分隔门窗示意
C2727	铝合金窗	2700	2750		2		2	立面分隔门窗示意
C2118	铝合金窗	2100	1800		2		2	立面分隔门窗示意
C2018	铝合金窗	2000	1850		2		2	立面分隔门窗示意
C2018′	铝合金窗	2000	1850	2			2	立面分隔门窗示意

3. 二层平面图(图2-12)

二层平面图的表示方法与底层平面图相似,它的剖切位置是二层卧室窗台的上沿,反映了本层的平面布置以及向下看到的部分屋面。底层已表示过的室外构配件在二层平面图中不必重复表示。

平面图中的楼梯,不同楼层有不同的表示方法,如表2-4中的图例所示。楼梯的表示分底层楼梯、中间层楼梯、顶层楼梯三种形式。

本住宅因为有地下室,因此半地下室平面图中的楼梯成为实际意义上的底层楼梯,在±0.000上方的位置剖切后向下作水平投影,从图2-10中可见,东侧的楼梯由地下室上行的梯段,经过6级踏步至休息平台,在平台中间处又上一级至±0.000标高,即到达底层地面,底层至夹层的楼梯示意性地画出几级,在剖切平面位置处由折断线断开,折断线一般画成倾斜线以避免与楼梯梯段线混淆。

图2-11底层平面图中的楼梯成为实际意义上的中间层楼梯,仍以东侧楼梯为例,从剖切平面的位置向下观看,看到从底层地面±0.000标高处向上经过7级踏步至夹层,再向上经过18级踏步通往二层,而从±0.000标高向下通往地下室的梯段则被上行楼梯所遮挡,以折断线为分界线。

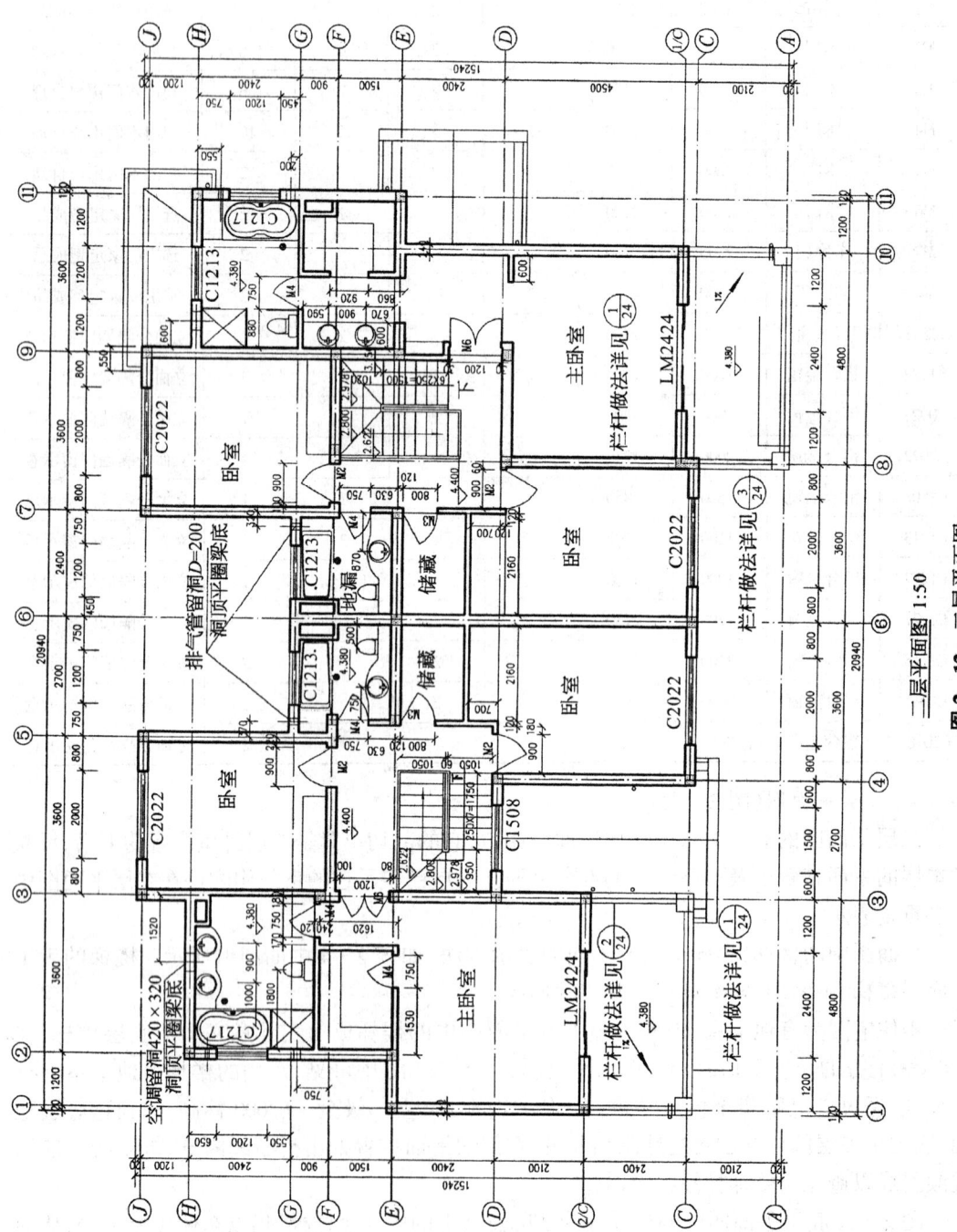

图 2-12 二层平面图

第三节 建筑平面图

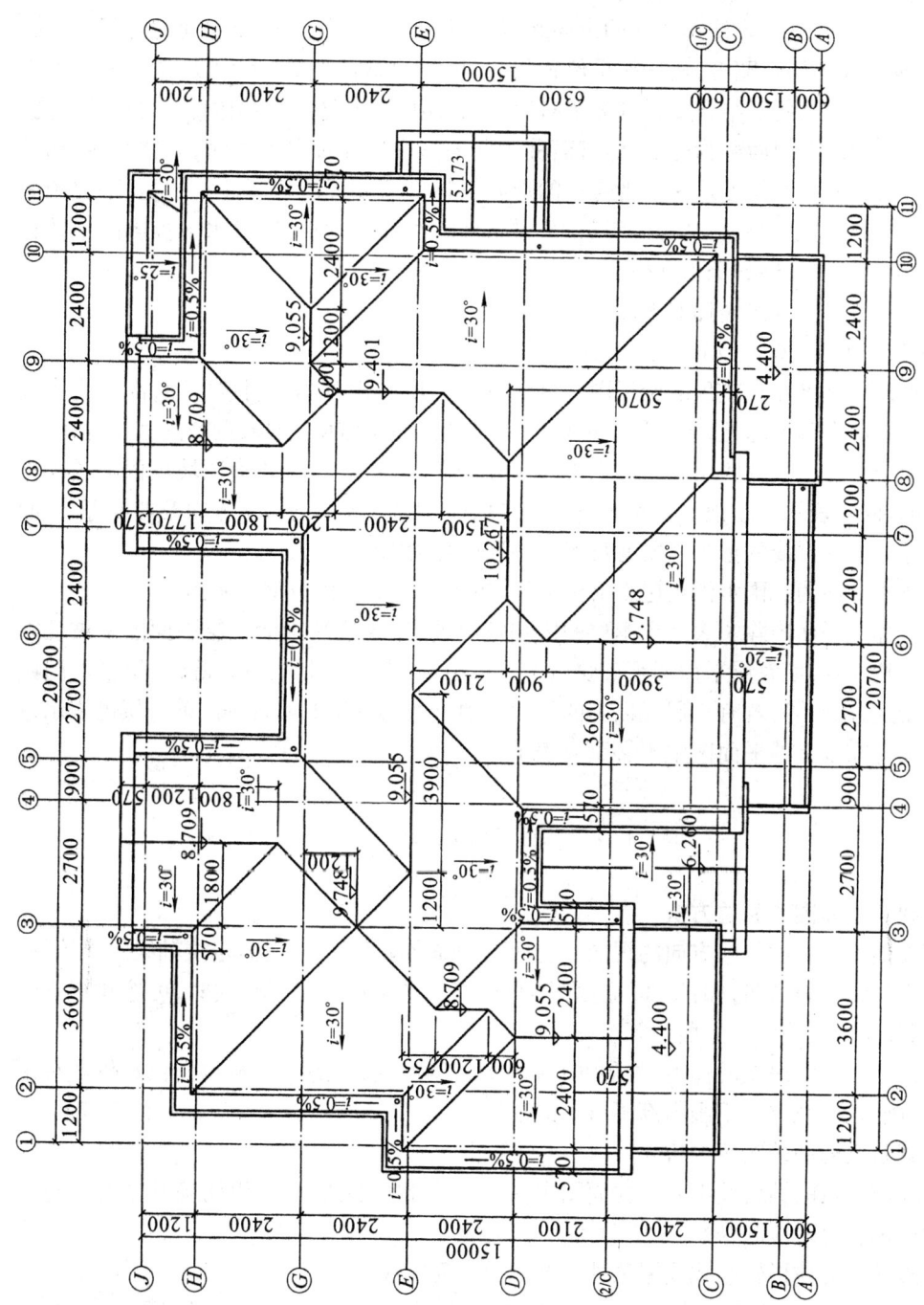

图 2-13 屋顶平面图

图 2-12 二层平面图中的楼梯为顶层楼梯，图中看到的面层为二层楼面，其相对标高为 4.400m，从二层平面图的剖切位置向下投影，看到的全是由二楼通往底楼的下行梯段，经 7 级踏步到达平台，平台上设有三级踏步，再向下走 8 级踏步可到达夹层。

在楼梯的平面图中，要注明楼梯的走向和级数，以及相关尺寸，如楼梯间的开间、进深、平台深度、梯段及楼梯井宽度、栏杆扶手位置尺寸、梯段的总长度等。为了从楼梯平面图中了解其高度的变化及便于结合楼梯剖面图对照看图，还应注出楼地面和休息平台处的标高。

楼梯梯段中水平的面称为踏面，竖直面称为踢面。在标注梯段长度时，通常写成：梯段踏面数×踏面宽=梯段长度这种三者合一的形式。特别需要提醒读者注意的是，平面图中踏步投影的格数，总是比实际楼梯的级数少一格，即九级踏步的楼梯，其水平投影的格数只有 8 格，而竖直方向的格数仍为 9 格。

若有需要可另外画出楼梯的平面详图。

4. 屋顶平面图(图 2-13)

屋顶平面图是该住宅屋顶的俯视图。该别墅的屋顶形式总体为同坡屋面，部分为半坡屋面。同坡屋面即四坡屋顶，每个屋面的坡度相同；半坡屋面为两坡顶，两坡的坡度也相同。该别墅在两个门厅上方及底层厨房间上方的屋顶为两坡屋面，其余均为四坡屋面。图中标注了有关的轴线，表示了屋顶的形状、屋脊线、屋檐线、天沟、屋面的排水方向及坡度等，注明了有关尺寸和各屋脊线的标高。所有坡屋面的坡度均为 30°。

屋面排水方向为：雨水沿坡屋面流向天沟，再汇入雨水管排至室外明沟。

各层的建筑平面图除了表示出本层的内部情况外，还要反映出前一层平面图未被反映的可见建筑构配件，如底层平面图须反映出室外的台阶、散水、明沟、花坛等，二层平面图则须反映出雨篷、阳台等，若有三层或以上的平面则须反映出各层的阳台等。前一层已表示过的室外构配件在以上的平面图中不必重复表示。

第四节　建筑立面图

一、建筑立面图的表达方法

建筑立面图是房屋各个方向的视图。立面图的命名有两种形式：有定位轴线的建筑物，宜根据两端的轴线来命名，如：①-⑥立面图、Ⓐ-Ⓗ立面图。没有定位轴线时，可按建筑物的方向命名，如正立面图或南立面图等。

立面图主要反映房屋的体型、外貌、门窗形式和位置、墙面的装修材料和色彩等。在该视图中，只画可见轮廓线，不画内部不可见的虚线。

二、建筑立面图的图示内容

(1) 立面两端的轴线及编号。立面图中一般只注出两端的轴线，以明确其位置且与图名及平面图的编号对应起来。

(2) 外墙面的体形轮廓线及屋顶外形线。通常为粗线。

(3) 门窗的形状、位置与开启方向。门窗是立面上的主要内容之一，门窗洞的形式、分格、开启方式按照有关图例根据实际情况绘制。同一型号的门窗，可只画其中一处。

(4) 外墙上的其他构筑物。按照投影原理反映建筑物室外地面线以上能够看得见的细部。包括：勒脚、台阶、花台、雨篷、阳台、檐口、屋顶和外墙面的壁柱花饰等。

第四节 建筑立面图

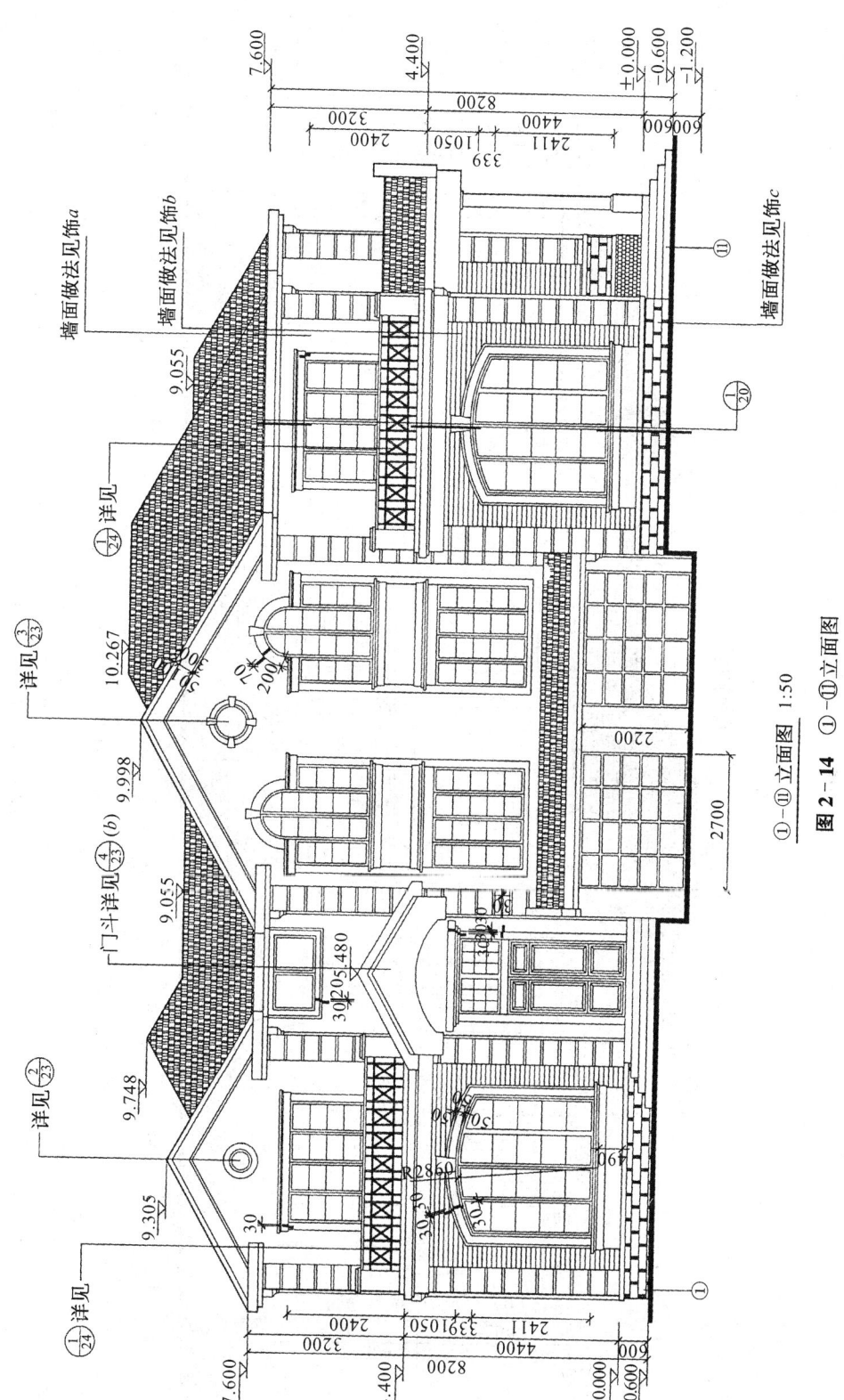

图 2-14 ①-①立面图 ①-①立面图 1:50

第二章 建筑施工图

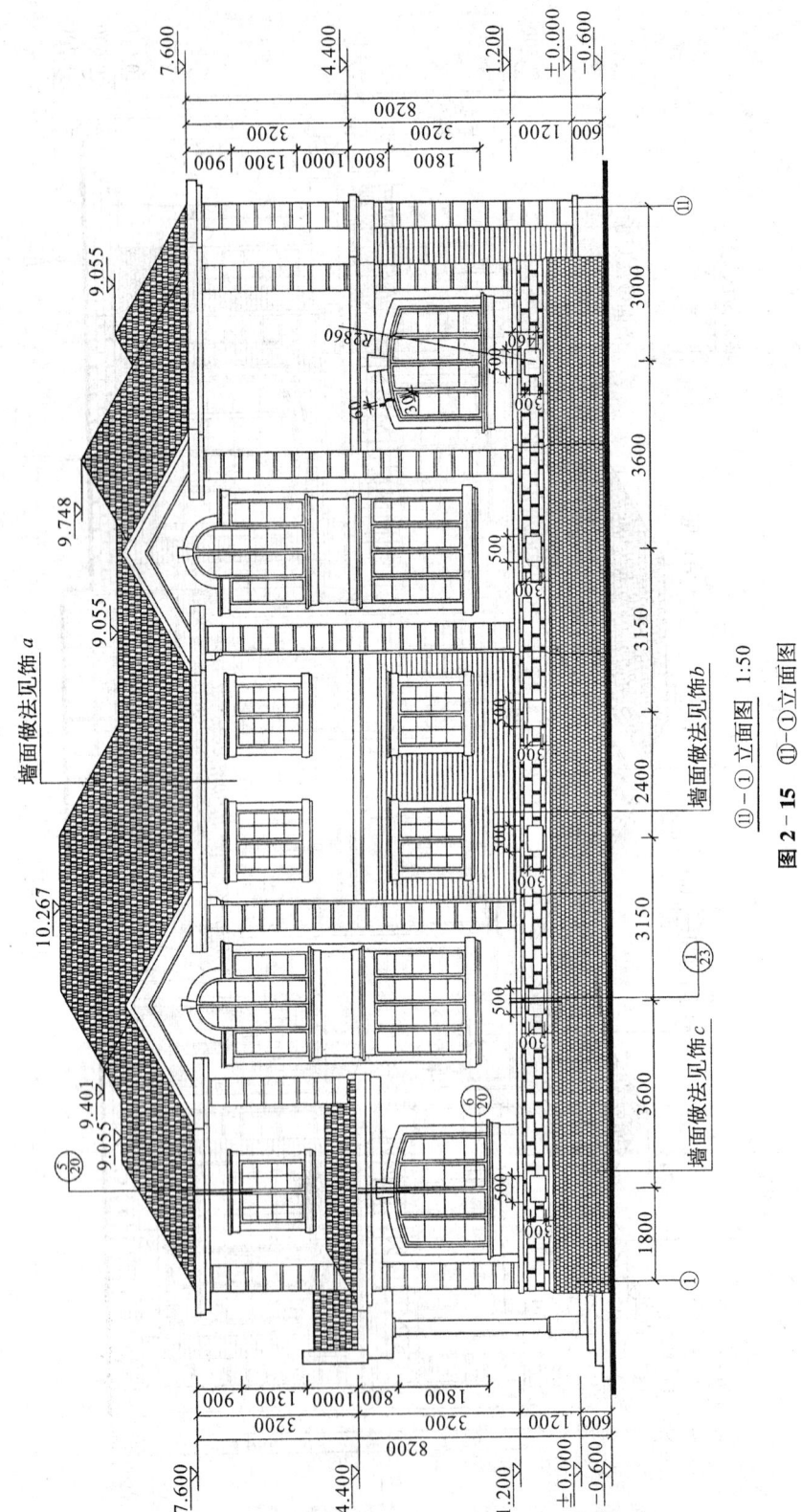

图 2-15 ⑪-① 立面图

第四节 建筑立面图

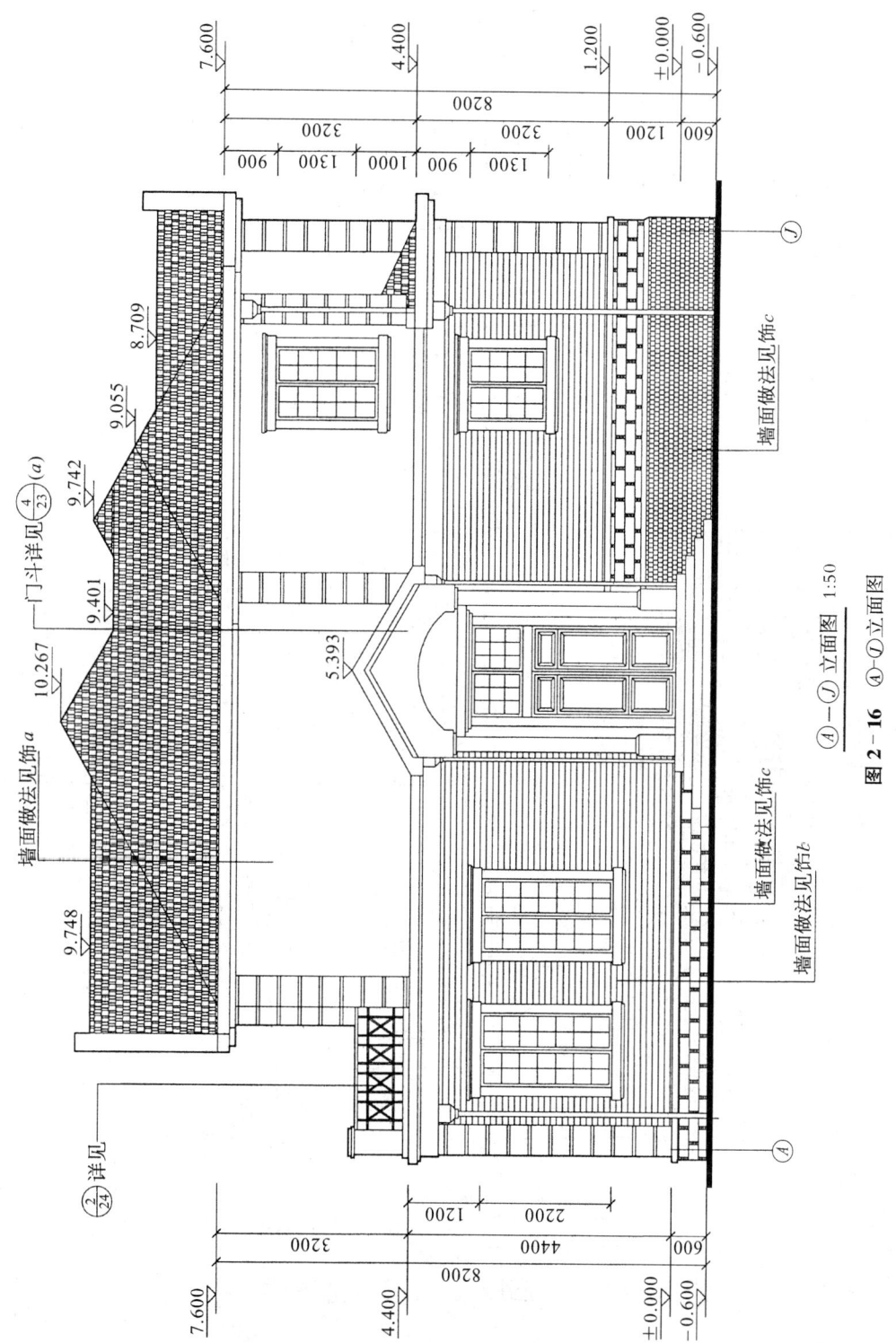

图 2-16 Ⓐ—Ⓙ立面图

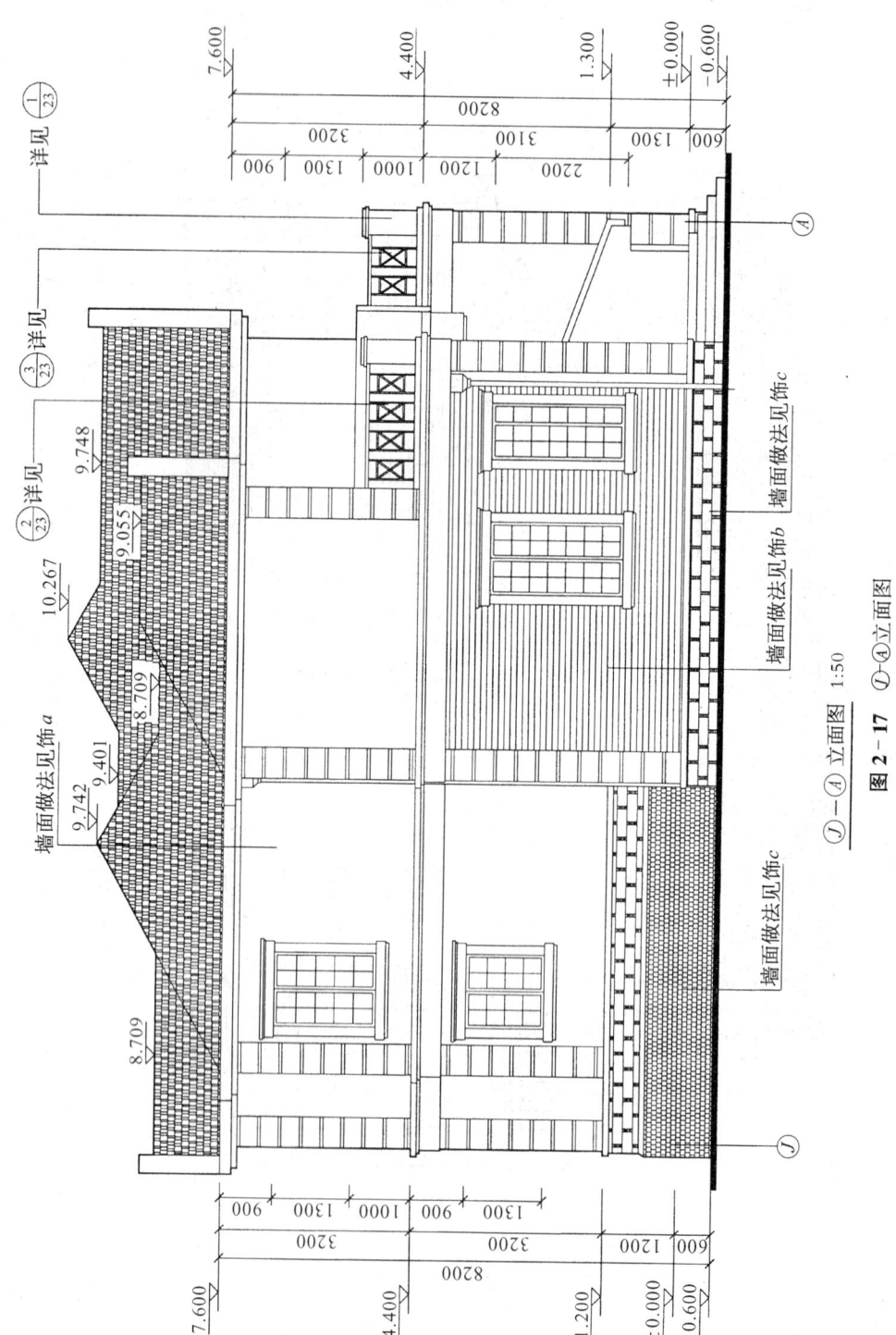

图 2-17 ①—Ⓐ立面图

(5) 标高及竖向尺寸。立面的高度尺寸主要以标高的形式标注,一般需要标注的位置有室内外地面、台阶、门窗洞的上下沿、雨篷、檐口等。除了标高,竖向尺寸可不注写,如需注写时,一般可按下列方法标注:最外一道为建筑物的总高度,第二道注楼层间的高度,第三道注门窗的高度,有时还可补充一些局部尺寸。

(6) 标注详图索引符号和有关的文字说明。立面图中一般用文字注明外立面装饰的材料和做法。

三、建筑立面图实例的阅读

图 2-14～图 2-17 为该双拼别墅四个方向的立面图。以①-⑪立面图为例,它所反映的是本住宅朝南立面上的建筑轮廓线、建筑配构件情况、墙面的装饰做法等。为了层次清楚,在立面图中采用了不同的线型来表示,地坪线用加粗线表示,地面以下部分不表示;外轮廓线用粗实线勾勒出房屋的总长、总高和外形;中粗线和细线则用来表示立面上门窗的形式、立面装饰、台阶、阳台、屋檐、雨水管等。

南立面中显示了西户人家的进口台阶、大门、门斗,东户人家进口的台阶侧面、门廊,两户的车库、客厅、夹层及二层卧室的窗户,主卧室的阳台,屋檐形式以及立面的装饰线条等。外墙面的装饰做法有 a、b、c 三种,具体做法在施工总说明中用文字统一表述,立面图中只标明了做法编号。

立面图中表示了主要标高,并用尺寸线表示了竖向尺寸和一些局部尺寸。

立面图上的索引符号表示有对应的详图表示该处的节点放大图样或剖面节点放大图样,请对照阅读。有关详图的阅读后面将会讲述。

其他立面的表示方法基本相同。

第五节 建筑剖面图

一、建筑剖面图的表达方法

建筑剖面图是按上一章中剖面图的概念和规则来绘制的,它是主要用来表达房屋内部的竖向构造状况的图样。从剖面图中可以了解各楼层房间的高度、室内外高差、屋顶坡度以及内部结构形式和构造情况等。阅读剖面图时,应根据平面图中的剖面位置、编号及剖切方向查对相应的剖面图以便对照阅读。

剖面图的剖切位置一般选择在能反映房屋全貌、构造特征的有代表性的部位,如通过门厅、楼梯或门窗洞、高低变化较多的地方,并在底层平面图中标明。至于其数量,要视房屋的复杂程度和实际需要确定,一般不是很复杂的房屋,用一个剖面图就可满足要求。

二、建筑剖面图的图示内容

(1) 外墙的定位轴线和编号:应与底层平面图中标注的剖切位置、编号、轴线对应。

(2) 剖切到的配构件。

(3) 未剖切到的可见配构件。

(4) 竖直方向的尺寸和标高:外墙一般标注三道尺寸,从外到里分别为建筑物的总高度、层高尺寸、门窗洞的尺寸,此外还有局部尺寸,以注明构配件的形状和位置。标高需要标注的有:室内外地面、各层楼面标高、阳台、台阶、楼梯平台等。

(5) 详图索引符号:由于比例的限制,剖面图中表示的配构件都只是示意性的图样,具

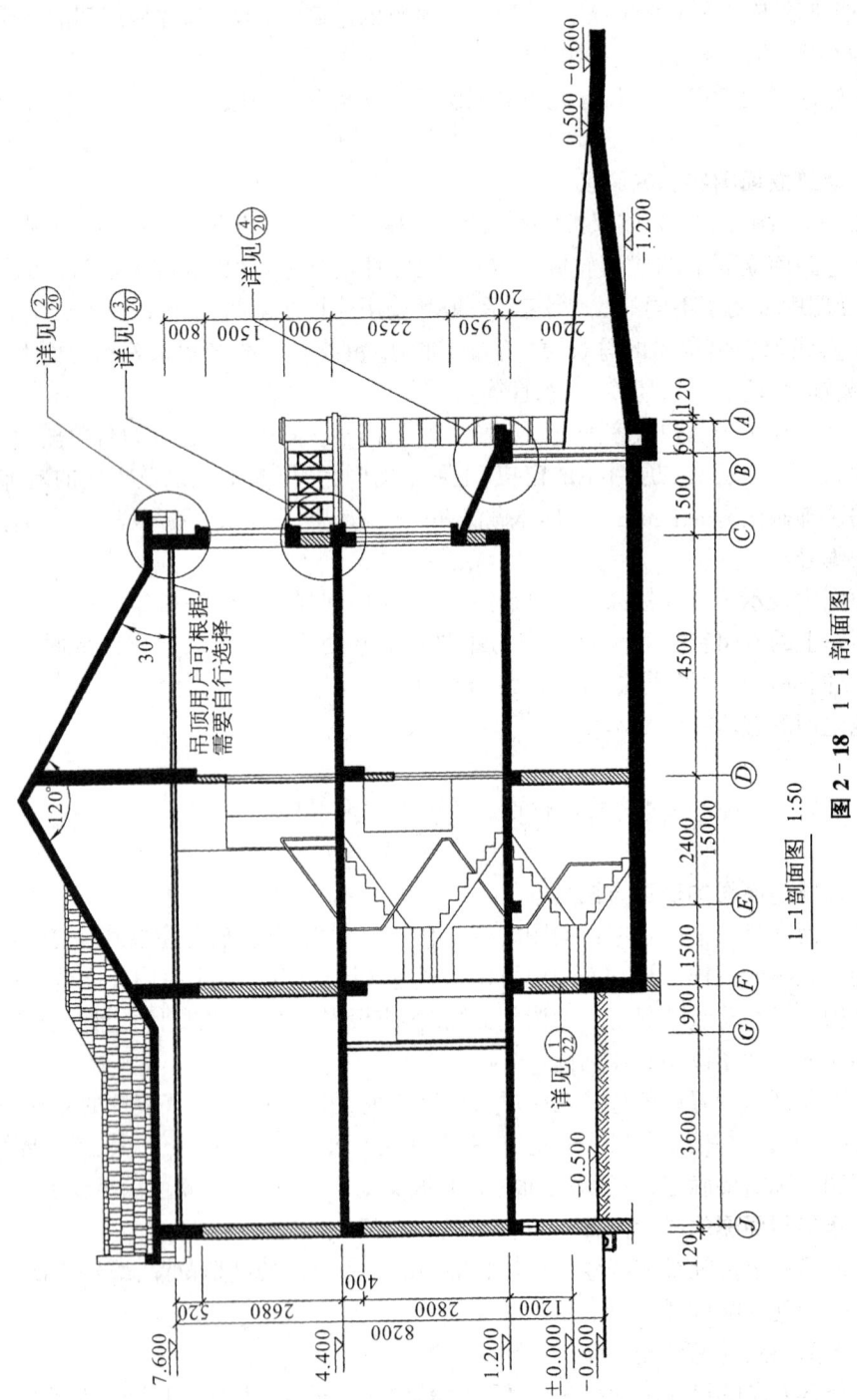

图 2-18 1—1 剖面图

体的构造做法等则需要在剖面图中引出索引符号,在大比例详图中另行表示。

三、建筑剖面图实例的阅读

因为需要剖到夹层,所以本实例中剖切面没有通过楼梯梯段,楼梯的剖面图另用详图表示。如图2－18所示,其具体位置标于底层平面图中,剖切在⑦号轴线右侧,剖视方向是从左向右观看。对照各层平面图,可以看到沿着视线方向,在半地下室处,分别剖到或看到架空层、Ⓕ轴线处的墙、楼梯间、Ⓓ轴线处的门、车库、车库卷帘门及坡道；在夹层处分别剖到或看到Ⓙ轴线处的外墙、厨房与走廊的隔墙、走廊进入餐厅的门、Ⓕ轴线处的墙线、楼梯间、Ⓓ轴线处的门、Ⓒ轴线处的窗及车库顶棚的单坡屋面；在二层,分别剖到或看到Ⓙ轴线处的外墙、Ⓕ轴线处卧室的门、楼梯间、⑨号轴线处进入卧室的双扇门、Ⓓ轴线处的门、Ⓒ轴线处的窗,以及看到的阳台侧面。同时剖到及看到相关的屋面。

室内外剖到的墙身用两条线代表砖墙的宽度,地面以下的基础墙面表示出一小段,然后用折断线断开,墙身为砖墙,材料图例用45°斜线表示,门洞窗洞上面有钢筋混凝土过梁,地下室底板、楼板和屋面板为现浇板,下设圈梁,梁板断面均为钢筋混凝土材料,涂黑表示。

尺寸标注出外墙的竖向三道尺寸、水平定位轴线尺寸和局部的门窗洞高度尺寸；室内外楼地面、屋顶标注了标高。

凡需另见详图的部位,均标出了详图索引符号。该图中的三处节点,详见图2－20。

第六节　建筑详图

一、概述

建筑平、立、剖是建筑施工图中最基本的图样,它们反映了建筑物的全局,但由于它们采用的比例较小,因而建筑物的某些细部及配构件的详细构造及尺寸无法清楚地表达,需要另外绘制大比例的图样作为补充。这种局部大比例的图样称为详图。

详图的数量及表示方法,应根据配构件的复杂程度而定,有时仅仅是平、立、剖中某个细部的放大,有时则需要画出其剖面或断面图,或需要多个视图或剖面(断面)图共同组成某一配构件的详图。

详图必须注明详图符号、详图名称和比例,与被索引的图样上的索引符号对应,以方便对照阅读。

二、建筑详图实例的阅读

1. 楼梯详图

本住宅的楼梯平面图可参看图2－10至图2－12平面图中的楼梯部分,因为在平面图中楼梯的形式及有关尺寸已有详细标注。

图2－19为本住宅中两处楼梯的剖面详图,这两处楼梯均为双跑楼梯。楼梯剖面图的剖切平面为一铅垂面,一般通过双跑楼梯的一个梯段,将楼梯垂直剖后向另一梯段的方向作正投影所形成的图样。因此,每层的两段楼梯在楼梯剖面图中总是一段被剖到,一段能看到,可以完整地表达。

楼梯剖面图中标注的墙体轴线编号及水平方向的尺寸,应与平面图一致；高度方向的标注形式通常写成：梯段级数×踢面高度＝梯段高度这种合并尺寸的形式。剖面图中楼梯竖直方向的格数与楼梯级数是一致的。此外,还应注出楼地面和休息平台处的标高。

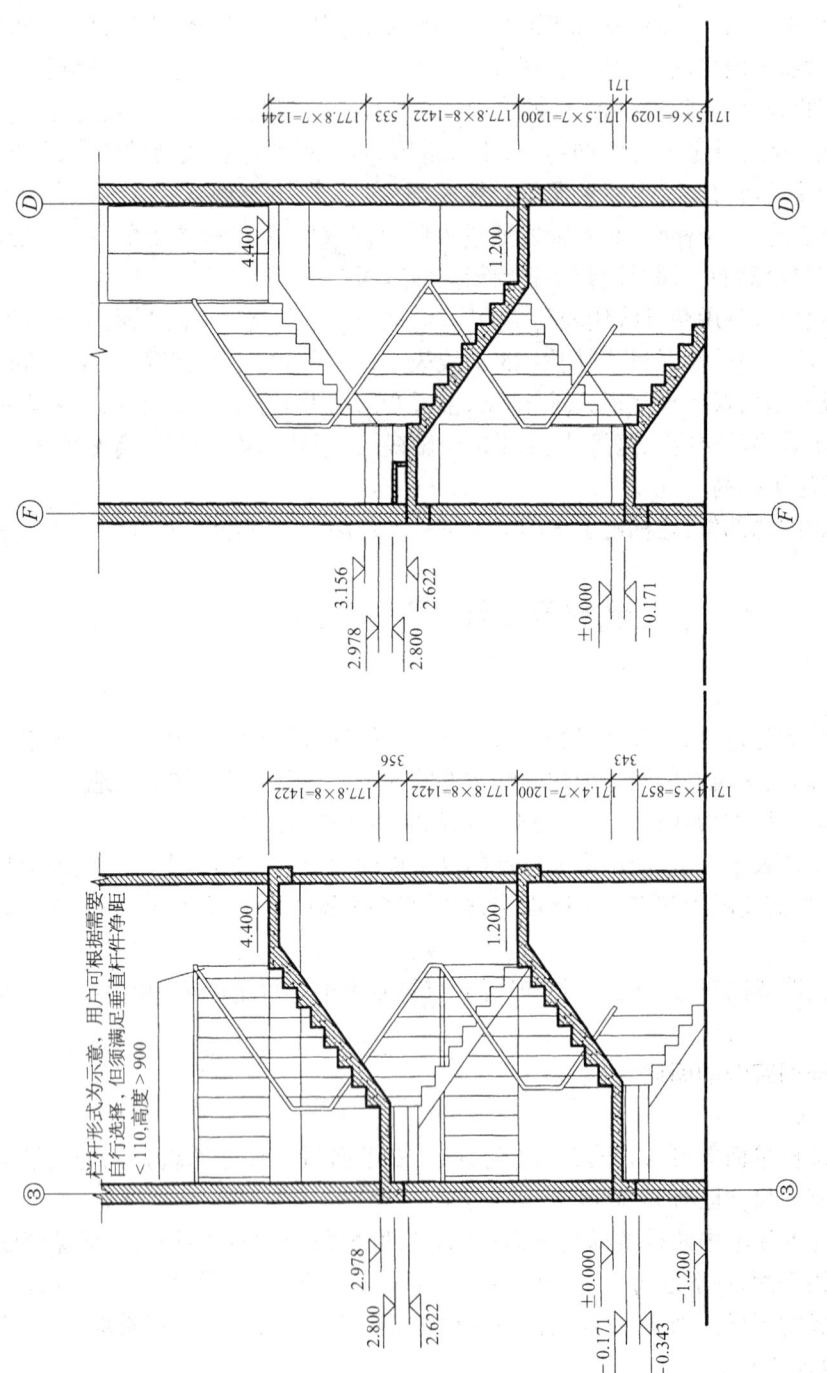

图 2-19 楼梯剖面详图

2. 外墙节点详图

外墙节点详图是用一竖直面将墙体作垂直剖切后所形成的图样,它可以表达屋檐、窗台、门窗过梁、楼板、地面、勒脚、散水、室外明沟等细部构造以及主要节点的做法。根据构造的需要可以作出若干个主墙体的剖面图,以表示房屋不同部位的不同构造内容,它可以是剖面图中有关部位的局部放大,也可从立面图中直接作剖切索引。

图 2-20 中的 1 号详图索引自①-⑪立面图,为东户人家南立面上⑧号轴线与⑩号轴线中间的一处外墙,图中主要表示了三个节点,分别为:室外明沟、室内地面、窗台节点、窗顶、阳台、楼面节点、檐口节点。

(1) 明沟、地面、窗台节点。该节点主要表达外墙明沟、室内底层地面及下窗台的构造和做法。室外地面的设计标高为 -0.600m,明沟的顶面与室外标高齐平,它的做法在图中用分层指引法说明,从上到下依次为 20 厚 1:2 水泥砂浆粉面、C8 细石混凝土、70 厚细石垫层、素土夯实。室内地面的标高为 ±0.000m,为做好面层后的建筑标高,地面做法最上面是面层和结合层,由用户自理,下面分别为 15 厚 1:3 水泥砂浆找平层、60 厚 C10 混凝土、100 厚碎石或碎砖夯实,最下面是素土夯实。该处的墙体为钢筋混凝土材料,下窗台做了一些层次和线脚,主要出于立面效果的考虑及下窗台滴水处理的构造要求。窗的高度由于没有变化及图面有限,中间用折断线断开了。

(2) 窗顶、阳台、楼面节点。该节点主要表达窗顶、阳台、楼面节点的详图。窗顶底面的标高为 3.350m,阳台面的标高为 5.380m,二层楼面的标高为 4.400m,均为钢筋混凝土现浇。阳台看到的是侧面,当中也用折断线断开省略表示,因为是室外阳台,所以在结构层上面另做了防水层,阳台护栏的具体做法另见详图。窗顶出于立面考虑及滴水处理,也做了一些层次和线脚。

(3) 檐口节点。该节点主要表达了檐口和屋面的构造。二层的窗顶有一根钢筋混凝土过梁,过梁上有一小段砖墙,上面即为屋檐。屋檐挑出墙面,做成天沟,天沟顶面标高为 7.600m,在现浇结构层上面是细石混凝土找坡层,再粉 20 厚 1:3 水泥砂浆,上面涂一道防水涂料,再涂一道浅色反光涂料。屋面的做法由下到上依次为:现浇钢筋混凝土屋面板、20 厚 1:2.5 水泥砂浆找平层、涂膜防水层或防水卷材、顺水条、挂瓦条、英红瓦。天沟的具体尺寸及窗顶层次做法和滴水处理见图 2-20。

此外,外墙节点详图中 2、3、4 号详图索引自①-①剖面图上的三个节点,5 号与 6 号详图索引自⑪-①立面图上的两个节点,它们的具体内容请读者自己阅读。

3. 门窗详图

对一幢建筑来说,门窗种类可能较多。门窗按所用的材料可分为木、钢、铝合金等门窗。

对门窗图,有全国通用的建筑标准设计图集,各地和一般生产厂家都编有自己的标准图供设计者选用。所以建筑上多选用标准图集中的门窗型号,由门窗加工厂按相应的图集制作,不需另外出图。对于非标准的门窗,则需专门画出其详图。

门窗详图常用立面图表示门窗的外形尺寸和开启方向,并配以较大比例的节点剖面或断面详图,表明门窗的截面、用料、安装位置、门窗扇与框的连接关系等。

图 2-21 中画出了本住宅中设计的部分门窗的立面图,标注了门窗尺寸以便厂家制作加工。图中未画门窗的节点剖面或断面详图,因为这些门窗的截面、用料、安装位置、门窗扇与框的连接关系等与标准型号相同。

英红瓦
挂瓦条30×30
顺水条40×20@150~160
涂膜防水层或防水卷材
20厚1:2.5水泥砂浆找平
现浇钢筋混凝土屋面板
屋面保温做法详见屋a
混凝土瓦
板底抹灰
浅色反光涂料一道
防水涂料一道
20厚1:3水泥砂浆
细石混凝土找坡
结合层面层自理
15厚1:3水泥砂浆找平层
60厚C10混凝土
100厚碎石或碎砖夯实
素土夯实
20厚1:2水泥砂浆粉面
C8细石混凝土
70厚碎石垫层
素土夯实
5φ8
φ6@200
7.600
5.400
4.400
5.480
4.500
3.350
1.300
1.200
2.150
0.600
±0.000
-0.600
1:20

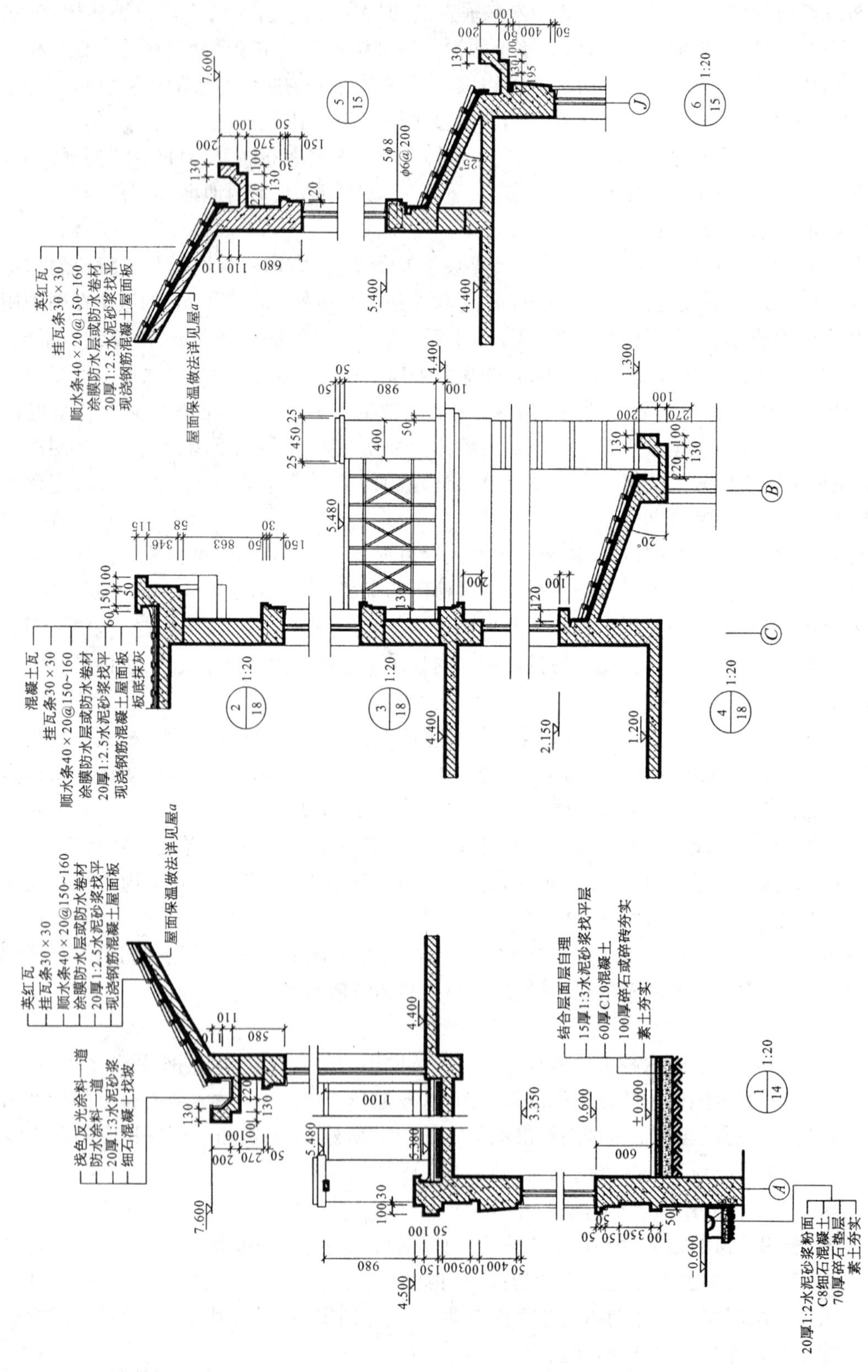

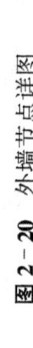

图 2-20 外墙节点详图

第六节 建筑详图

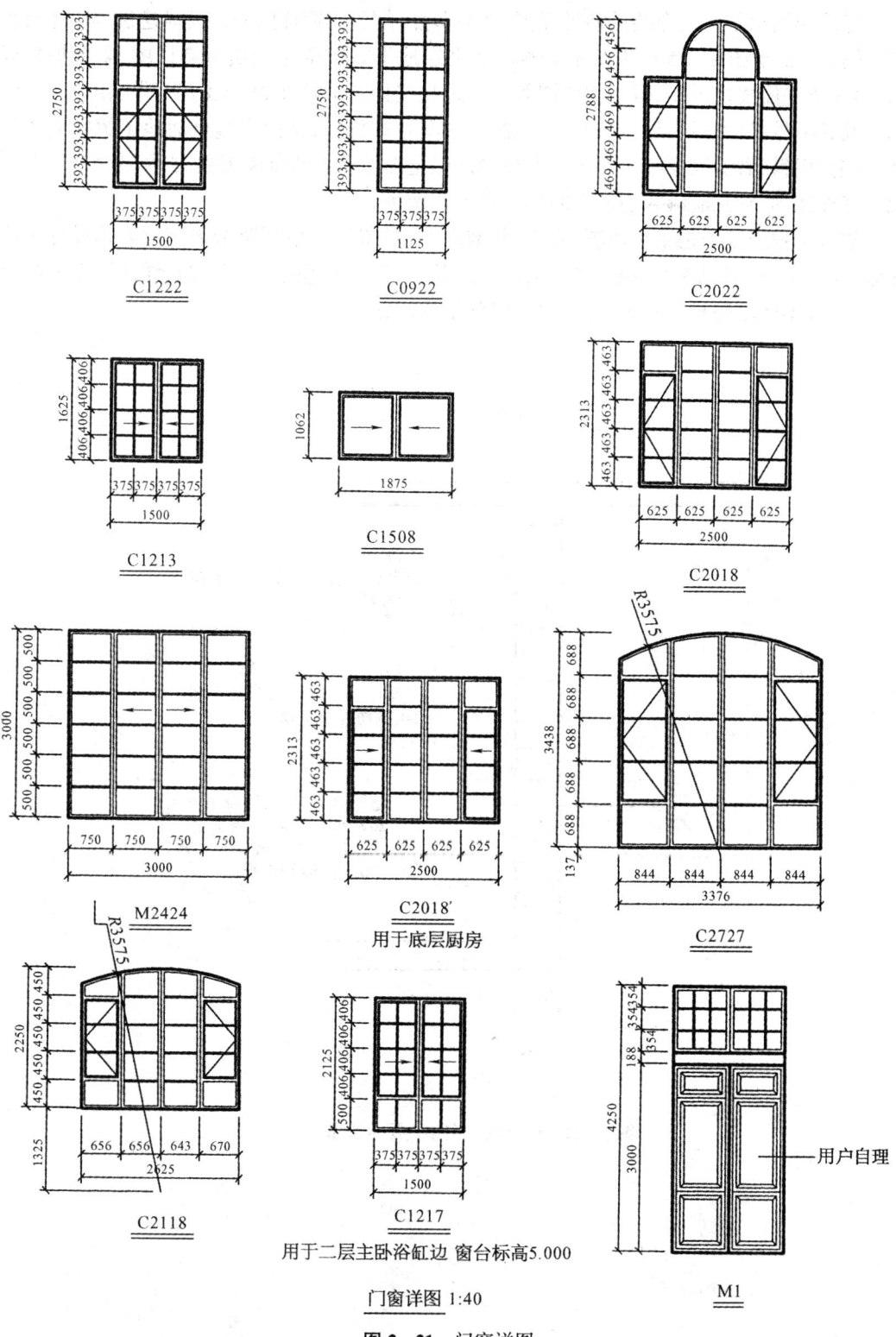

图 2-21 门窗详图

4. 其他详图

建筑详图除了以上介绍的楼梯详图、外墙节点详图、门窗详图外,其他建筑详图还有很多。图2-22至图2-25分别摘录了本住宅夹层地下室架空层剖面节点详图、阳台护栏详图、门斗及立面装饰详图、截水沟详图等。通过这些详图的详图符号及其编号、相应的定位轴线及其编号、尺寸标高等,可知其在原图中的图号和位置,从而完整全面地了解它们的形状、构造、用料、做法以及施工要求。完整的详图是细部施工的重要依据,必须结合对照有关图形仔细阅读,直到搞清它们的空间形状和施工做法。

建筑工程施工图是用平面图、立面图、剖面图、详图等一系列图纸来共同表达设计并指导施工的,是一个完整的系统。要全面深刻地认识它们,必须把平、立、剖、详图等图纸综合地阅读,各图样之间相互对照,才能深刻完整地认识它们。

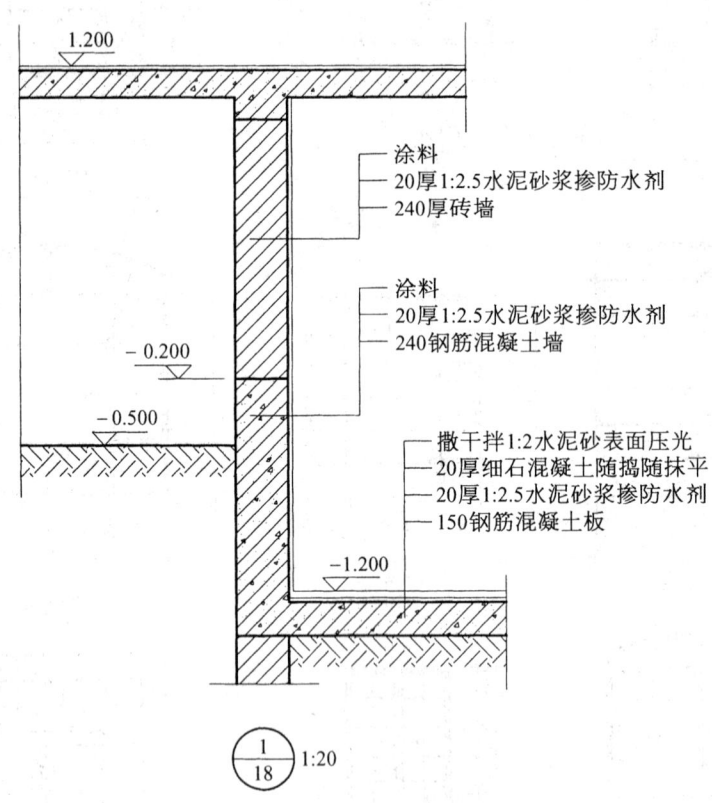

图2-22 夹层地下室架空层剖面节点详图

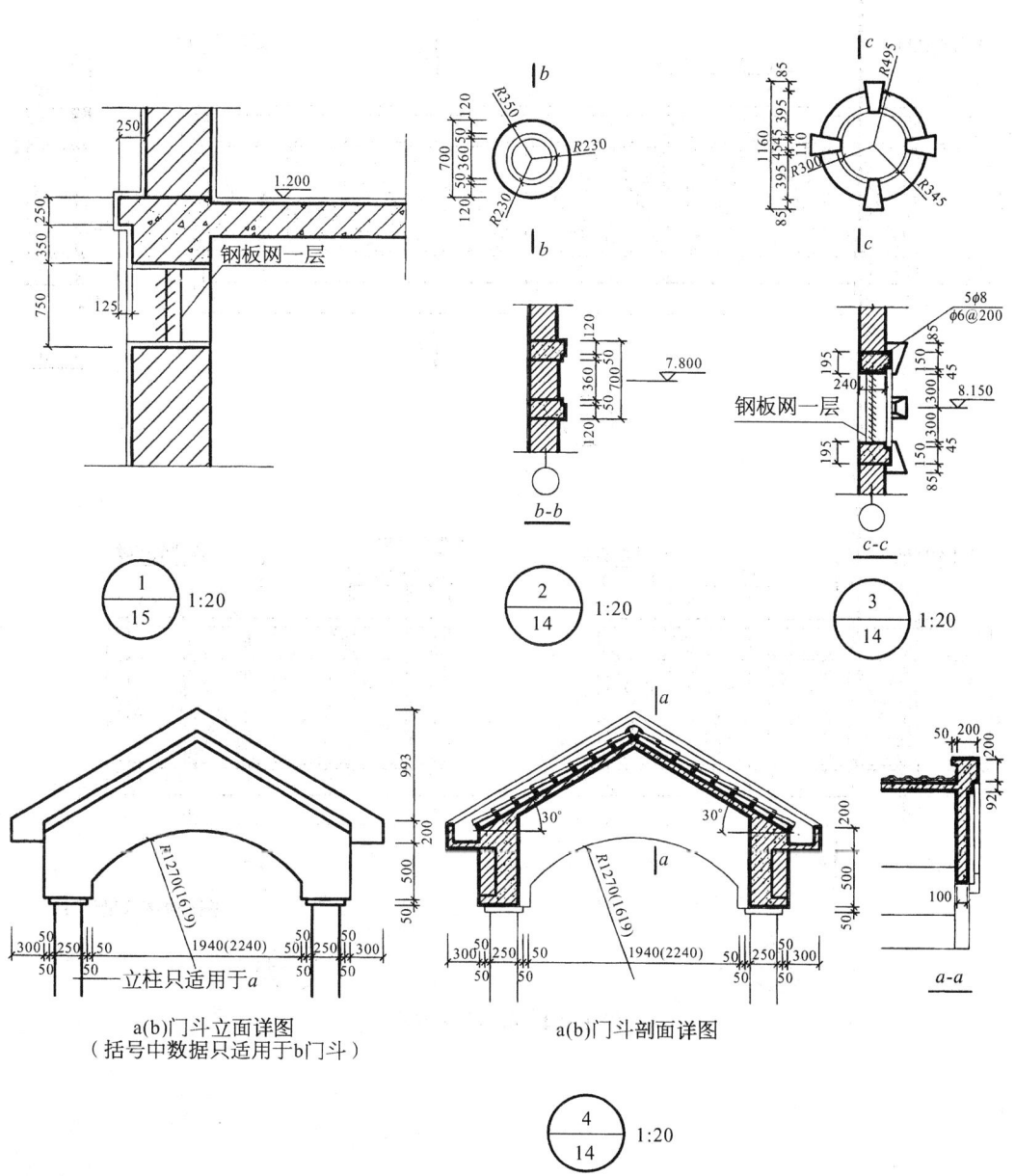

图 2-23 门斗及立面装饰详图

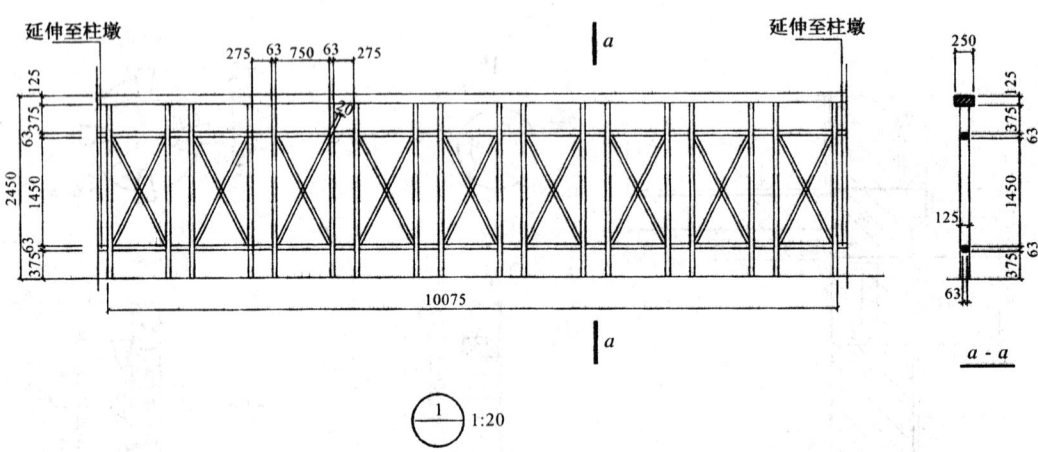

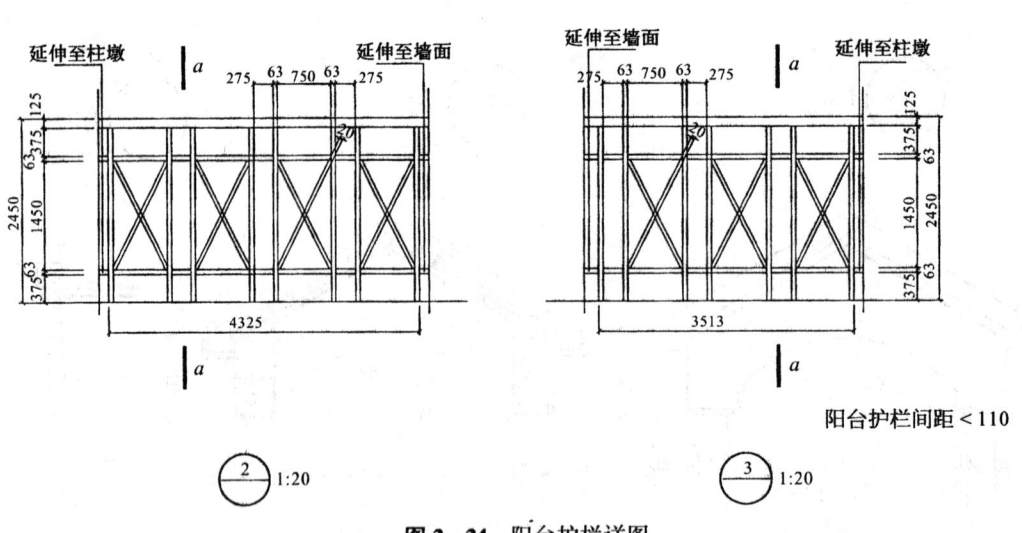

图 2-24 阳台护栏详图

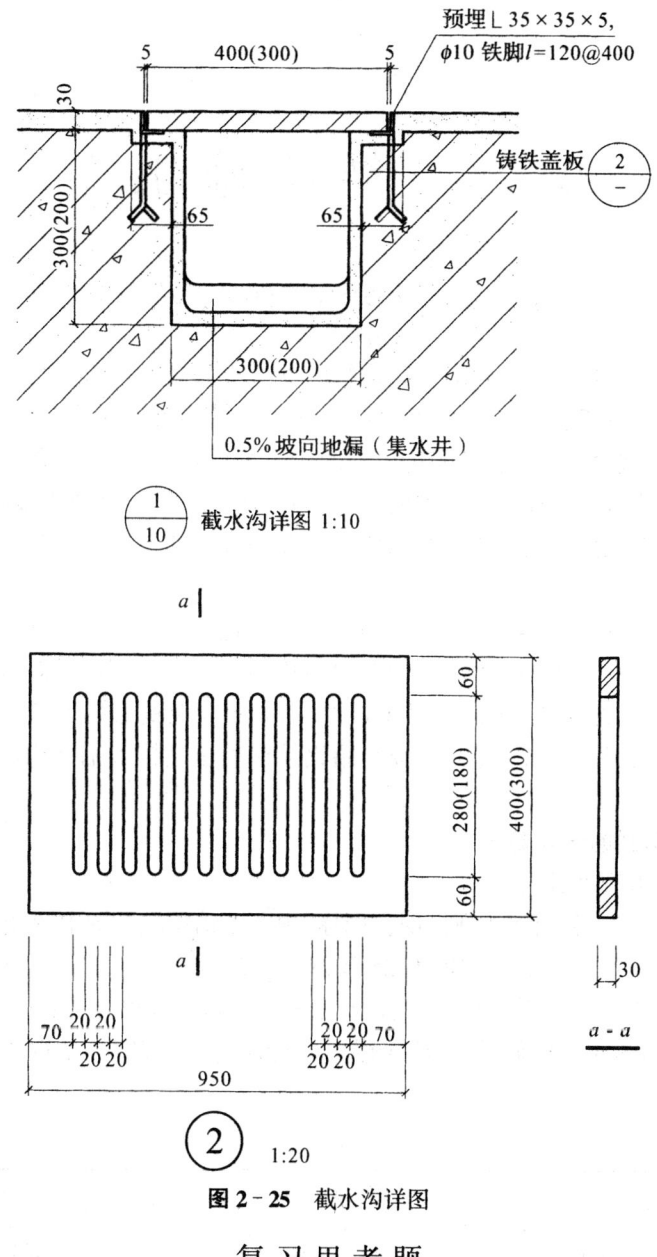

图 2-25 截水沟详图

复习思考题

1. 请说出绝对标高和相对标高、建筑标高和结构标高的区别。
2. 如何识读索引符号和详图符号?
3. 在楼梯平面图中,底层楼梯、中间层楼梯及顶层楼梯的表示有何不同? 楼梯的尺寸如何标注?
4. 建筑平面图、立面图和剖面图中尺寸分别怎样标注?
5. 建筑剖面图的位置应如何选择? 其剖切位置、剖视方向和编号应标注在何处?
6. 建筑详图有哪两种形式? 它们在表示上有何不同?

第三章 结构施工图

第一节 结构施工图基本知识

任何建筑物都是由许多结构构件和建筑配件组成的。结构构件是指房屋中受力的部件,即建筑中承受外界荷载的构件(荷载是指对建筑物的各种作用力,如房屋的自重、家具、设备、人员、雨雪的重力,及风力、地震等外界的作用力),如基础、承重墙、柱、梁、板、屋架、屋面板、楼梯等。结构构件组成了建筑物的结构体系,好比房屋的骨架,抵御外界的各种作用,保证房屋安全,可靠地供人们使用。结构施工图即是表达建筑物结构构件的布置、形状、材料及其相互关系等。

结构施工图都是用正投影法绘制的,为统一结构施工图的绘制和阅读,国家制定了《建筑结构制图标准》(GB/T50105-2001)(本章中简称国标)。结构施工图一般由基础图、上部结构布置图和结构构件详图组成。对不同的结构,如钢筋混凝土结构、钢结构、木结构,都有各自不同的图示方法和特点,本节将主要介绍钢筋混凝土结构和钢结构施工图的图示基本知识。

一、结构施工图的一般规定

(一) 结构施工图的图线

为使图样表达统一和图面清晰简明,"国标"规定了结构施工图中图线基本线宽 b,从下列线宽系列中选取(单位 mm): 0.18, 0.25, 0.35, 0.5, 0.7, 1.0, 1.4, 2.0。

每个图样有:粗线、中粗线、细线三种线宽,三者之间的宽度比为:1:0.5:0.35。每个图样的线宽组是根据图样的复杂程度与比例大小,先确定基本线宽 b 的取值后,再选取表3-1中的线宽组。

表3-1 线宽组

线宽比		线 宽 组 (mm)				
粗 线	b	2.0	1.4	1.0	0.7	0.5	0.35
中粗线	$0.5b$	1.0	0.7	0.5	0.35	0.25	0.18
细 线	$0.35b$	0.7	0.5	0.35	0.25	0.18	—

结构施工图中的图线的线型有:实线、虚线、点画线、双点画线、折断线、波浪线。线宽和线型结合起来,就可以表达不同的内容,如表3-2所示。

(二) 结构施工图的比例

结构施工图的比例是根据图样的用途、被绘物体的复杂程度进行选取的,一般选用表3-3中的常用比例,特殊情况下也选用可用比例。

第一节 结构施工图基本知识

表3-2 结构施工图的线型

名称		线型	宽度	一般用途
实线	粗	——————	b	螺栓、主钢筋线、结构布置平面图中单线结构构件线、钢木支撑及系杆线，图名下横线、剖切线
	中	——————	$0.5b$	结构平面图中及详图中剖到或可见墙身轮廓线、基础轮廓线、钢、木结构轮廓线、箍筋线、板钢筋线
	细	——————	$0.35b$	可见的钢筋混凝土构件的轮廓线、尺寸线、标注引出线，标高符号，索引符号
虚线	粗	– – – – –	b	不可见的钢筋、螺栓线、结构布置平面图中不可见的单线结构构件线及钢、木支撑线
	中	– – – – –	$0.5b$	结构平面图中不可见的构件、墙身轮廓线及钢、木构件轮廓线
	细	- - - - - -	$0.35b$	基础平面图中管沟轮廓线，不可见的钢筋混凝土构件轮廓线
单点长画线	粗	—·—·—	b	柱间支撑、垂直支撑、设备基础轴线图中的中心线
	细	—·—·—	$0.35b$	定位轴线、对称线、中心线
双单点长画线	粗	—··—··—	b	预应力钢筋线
	细	—··—··—	$0.35b$	原有结构轮廓线
折断线		—∧—	$0.35b$	断开界线
波浪线		～～～	$0.35b$	断开界线

表3-3 比例

图名	常用比例	可用比例
结构平面图 基础平面图	1:50、1:100、1:150、1:200	1:60
圈梁平面图 总图中管沟、地下设施等	1:200、1:500	1:300
详图	1:10、1:20	1:5、1:25、1:4

(三) 构件代号

建筑结构构件种类繁多,布置复杂,为图示简明、清晰,便于施工、制表、查阅,有必要对各类结构构件用代号标识,代号后用阿拉伯数字标注该构件的型号或编号,也可为该构件的顺序号。构件的顺序号采用不带角标的阿拉伯数字连续编排。"国标"规定了常用构件代号,见表3-4。构件代号通常为构件类型名称的汉语拼音的第一个字母,如板的代号为"B",另外预应力钢筋混凝土构件的代号在构件代号前加注"Y-",如Y-KL是预应力钢筋混凝土框架梁。有时在构件代号前加注材料代号,以标明构件的材料种类,具体可见图纸中的设计说明。

表3-4 常用构件代号

序号	名称	代号	序号	名称	代号	序号	名称	代号
1	板	B	18	连系梁	LL	35	设备基础	SJ
2	屋面板	WB	19	基础梁	JL	36	柱	ZH
3	空心板	KB	20	楼梯梁	TL	37	挡土墙	DQ
4	槽形板	CB	21	框架梁	KL	38	地沟	DG
5	折板	ZB	22	框支梁	KZL	39	柱间支撑	ZC
6	密肋板	MB	23	屋面框架梁	WKL	40	垂直支撑	CC
7	楼梯板	TB	24	檩条	LT	41	水平支撑	SC
8	盖板或沟盖板	GB	25	屋架	WJ	42	梯	T
9	挡雨板或檐口板	YB	26	托架	TJ	43	雨篷	YP
10	吊车安全走道板	DB	27	天窗架	CJ	44	阳台	YT
11	墙板	QB	28	框架	KJ	45	梁垫	LD
12	天沟板	TGB	29	刚架	GJ	46	预埋件	M-
13	梁	L	30	支架	ZJ	47	钢筋网	W
14	屋面梁	WL	31	柱	Z	48	钢筋骨架	G
15	吊车梁	DL	32	框架柱	KZ	49	基础	J
16	圈梁	QL	33	构造柱	CZ	50	暗柱	AZ
17	过梁	GL	34	承台	CT			

(四) 结构图的平面、节点表达方法

"国标"规定,结构图用正投影法绘制,图3-1和图3-2分别是用正投影法绘制的结构平面图和节点详图。对结构平面图和节点详图的读图方法将在第三节中详细介绍。

第一节 结构施工图基本知识

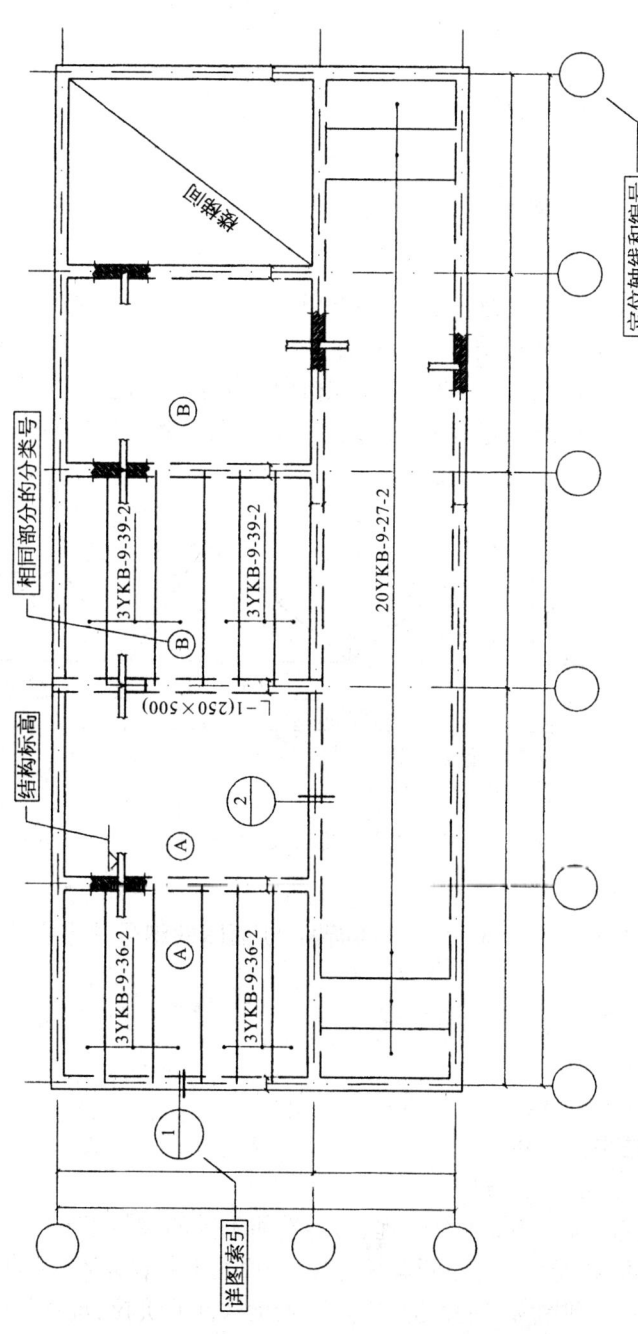

图 3-1 用正投影法绘制结构平面图

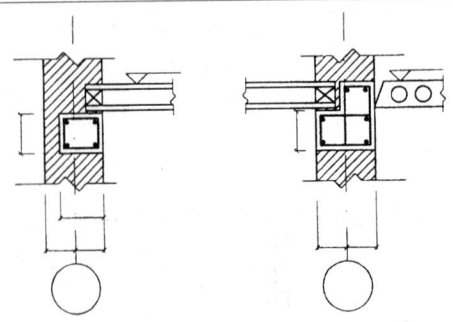

图 3-2 用正投影法绘制节点详图

（五）构件的图线

在结构平面图上，构件可用轮廓线表示，如能用单线表示清楚时，也可用单线表示，如图 3-3 中的桁架结构。图中的桁架结构左右对称，构件的轴线长度尺寸只标注在构件的一侧，并且标注在构件的上方。在需要的时候，可在桁架的左半边标注尺寸，右半边注写内力。另外，结构施工图中的定位轴线与建筑平面图或总平面图是一致的，结构施工图中标注的标高均为结构标高。

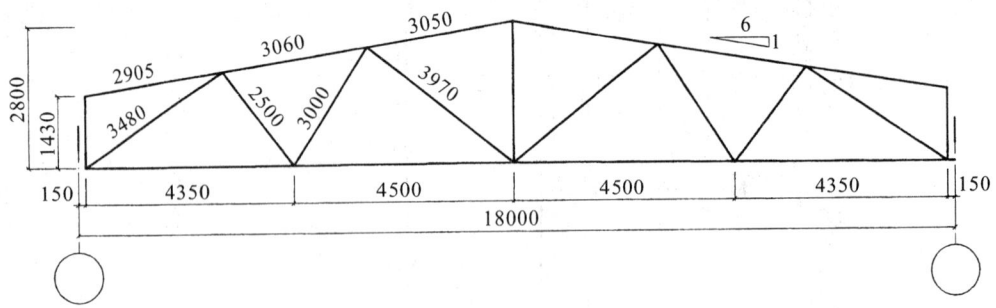

图 3-3 桁架的图示方法及尺寸标注

（六）详图编号的顺序

根据"国标"的规定，在结构平面图上的剖面图、断面图的编号顺序宜按下列规定编排（图 3-4）：

（1）外墙按顺时针方向从左下角开始编号。
（2）内横墙从左到右编号。
（3）内纵墙从上到下编号。

二、钢筋混凝土结构图示特点

（一）钢筋混凝土结构基本知识

钢筋混凝土是由混凝土和钢筋两种物理、力学性能不同的材料组成的。混凝土抗压能力较强而抗拉能力很弱，在受拉状态下很容易开裂，进而发生断裂破坏。而钢材的抗拉和抗压能力都很强。为了充分利用材料的性能，提高混凝土构件的抗拉、抗弯等能力，在混凝土构件内配置一定数量的钢筋，使混凝土主要承受压力，钢筋主要承受拉力，以满足工程结构的使用要求。

用钢筋混凝土制成的梁、板、柱、基础等构件称为钢筋混凝土构件。不配钢筋的混凝土被称为素混凝土。钢筋混凝土构件既可在施工现场浇制，也可在工厂预先浇制好后，再运到

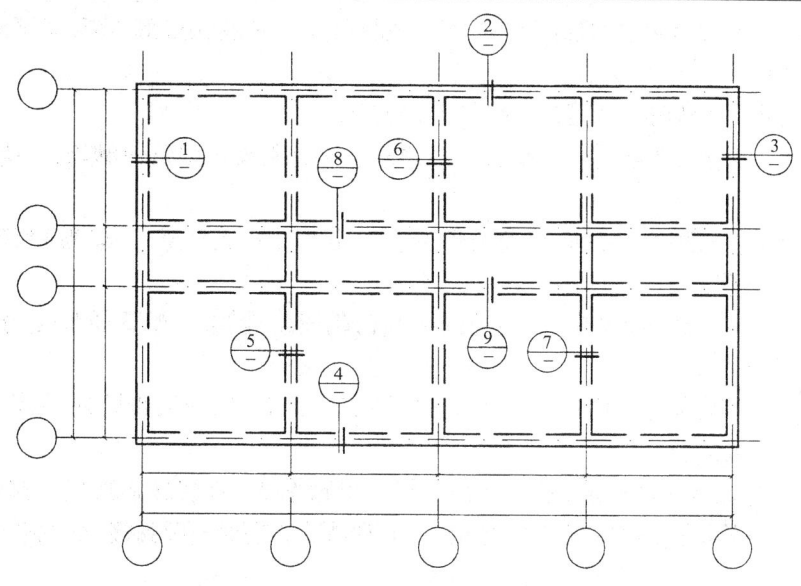

图 3-4 结构平面图上断面编号的顺序

工地进行吊装,前者称为现浇钢筋混凝土构件,后者则称为预制钢筋混凝土构件。全部用钢筋混凝土构件承重的结构物,称为钢筋混凝土结构。钢筋混凝土结构是目前土建工程中最常见的结构型式。

1. 混凝土

混凝土是由水泥、砂、石子和水按一定配比混合搅拌,然后灌入定形模板,经振捣密实和养护凝固后,形成坚硬如石的材料。混凝土具有较高的抗压强度,不同配比拌制的混凝土强度不同,混凝土按抗压强度的大小分为不同的等级,有 C10、C15、C20、C25、C30、C35、C40、C45、C50 及 C60 十个标号,标号越大,强度越高,而混凝土的抗拉强度比抗压强度低很多,一般仅为抗压强度的 1/10~1/20。在结构设计说明中,需要指出混凝土的强度等级。

2. 钢筋

钢筋有光圆钢筋(表面光滑)和带纹钢筋(表面有人字纹或螺旋纹),按其抗拉强度和钢材品种分成 I、II、III、IV、V 5 种等级。I 级钢筋为用 Q235 钢材制成的光圆钢筋,II、III、IV 级钢筋分别是不同的合金钢制成的带纹钢筋,强度逐级提高。每一种钢筋都用不同的直径符号表示,如表 3-5 所示。

表 3-5 常用钢筋符号

钢 筋 等 级	钢材品种和外形	符 号
I 级钢筋	Q235 光圆钢筋	ϕ
II 级钢筋	16Mn 人字纹钢筋	Φ
III 级钢筋	25MnSi 人字型钢筋	Φ
IV 级钢筋	圆和螺纹钢筋	Φ
V 级钢筋	螺纹钢筋	Φ^t
冷拔低碳钢丝		ϕ^b

在钢筋混凝土构件中,配置的钢筋按其在构件受力中所起的作用不同,又可分为以下几种(如图3-5所示):

(1) 受力筋:在构件中承受拉(或压)力的钢筋。

(2) 箍筋:是构件中承受剪力或扭力的钢筋,同时用来固定纵向钢筋,一般用于梁和柱中。

(3) 架立筋:一般用于梁中,与受力筋、箍筋一起构成钢筋骨架,一般为Ⅰ级钢筋或直径比较小的Ⅱ级钢筋。

(4) 分布筋:一般用于板中,与受力筋一起构成钢筋骨架,一般直径比受力筋小,或者钢筋间距比受力筋大。

(5) 构造筋:因构件的构造要求和施工安装需要配置的钢筋,如腰筋、吊筋等,分布筋和架立筋也属于构造筋。

钢筋与混凝土的黏结力是保证两者能共同工作的条件。Ⅱ级或Ⅱ级以上钢筋表面的人字纹或螺纹可以保证钢筋与混凝土的黏结力。Ⅰ级钢筋是表面光圆钢筋,钢筋两端必须做弯

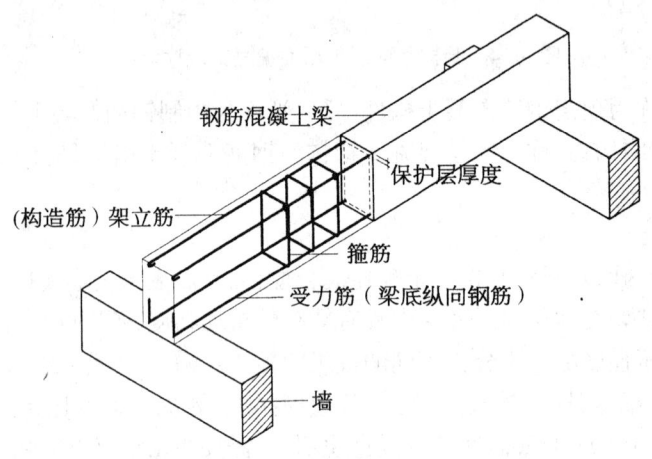

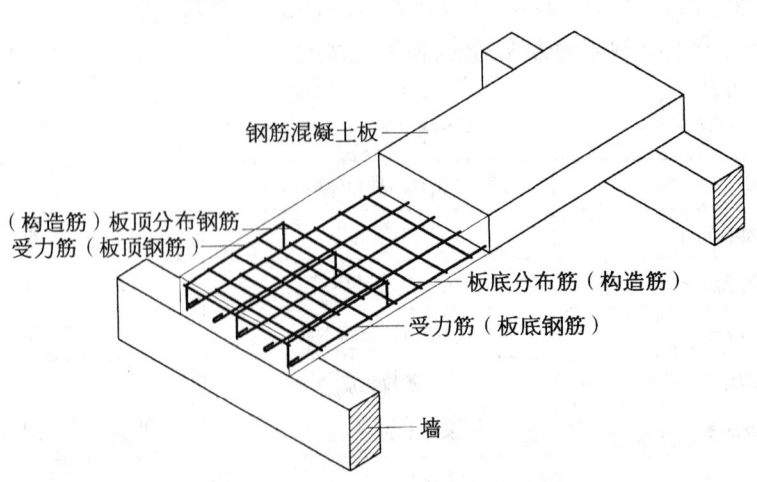

图3-5 钢筋混凝土构件的配筋示意图

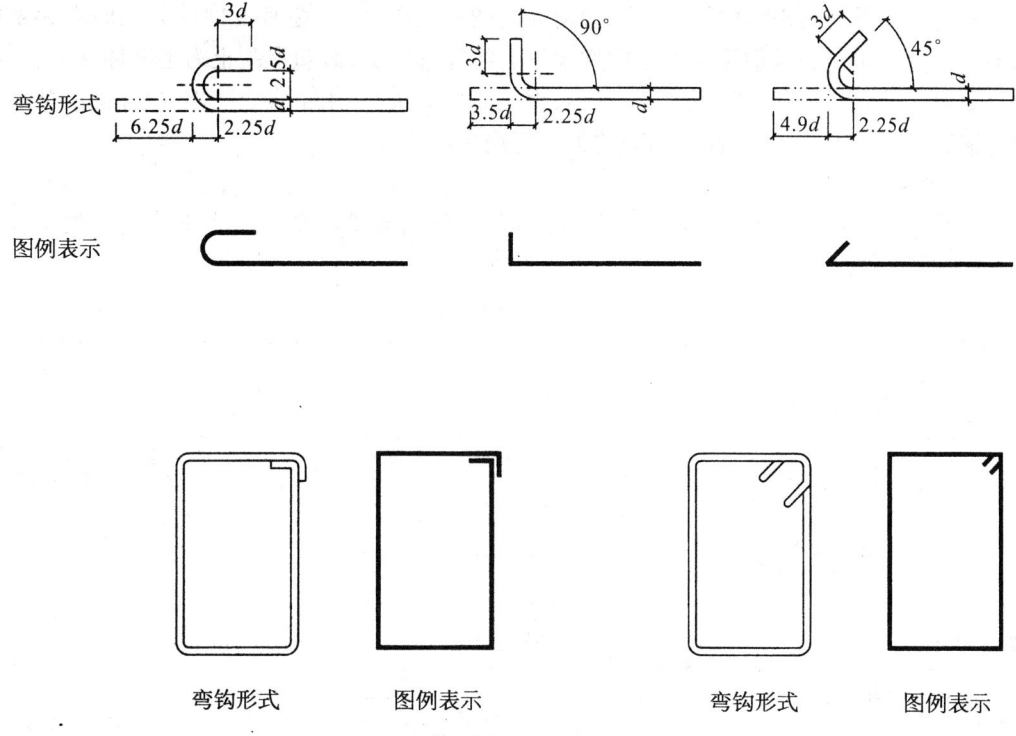

图 3-6 钢筋及箍筋的弯钩形式及简化画法

钩,弯钩的形式有半圆弯钩和直弯钩,当钢筋直径较小时,也可做成45°斜弯钩。箍筋两端在交接处也要做出弯钩。弯钩的形式、尺寸和画法如图3-6所示,箍筋的弯钩长度一般为两端各伸长50mm左右。

为确保钢筋和混凝土的黏结力,以及保护钢筋,防止钢筋锈蚀和防火,钢筋混凝土构件的钢筋外表面至构件表面应有一定厚度的混凝土,叫做保护层。钢筋保护层厚度见表3-6。

表3-6 钢筋混凝土构件的保护层厚度

钢 筋	构 件 种 类		保护层厚度(mm)
受力筋	板	断面厚度≤100mm	10
		断面厚度>100mm	15
	梁和柱		25
	基础	有垫层	35
		无垫层	70
箍筋	梁和柱		10
分布筋	板		10

(二) 钢筋混凝土结构的基本图示方法

表达钢筋混凝土构件中钢筋的配置情况的图样叫配筋图,通常由构件的立面图和断面图组成。为了明显表示钢筋混凝土构件中钢筋的配置情况,假想混凝土为透明体,图内不画材料图例,构件的外轮廓线用细实线画出,钢筋简化成单线,用粗实线画出,断面图中被剖切到的钢筋用黑圆点表示,未被剖切到的钢筋仍用粗实线表示。

1. 钢筋的图示

配筋图中的粗实线均表示钢筋,被剖切到的钢筋用黑圆点表示,构件外轮廓用细实线表示。其他一些钢筋的表示方法见表3-7。

表3-7 钢筋的画法图例

序号	名称	图例	说明
1	钢筋横断面	●	
2	无弯钩的钢筋端部		长短钢筋重叠时,45°短划线表示短钢筋的端部
3	带半圆形弯钩的钢筋端部		
4	带直钩的钢筋端部		
5	带丝扣的钢筋端部		
6	无弯钩的钢筋搭接		
7	带半圆弯钩的钢筋搭接		
8	带直钩的钢筋搭接		
9	套管接头(花兰螺钉)		用文字说明机械连接的方式(或冷挤压或锥螺纹等)
10	在平面图中配置双层钢筋时,向上或向左的弯钩表示底层钢筋,向上或向右的钢筋表示顶层钢筋	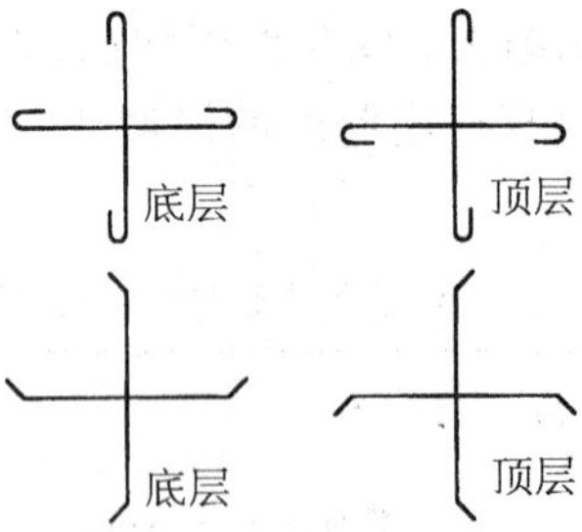 底层 顶层 / 底层 顶层	
11	配双层钢筋的墙体,在配筋立面图中,向上或向左的弯钩表示远面的钢筋,向下或向右的弯钩表示近面钢筋	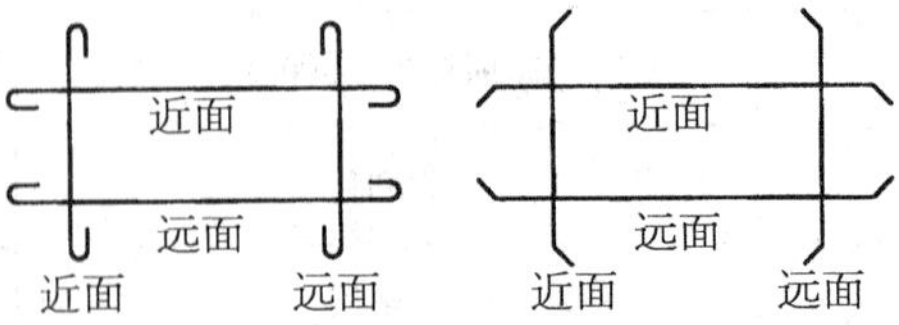 近面 远面 / 近面 远面	
12	若在断面图中不能表达清楚的钢筋布置,应在断面图外增加钢筋大样图	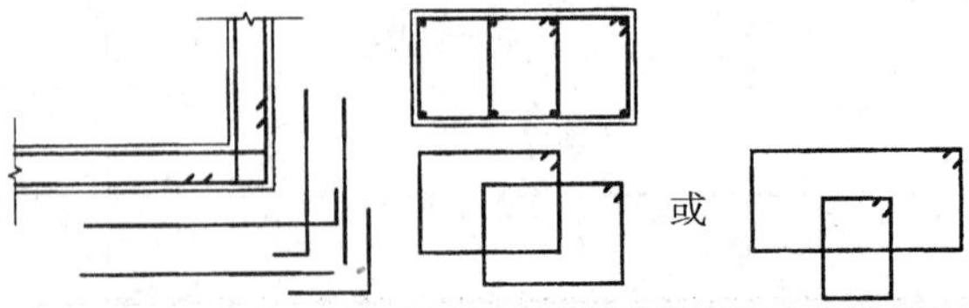	

2. 钢筋的标注

钢筋的标注中说明了钢筋的编号、级别代号、根数(间距)、直径,通常有以下两种形式:

(1) 标注钢筋的级别、根数、直径,如梁、柱内的受力筋和构造筋:

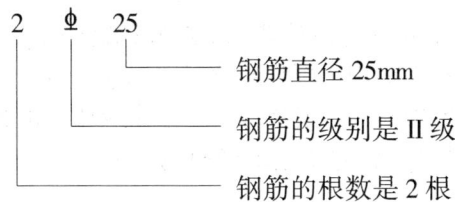

(2) 标注钢筋的级别、直径和相邻钢筋的中心距,如箍筋和板的配筋:

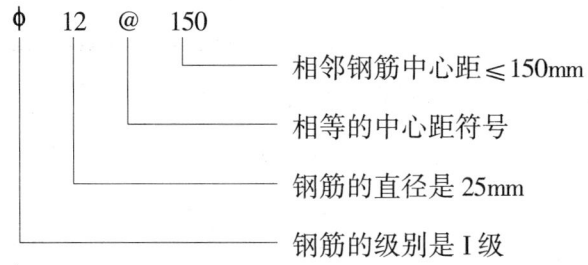

构件配筋图中箍筋的长度尺寸,指的是箍筋的里皮尺寸,如图 3-7(a)、(c),图 3-7(b)中弯起钢筋的高度尺寸指的是钢筋的外皮尺寸。

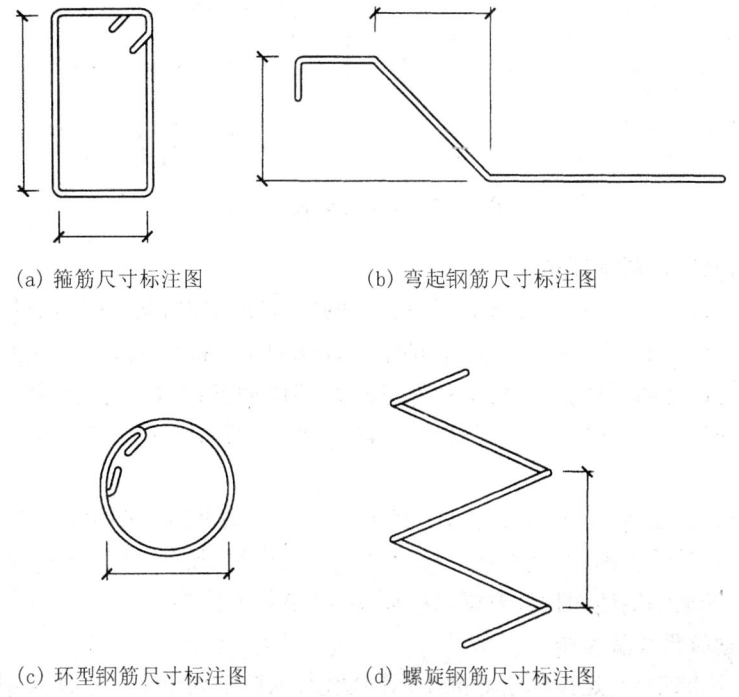

(a) 箍筋尺寸标注图　　(b) 弯起钢筋尺寸标注图

(c) 环型钢筋尺寸标注图　　(d) 螺旋钢筋尺寸标注图

图 3-7　钢箍和弯起钢筋的尺寸标注

3. 预埋件的表示方法

预埋件是埋设在混凝土或钢筋混凝土构配件内的钢件。主要用来连接相邻构件或固定某种设备。常用的有锚栓、预埋钢板和吊环等。混凝土构件设置预埋件时，可在构件的平面图或立面图上表示，如图 3-8 所示，引出线指向预埋件，引出线上的标注是预埋件的代号。图 3-8(b)表示在构件同一位置正反面都设置了编号相同的预埋件时，引出线为一条实线和一条虚线，同时在引出横线上标注预埋件的数量及代号。图 3-8(c)表示在构件同一位置正反面设置了编号不相同的预埋件时，引出线为一条实线和一条虚线，在引出横线上标注正面预埋件代号，在引出横线下标注反面的预埋件代号。

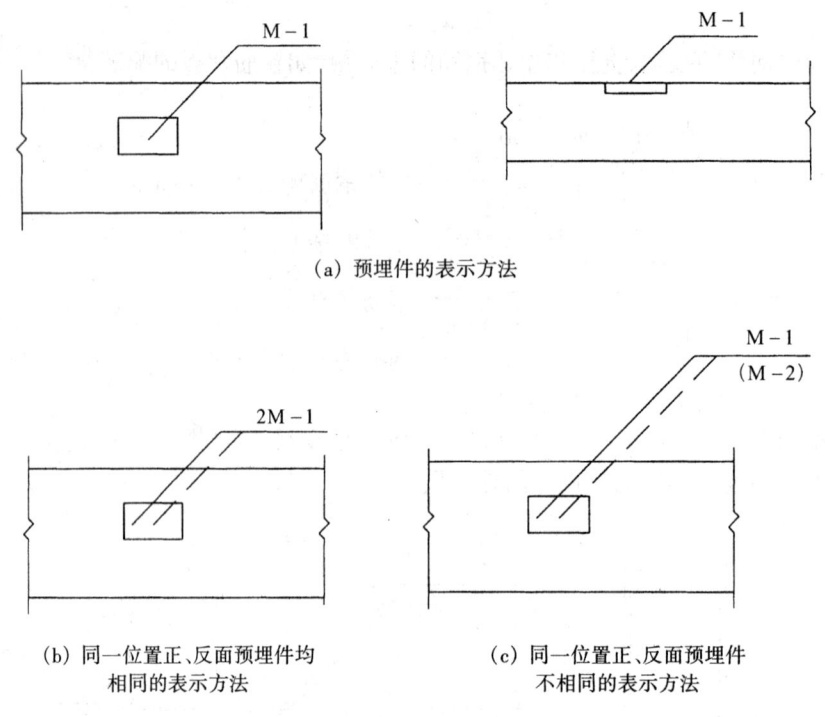

(a) 预埋件的表示方法

(b) 同一位置正、反面预埋件均相同的表示方法

(c) 同一位置正、反面预埋件不相同的表示方法

图 3-8 预埋件的表示方法

三、钢结构图示基本知识

钢结构是将钢材按一定的连接方式组合成的建筑物或构筑物。土木建筑中常用的钢材按材料分，有 Q235（即 3 号钢）、Q345（即 16Mn）、Q390（即 15MnV）等，每一种钢材又分为不同的质量等级；按构件的生产方式分，有热轧、冷弯、焊接钢材；按构件的截面形式分，有钢板、角钢、槽钢、H 型钢、工字钢等，以及各种冷弯薄壁型钢。常用的连接方式主要有焊接和螺栓连接。

钢结构材料强度高、重量轻、韧性好、制作简便、施工速度快、可回收利用，因此在土木建筑中得到越来越多的应用，尤其是在厂房、高层建筑、塔桅、桥梁、大跨度建筑和一些轻型结构的建设中。常见的钢结构构件有梁、柱、屋架、檩条和支撑等。

(一) 型钢的代号及表示

钢结构使用的钢材，是按国家标准生产的型钢，国标中列出了常用建筑型钢的种类和标注方法，如表 3-8 所示。

第一节　结构施工图基本知识

表3-8　型钢种类和标注方法

序号	名　称	断　面	标　注	说　明
1	等边角钢	 ∟	∟ $b \times t$	b 为肢宽 t 为肢厚
2	不等边角钢	∟	∟ $B \times b \times t$	B 为长肢宽，b 为短肢宽，t 为肢厚
3	工字钢	 I	I N Q I N	轻型工字钢加注 Q 字，N 为工字钢的型号
4	槽钢	[	[N Q [N	轻型槽钢加注 Q 字，N 为槽钢的型号
5	方钢	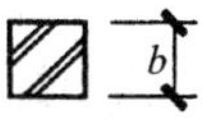 ▨ b	□ b	
6	扁钢	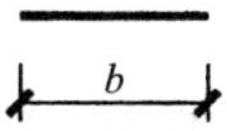 — b —	— $b \times t$	
7	钢板	—	$\dfrac{-b \times t}{l}$	宽×厚 板长
8	圆钢	 ⊘	ϕd	
9	钢管	○	DN×× $d \times t$	内径 外径×壁厚
10	薄壁方钢管	□	B □ $b \times t$	薄壁型钢加注 B，t 为壁厚
11	薄壁等肢角钢	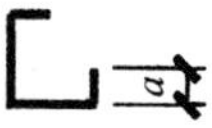 ∟ a	B ∟ $b \times a \times t$	
12	薄壁等肢卷边角钢	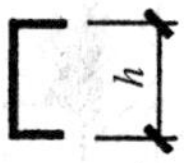 ⌐ h	B ⌐ $h \times b \times t$	
13	薄壁卷边槽钢	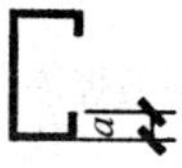 [a	B [$h \times b \times a \times t$	

(续)

序号	名 称	断 面	标 注	说 明
14	薄壁卷边 Z 形钢		B⌐ $h×b×a×t$	薄壁型钢加注 B，t 为壁厚
15	T 型钢		TW×× TM×× TN××	TW 为宽翼缘 T 型钢 TM 为中翼缘 T 型钢 TN 为窄翼缘 T 型钢
16	H 型钢		HW×× HM×× HN××	HW 为宽翼缘 H 型钢 HM 为中翼缘 H 型钢 HN 为窄翼缘 H 型钢

(二) 连接

钢材的连接方式通常采用焊接、螺栓连接和铆接，其中螺栓连接又分为普通螺栓、高强螺栓连接。焊接是最常用的连接方式，它的优点是不削弱杆件截面，构造简单、施工方便。

1. 钢结构的焊接表示及标注方法

钢材焊接处形成焊缝，钢结构焊接的形式和种类很多。焊接的接头形式有：对接、搭接和顶接(图 3‐9)，在钢板较厚时，有时还需要开坡口(图 3‐11)，焊缝的形式有对接焊缝和角焊缝(图 3‐9)。

在有焊缝的图纸上，一般均使用"焊缝代号"把焊缝的位置、形式和尺寸标注清楚。"焊缝代号"是按《建筑结构制图标准》(GBJ105‐87)和《建筑钢结构焊接规程》(JGJ81‐91)的规

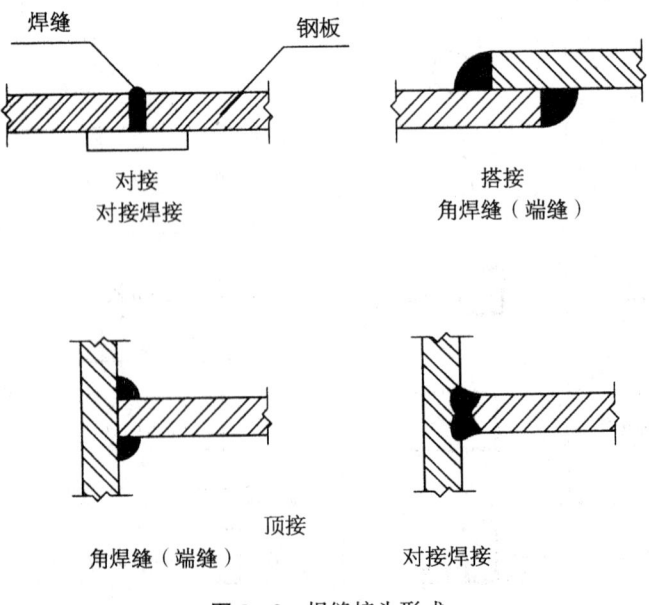

图 3‐9 焊缝接头形式

第一节 结构施工图基本知识

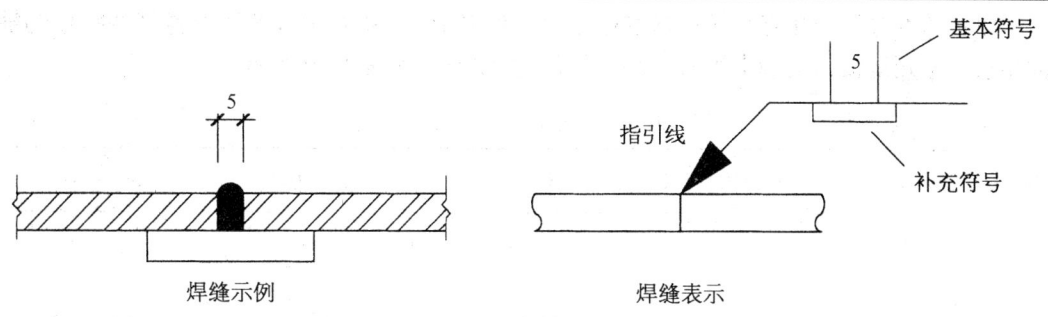

图 3-10 焊缝的表示方法

定注写的,主要由基本符号、补充符号和指引线等部分组成。其中基本符号表示焊缝断面的基本形式,补充符号表示焊缝某些特征的辅助要求,指引线则表示焊缝的位置,如图 3-10 所示,图(a)中的焊缝是一个加垫板的对接焊缝,两块钢板焊接前根部间距 5mm,用图(b)中的焊缝代号表示,其中指引线指向标注的焊缝,用基本符号"|5|"表示对接焊缝,两块钢板焊前的根部间距是 5mm,用补充符号"⌒"表示焊接的两块钢板下加垫板。

(1) 指引线:一般由箭头和基准线组成。单面焊缝,如图 3-11(a),焊缝代号如果如图 3-11(b)标注在施焊面一侧时,焊缝基本符号注在基准线的上侧;反之,如果如图 3-11(c),焊缝基本符号注在基准线的下侧,则表明施焊面在箭头标注面的反面。另外,焊接的两个焊件中,如果只有一个焊件带坡口时,箭头指向的是带坡口的焊件(图 3-11),如果焊接的两个焊件,为单面带双边不对称坡口焊缝时,箭头指向的是开较大坡口的焊件(图 3-12)。

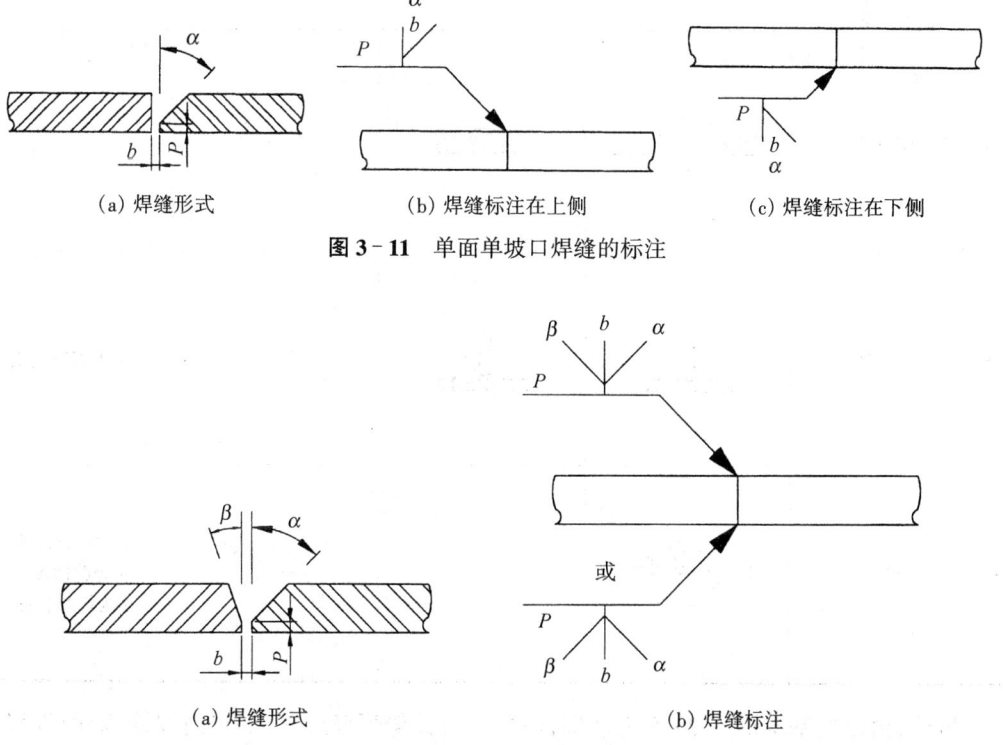

图 3-11 单面单坡口焊缝的标注

图 3-12 不对称单面双坡口焊缝的标注

（2）基本符号和补充符号：基本符号表示焊缝形式，补充符号表示焊缝某些特征的辅助要求。常用焊接接头基本形式、焊缝形式和标注方法如表3-9所示。

表3-9 常用焊接接头基本形式和标注方法

序号	焊缝名称	焊接基本形式	焊缝形式	标注方法	说明
1	I形(对接)焊缝	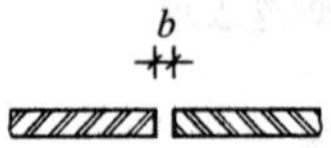		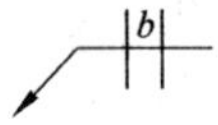	b 为根部间隙
2	带钝边V形焊缝	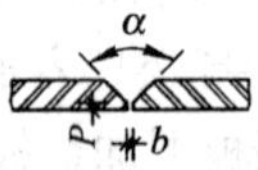	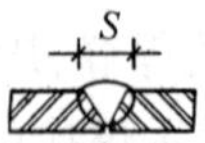	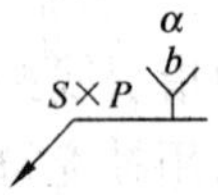	α 为坡口的角度
3	带钝边J形焊缝	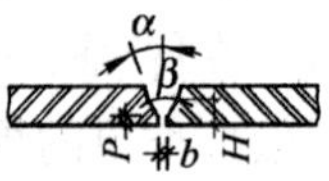		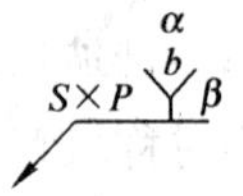	S 为熔核直径 P 为钝边高度
4	带钝边U形焊缝	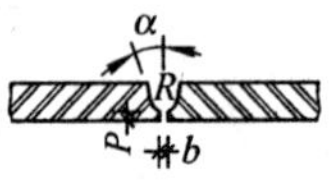		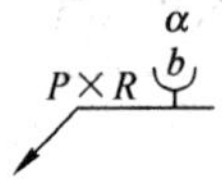	
5	角焊缝	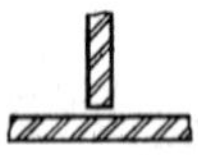	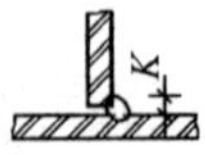	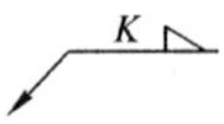	K 为焊缝高度
6	塞焊缝	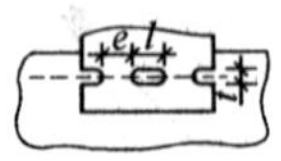		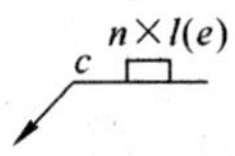	e 为焊缝间距 n 焊缝段数 l 为焊缝长度

另外，由以上基本形式 2~5 为基础，还衍生有其他焊缝形式，如单边焊缝、双面焊缝、带垫板的焊缝、封底焊缝，以带钝边 V 形焊缝和角焊缝为例，如表 3-10 所示。

表 3-10 其他焊缝形式及表示方法

序号	焊缝名称		焊缝基本形式	焊缝形式	标注方法	说　明
1	单边带钝边V形焊缝					单边焊缝基本符号只有一半，中间有一条竖线
2	双面焊缝	双面角焊缝				双面焊缝基本符号以指引线上下对称，双面角焊缝中 K 表示焊脚高度。对于带钝边双V形焊缝，H 表示钝边至板底高度，如未标注，则表示钝边在板厚的中心。
3		带钝边双V形焊缝				
4	带垫板的带钝边V形焊缝					"⊔" 为补充符号，表示板底带垫板
5	封底的带钝边V形焊缝					"⌣" 为补充符号，表示封底焊缝

此外，图3-13(a)中"▭"表示三面焊缝，图3-13(b)中的"○"表示周围焊缝，"▶"表示现场施焊。图3-14表示分布不规则的焊缝的标注方法，其中，图3-14(a)焊缝处加粗线表示可见焊缝，图3-14(c)表示不可见焊缝。

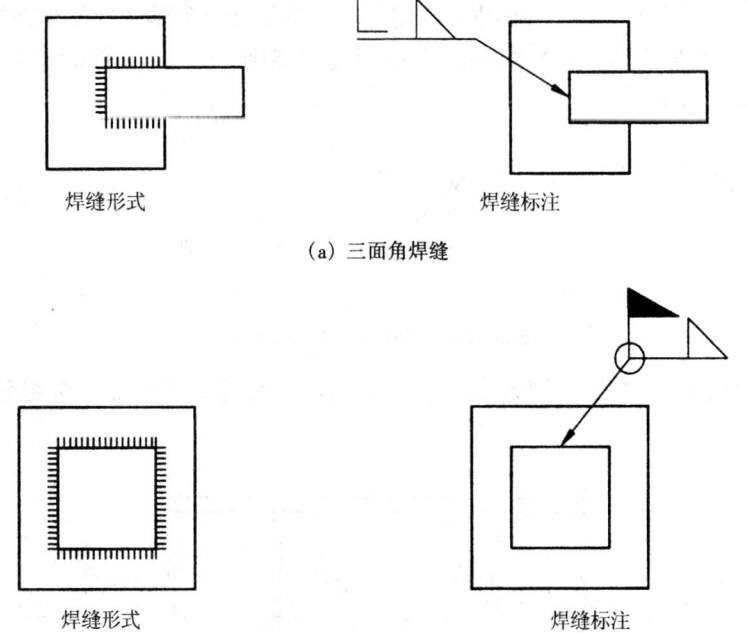

(a) 三面角焊缝

(b) 现场施焊的周围焊缝

图 3-13 焊缝的其他标注形式

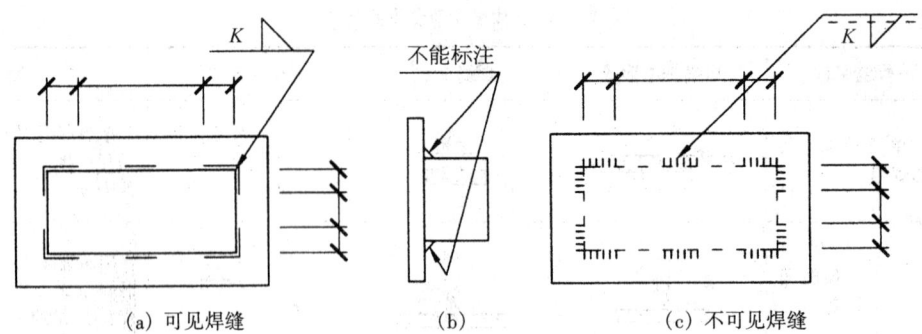

(a) 可见焊缝　　　　　(b)　　　　　(c) 不可见焊缝

图 3-14　焊缝分布不规则的标注

两块钢板搭接连接并采用双面角焊缝时,如果标注如图 3-15(b)所示,则表示的焊缝是图 3-15(a)中的形式。

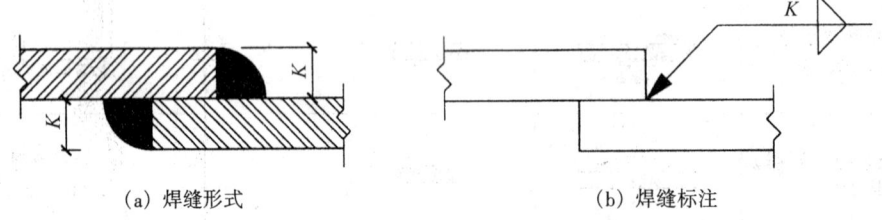

(a) 焊缝形式　　　　　　　　　(b) 焊缝标注

图 3-15　两块钢板搭接双面角焊缝标注

图 3-16 是"相同焊缝符号"的表示方法。在同一图形上,当某种焊缝形式、断面尺寸和辅助要求均相同时,可只选择一处标注的符号和尺寸,并加注"相同焊缝符号",在其他同类焊缝处只标注"相同焊缝符号",如图 3-16(a)所示。相同焊缝符号为 3/4 圆弧,绘在引出线的转折处。同一图形上,当有数种相同的焊缝时,可将焊缝分类编号标注。在同一类焊缝中可选择一处标注符号、尺寸及分类编号,其他同类焊缝则只标注"相同焊缝符号"和分类编号,如图 3-16(b)所示。

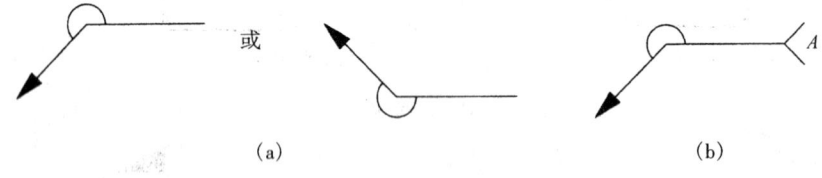

(a)　　　　或　　　　　　　　　(b)

图 3-16　相同焊缝的表示方法

图 3-17 表示的是当角焊缝较长时,不用引出线标注,直接在角焊缝旁标注焊缝尺寸 K。

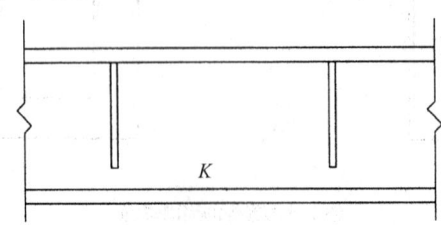

图 3-17　较长焊缝的表示

图 3‑18 是熔透角焊缝的表示方法,用一个涂黑的圆圈,画在引出线的转折处。图 3‑19 则表示局部焊缝的标注方法。

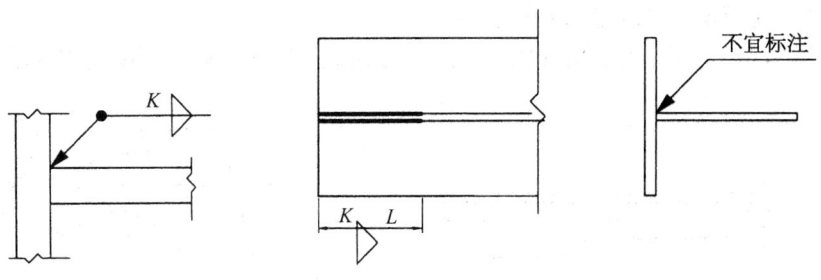

图 3‑18 熔透角焊缝的表示方法　　　　**图 3‑19** 局部焊缝的标注方法

2．钢结构的螺栓连接表示及标注方法

钢结构的螺栓连接表示及标注方法如表 3‑11 所示。

表 3‑11 螺栓、孔、电焊铆钉的表示方法

序号	名称	图例		说明
1	永久螺栓			1．细"+"线表示定位线。 2．M 表示螺栓型号。 3．ϕ 表示螺栓孔直径。 4．d 表示膨胀螺栓、电焊铆钉直径。 5．采用引出线标注螺栓时,横线上标注螺栓规格,横线下标注螺栓孔直径。
2	高强螺栓			
3	安装螺栓			
4	胀锚螺栓			
5	圆形螺栓孔			
6	长圆形螺栓孔			
7	电焊铆钉			

3．钢结构图的尺寸标注

钢结构构件制作和安装的精度要求较高，因此对尺寸标注，在 GBJ105-87 中制订了特殊的要求，在识图时，需注意以下几点：

（1）图 3-20 中，两根构件的中心线相距很近，为便于区别，将两根构件的中心线错开。

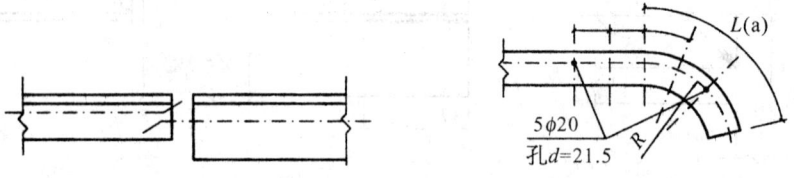

图 3-20　两重心线很近时的处理　　图 3-21　弯曲构件的尺寸标注

（2）图 3-21 中沿弧度的曲线尺寸，表示的是弧的轴线的长度。

（3）不等边角钢的构件，角钢的放置方式对构件很重要，因此必须标注出角钢一肢的尺寸，如图 3-22 中的下弦杆，标出长肢的尺寸 B，就确定了角钢的放置方式。

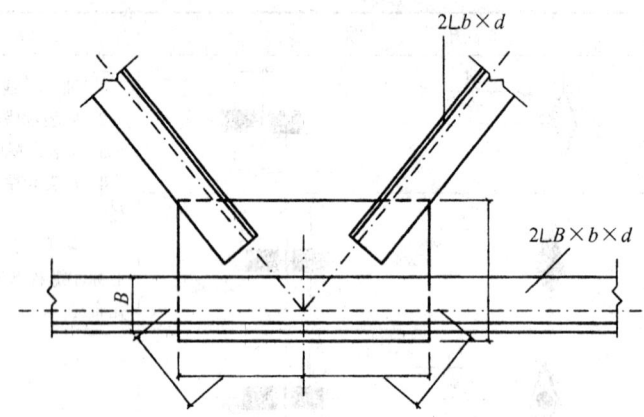

图 3-22　节点尺寸及不等边角钢的标注方法

（4）双型钢组合截面的构件是通过缀板连接的，因此在图中应注明缀板的数量及尺寸，如图 3-23 所示，图中 n 表示缀板的数量，b、t、L 分别表示缀板宽度、厚度和长度尺寸。

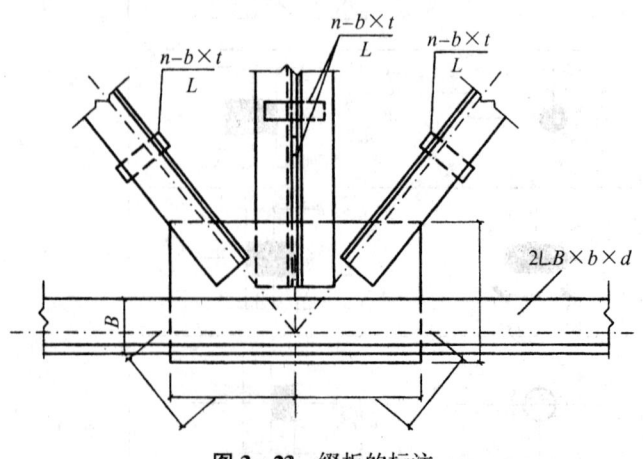

图 3-23　缀板的标注

第二节 基础工程施工图

基础是结构的重要组成部分,基础是建筑物最下部的承重构件,埋在地面以下,承受建筑物的全部荷载(建筑物本身的重量及建筑物内人员、设备的重量,风、地震作用),并将这些荷载传给地基。

地基是指支承建筑物重量和作用的土层或岩层。地基,特别是土的抗压强度一般都远低于墙体和柱的材料。为降低地基单位面积上所受到的压力,避免地基在上部荷载作用下被压溃、失稳,产生过大的或过于不均匀的沉降,往往需要把墙、柱的地基部分适当扩大。我们把墙、柱下端基础的扩大部分称为基础的大放脚。图3-24是墙下基础与地基示意图。

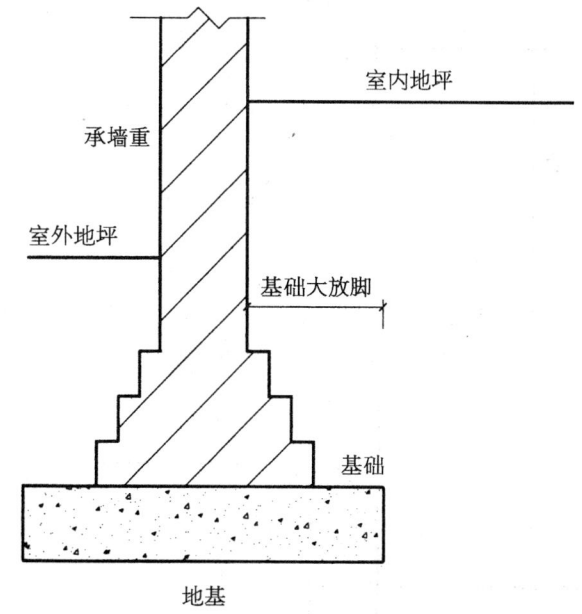

图3-24 墙下基础与地基示意图

基础的形式和种类很多,一般民用房屋的基础,按其构造形式可分为连续基础和单独基础两类,如图3-25所示;按其所采用的材料不同又可分为砖石基础(图3-24)、素混凝土基础[图3-25(a)]、钢筋混凝土基础[图3-25(b)、图3-26]等,其中,砖、块石及素混凝土基础为刚性基础,钢筋混凝土基础为柔性基础(《建筑地基基础设计规范》(GBJ-1989)中称为扩展基础)。刚性基础一般做成阶梯形,台阶的高宽比(宽/高)一般要小于1。因此,要加大基础底部的接触面积(增加基础大放脚的尺寸),就要加高基础,因而要相应地增加基础的埋置深度。而

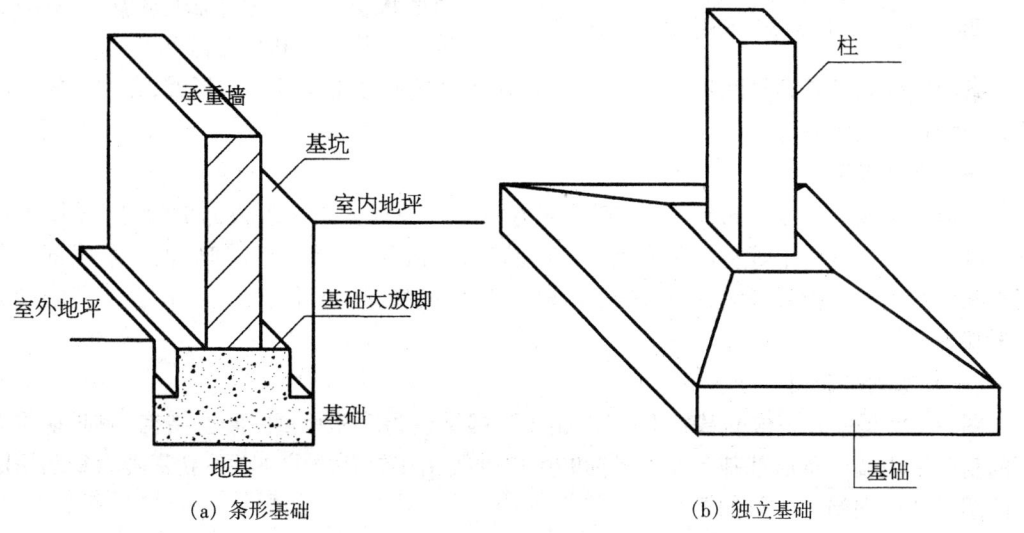

(a) 条形基础　　　　　　　　(b) 独立基础

图3-25 常见的基础形式

钢筋混凝土基础(柔性基础)由于配置了足够的钢筋,基础大放脚的尺寸不受高宽比的限制,因而埋深可以比具有相同基底面积的刚性基础小(图3-26)。

基础按受力特点分,有桩基础、筏板基础、壳体基础等。

基础施工图一般由基础平面图、基础详图和设计说明组成。由于基础是首先施工的部分,基础施工图往往又是结构施工图的第一张图纸。其中,设计说明的主要内容是明确地面设计标高及基础埋深、地基持力层及允许的承载力、基础的材料、对基础施工及其他要求。

基础平面图是假想用一个水平面沿着地面剖切整幢房屋,移去上部房屋和基础上的泥土,用正投影法绘制的水平投影图(图3-27)。基础平面图主要表示基础的平面布置情况,以及基础与墙、柱定位轴线的相对位置关系,是房屋施工过程中指导放线、挖基坑、定位基础的依据。基础平面图的绘图比例,通常采用与建筑平面图相同的比例,一般常用1:50、1:100、1:200。基础平面图中的定位轴线网格,与建筑平面图的轴线网格完全相同。

基础详图主要表达基础各部分的断面形状、材料、构造作法(如垫层、防潮层等)、细部尺寸和埋置深度。

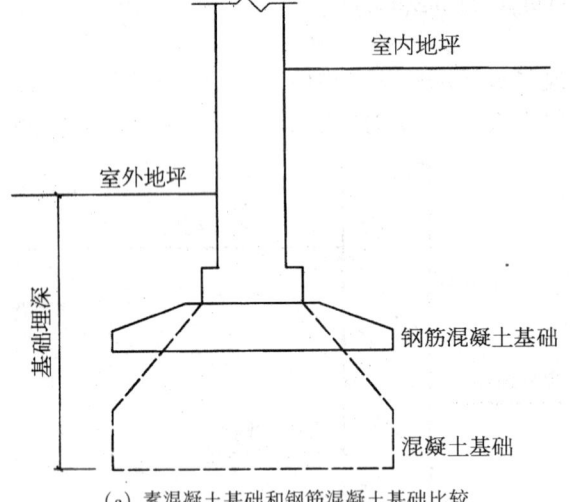

(a)素混凝土基础和钢筋混凝土基础比较

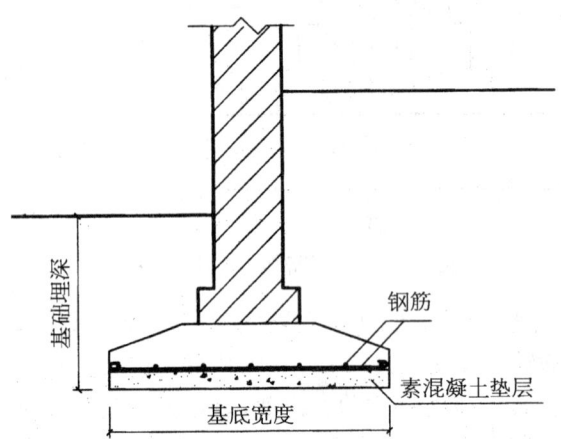

(b)钢筋混凝土基础

图3-26 素混凝土基础和钢筋混凝土基础

条形基础和桩基础是两种最常见的基础,以下就这两种常用的基础形式,介绍其施工图的制图特点和识图方法。

一、条形基础

条形基础属于连续分布的基础,其长度方向的尺寸远大于宽度方向的尺寸,常用于墙下。可用砖、石、混凝土等材料制成刚性条形基础,当荷载大、地基软弱时,也可采用钢筋混凝土条形基础。当荷载较大,且地基较软弱时,为加强基础的整体性,也会将柱下基础做成条形基础。

(一)基础平面图

图3-27是一办公楼的基础平面图,由于该幢结构为墙体承重的砖混结构,因此承重墙下的基础采用墙下条形基础。在Ⓑ-②和Ⓑ-③轴线相交处有两个柱下独立基础。基础平面图的图示特点和阅读要点如下。

1. 主要图线

第二节 基础工程施工图

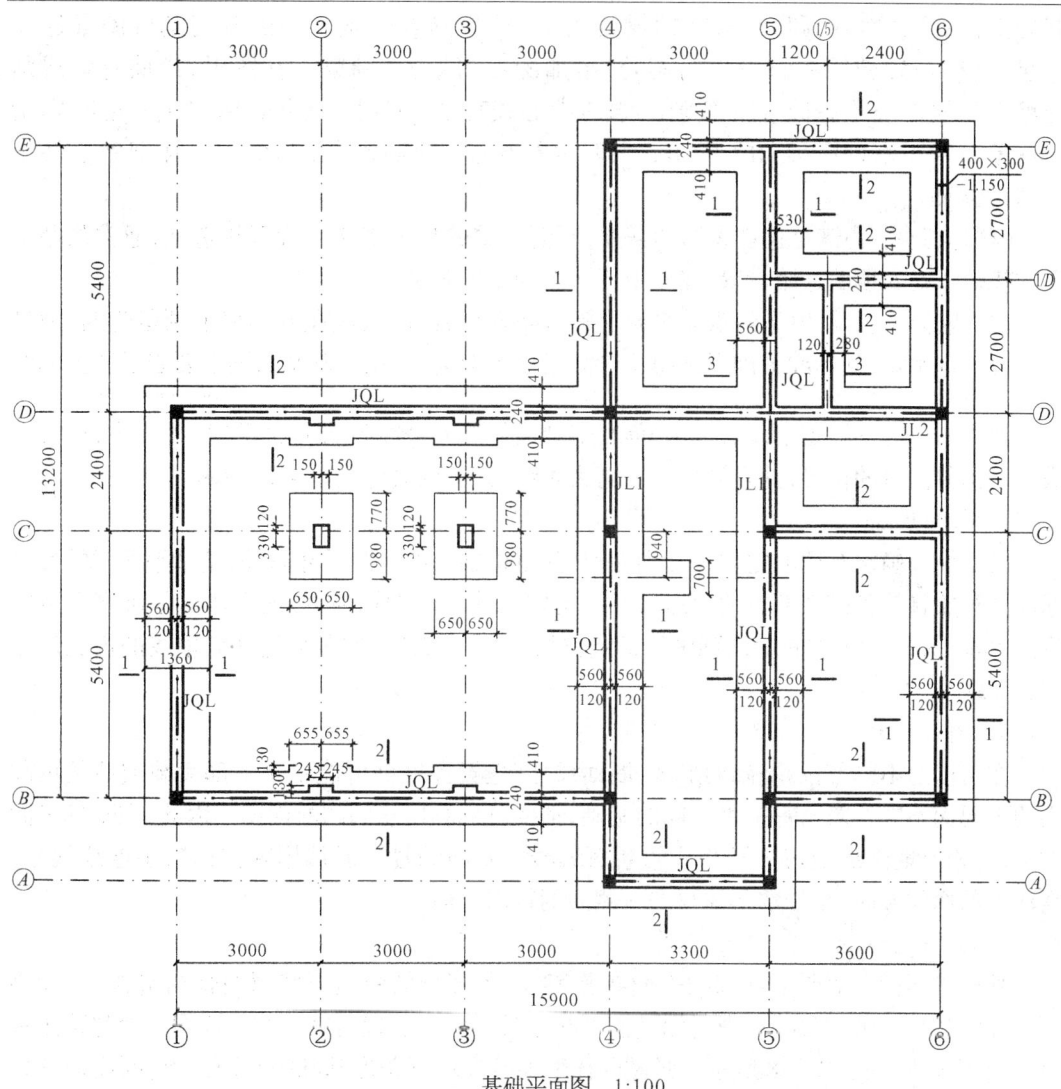

基础平面图 1:100

设计说明：
除图中注明外，所有基础墙均为240。定位轴线都在墙身或柱的中心位置。

图 3-27 墙下条形基础平面图

(1) 定位轴线：基础平面图中的定位轴线无论距离还是编号都与建筑平面图完全相同。定位轴线是施工放线的依据，是基础平面图中的重要内容。

(2) 墙身线：定位轴线两侧的粗线是基础墙的断面轮廓线，两粗墙线外侧的中粗线是可见的基础底部轮廓线，基底轮廓线也是基坑的边线，它是挖基坑的依据。定位轴线和墙身线是基础平面图的主要图线。

距⑥轴线940的基础，是楼梯的基础，没有基础墙，因而在图中无墙线。

为图面简洁，基础细部投影都省略不画，如基础大放脚台阶等细部可见轮廓线，都在基础详图中画出。

(3) 基础圈梁和基础梁：为增加基础的整体性，防止或减轻不均匀沉降，通常需要设置基础圈梁 JQL。此外，当房屋底层开有较大门洞时，为防止在地基反力作用下门洞处室内地面的隆起和开裂,在门洞处需要设置基础梁,基础梁通常与基础圈梁连在一起,这样基础圈梁在有较大门洞处,增加配筋,作为基础梁。在图中,沿墙身轴线画的粗点划线即表示基础梁或基础圈梁的中心线位置,同时,旁边的标注 JQL 也特别指出这里布置了基础圈梁,JL1 和 JL2 则表示基础梁,基础圈梁和基础梁的详细做法要参见基础详图。

(4) 构造柱:为满足抗震设防的需要,砖混承重的房屋都必须设置构造柱,通常从基础梁或基础圈梁的顶面开始设置,在图中用涂黑的矩形表示。

(5) 地沟及管洞:由于给水排水要求常常需要设置地沟,或在基础墙上预留管洞(通过排水管和进水管,基础或基础下不得留管洞或设置地沟)。在基础平面图上要表示墙上的洞口和地沟的位置。本图中没有地沟,但在⑥轴线靠近Ⓔ轴线砖墙上的 $\frac{400\times300}{-1.150}$ 中,粗实线表示了预留洞口的位置,并且洞口宽与高为 400×300,洞底标高为 -1.150m。

2. 尺寸标注

尺寸标注确定基础的定位尺寸和大小,除定位轴线的间距尺寸以外,基础平面图的尺寸标注的对象就是基础各部位的定形尺寸和定位尺寸。以①轴为例,图中注出基础底面宽度尺寸 1360,墙厚 240,左右墙线到轴线的定位尺寸均为 120,左右基底边线到轴线的定位尺寸均为 560。

3. 剖切符号

在房屋的不同部位,基础的形式、断面尺寸、埋置深度都可能由于上部荷载或地基承载力的不同而不同。对于每一种不同的基础,都要分别画出它们的断面图。因此,在基础平面图上,应相应地画出剖切符号并注明断面编号。断面编号一般都用阿拉伯数字连续编号。在注写断面编号时,编号数字注写的一侧为剖视的方向。

(二) 基础详图

基础平面图只表明了基础的平面布置,基础各部分的断面形状、材料、构造作法(如垫层、防潮层等)及细部尺寸和埋置深度需要在基础详图中表现出来。基础详图一般都采用垂直断面图表达,如图 3-28 所示。画图的比例通常在墙下条形基础的平面图上,断面详图相同的基础用同一种编号、一个详图表示,如图 3-28 所示的 1-1 断面详图,它既适用于①轴又适用于②轴和其他的轴线处断面为 1-1 的基础。

阅读基础断面详图时,应先将图名号与基础平面图对照,找出它的剖切位置。也可由轴线编号找到相应的平面图的轴线位置。

基础平面布置图 3-27 中标注的基础断面 1-1 和 2-2 的详图在图 3-28 中画出,3-3 详图未在此列出。由于 1-1 断面和 2-2 断面的结构形式完全一样,仅尺寸和配筋略有不同,因此将两者的详图在一张图上表示,不同之处用代号表示,再以列表的方式将不同断面与各自的尺寸和配筋一一对应。

基础详图图示内容主要有:

(1) 基础断面的轮廓线和配筋情况:图 3-28 中的基础为钢筋混凝土柔性基础,为突出表示配筋,钢筋用粗线表示,室内外地坪线用粗实线表示,用中粗线表示墙体和基础轮廓线。轴线、尺寸线、引出线、图例线等与其他图一样,均为细线。

从该图及表格可以看出,该基础详图主要表达了 J1 和 J2 两种基础的结构详图,分别对

第二节 基础工程施工图

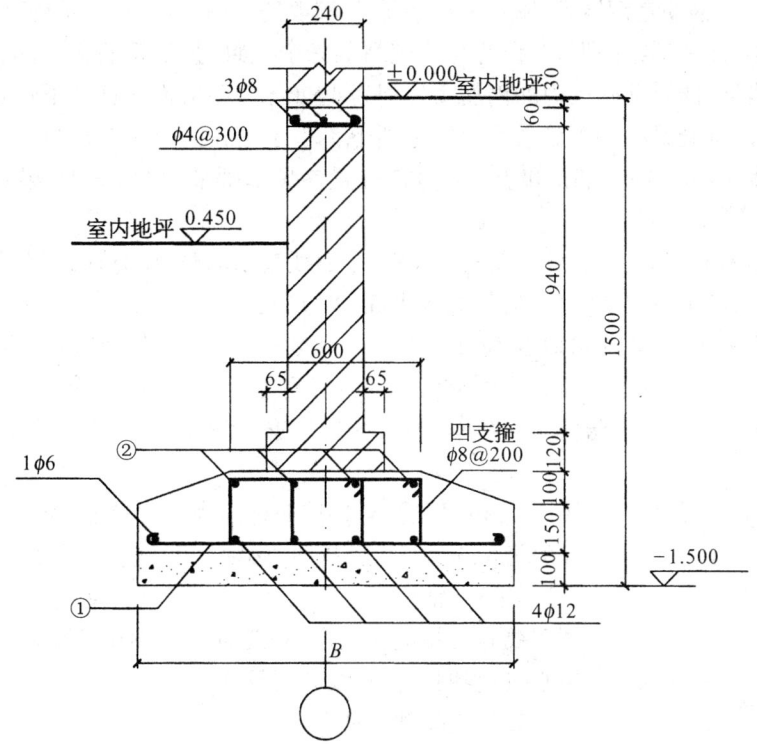

基础与基础梁

基 础				
基 础	对应剖面	宽度 B	钢筋 ①	钢筋 ②
J1	1—1	1360	φ10@200	4φ12
J2	2—2	1020	φ10@250	4φ12
基 础 梁				
基础梁	梁 长		钢筋 ②	
JL1	2400		4φ20	
JL2	2000		4φ18	

设计说明：
在超过1.2m的门洞处，设置基础梁，钢筋②按表中基础梁的钢筋②设置，两边伸进墙下不小于1m，与J1和J2的钢筋②搭接长度不小于700。

图3-28 基础详图

应1-1和2-2断面，其基础底面分别宽1360和1020，高度由250向两侧倾斜降为150，为保护基础的配筋，其下设素混凝土垫层100厚。

基础内配置带有半圆弯钩的①号钢筋，具体数值通过表格"基础与基础梁"中确定，基础J1对应1-1断面，①号钢筋为φ10@200，基础J2对应2-2断面，①号钢筋为φ10@250。J1和J2的纵向分布钢筋均为2φ6，分别设在①号钢筋的左右两端。

此外，基础中还设有地圈梁，由箍筋和上下皮的纵向受力钢筋组成。纵向受力钢筋按梁的构造要求配置，下皮为4φ12，上皮为钢筋②，钢筋②需根据表格"基础与基础梁"确定，J1

和 J2 均为 4ϕ12,箍筋是四肢箍 ϕ8@200。在遇到较大的门洞或洞口时,基础梁 JL1 和 JL2 将取代基础圈梁,即基础梁的形式、位置与基础圈梁完全一致,只是钢筋②不同。根据图中的设计说明和表格,此时基础梁中的钢筋②分别为 4ϕ20 和 4ϕ18,而箍筋和下皮钢筋与基础圈梁相同。另外,基础梁中的钢筋②两边伸进墙下不小于 1m(锚固长度),与基础圈梁中的钢筋②搭接长度不小于 700。JL1 和 JL2 的具体位置参见基础平面图 3-27,梁长分别为 2400 和 2000。

(2) 砖墙断面轮廓线和做法:图 3-28 中,中粗线表示墙身,墙身标注有图例符号,表明墙体是砖砌的,墙下有一层大放脚,每边放出 65,高 120。

(3) 室内外地坪线及防潮层位置:从图 3-28 中可以看出,室内地坪相对标高为 ±0.000m,室外地坪相对标高为 -0.450m,室内外高差 450。为防止地下水的侵入,室内地坪下 30 做钢筋混凝土防潮层,60 厚,内配纵向钢筋 3ϕ8 和横向分布筋 ϕ4@300,并留有保护层。

(4) 基础埋置深度:从图 3-28 可以看出,垫层底标高为 -1.500m,说明该基础的埋置深度为 1.5m,基坑开挖时,必须要挖到这个深度。

(5) 与轴线的关系尺寸(定位尺寸):轴线、尺寸线、引出线、图例线等与其他图一样,均为细线。图中定位轴线经过墙身的中心,也表明定位轴线和墙身的关系。

二、桩基础

桩基础是在软弱地基或多高层建筑中常用的一种基础形式,在高大重型的土木建筑中,如果浅层的土不能满足建筑物对地基承载力和变形的要求,为了将很大的集中荷载传递到较深的稳固坚硬土层或岩层上,通常就会采用桩基础,桩基础具有承载力高,沉降小且均匀、沉降速率慢等特点。

桩基础一般由承台和桩构成,如图 3-29 所示。桩基础的种类很多,按桩的材料区分,有钢筋混凝土桩、钢桩、木桩;按施工方法分,钢筋混凝土桩还分为预制桩和灌注桩;如果承台底面高于地面,则为高桩承台基础,反之则为低桩承台基础。

桩基础施工图的主要内容是表达桩、承台、柱的平面布置、相互之间的位置关系、使用的材料、尺寸、配筋情况及其他对施

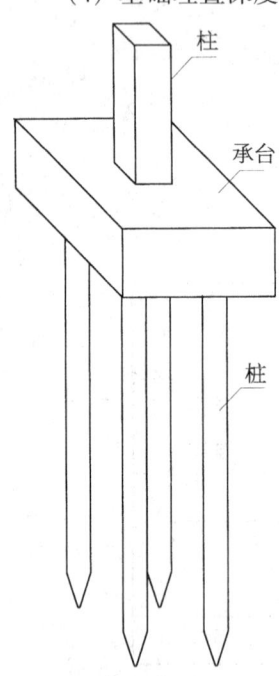

图 3-29 桩基础

工的要求。桩基础施工图一般由桩基础设计说明、桩位图、承台平面布置图、基础详图组成。其中,基础详图包括承台配筋图和桩身配筋图。

根据设计说明,该建筑采用钢筋混凝土钻孔灌注桩,桩身直径为 550。灌注桩首先在设计桩位地基上用钻、冲或挖来成孔,同时将钢筋在地面上绑扎成钢筋笼,成孔完毕后,放下钢筋笼,再在孔内灌注混凝土。根据成孔方式的不同,分别有钻孔灌注桩、冲孔灌注桩、挖孔灌注桩。

图 3-30 桩位图的主要内容是桩身的定位,桩身的定位是通过桩与定位轴线的相对位置关系确定的。桩位图中的定位轴线无论是距离还是编号都与建筑平面图完全相同。定位轴线是施工放线的依据,是桩位图中的重要内容。

第二节 基础工程施工图

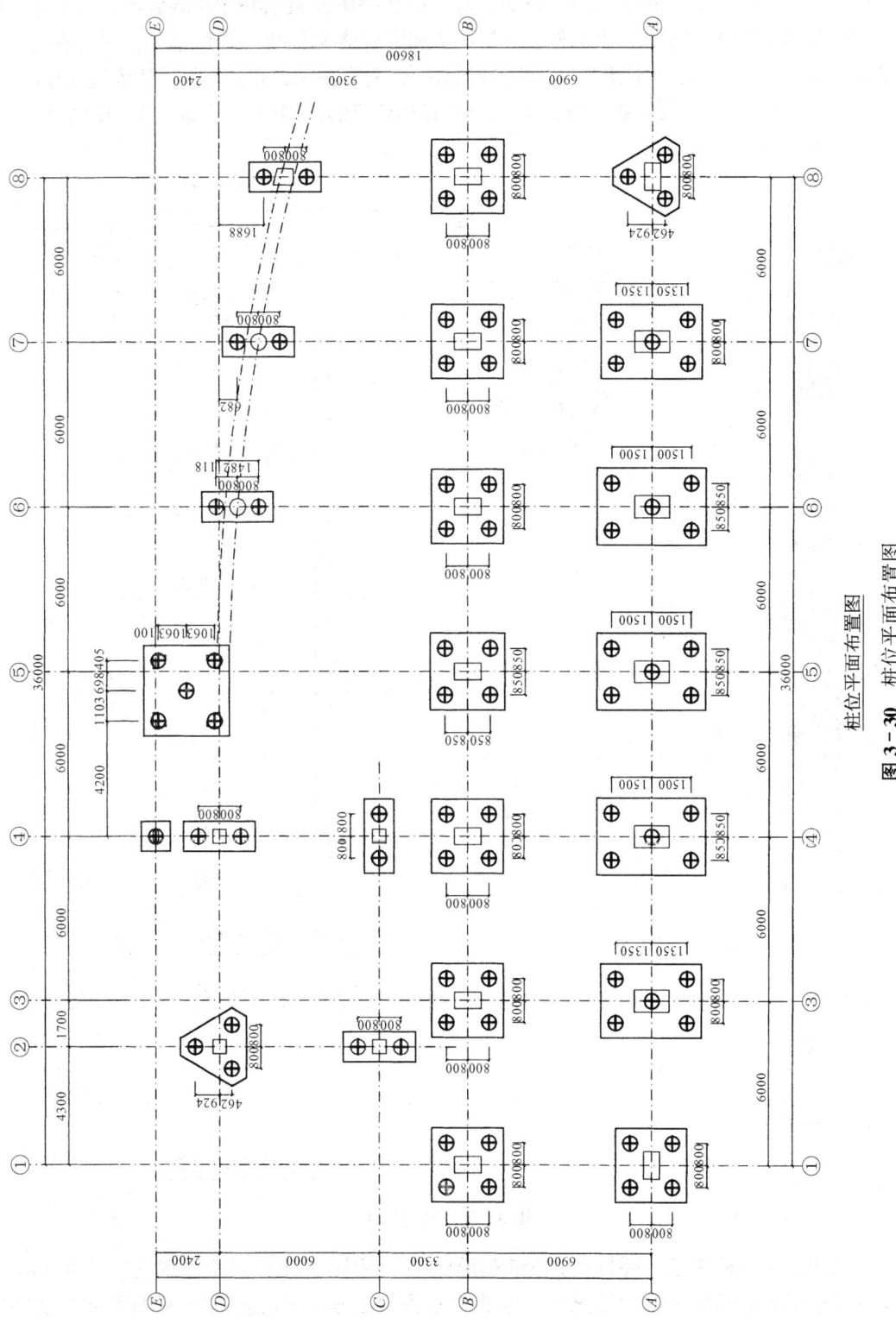

图 3-30 桩位平面布置图

图中带粗实线十字的圆即是桩身截面,粗实线十字的中心即是桩身的中心。此外,为了能对桩与承台、柱三者之间的关系有大概的了解,将承台和柱的轮廓用中粗线画出。因为桩位图主要需要明确桩身的位置,因此只标注了桩中心和定位轴线之间的尺寸,这是施工时桩身定位的最重要的依据。为了不混淆并且突出桩身的定位,对有关承台和柱的尺寸均未进行标注。

图 3-31 是桩身详图,桩身详图需要明确表达桩身的详细尺寸、配筋、构造做法、桩穿越土层的情况及桩端持力层。

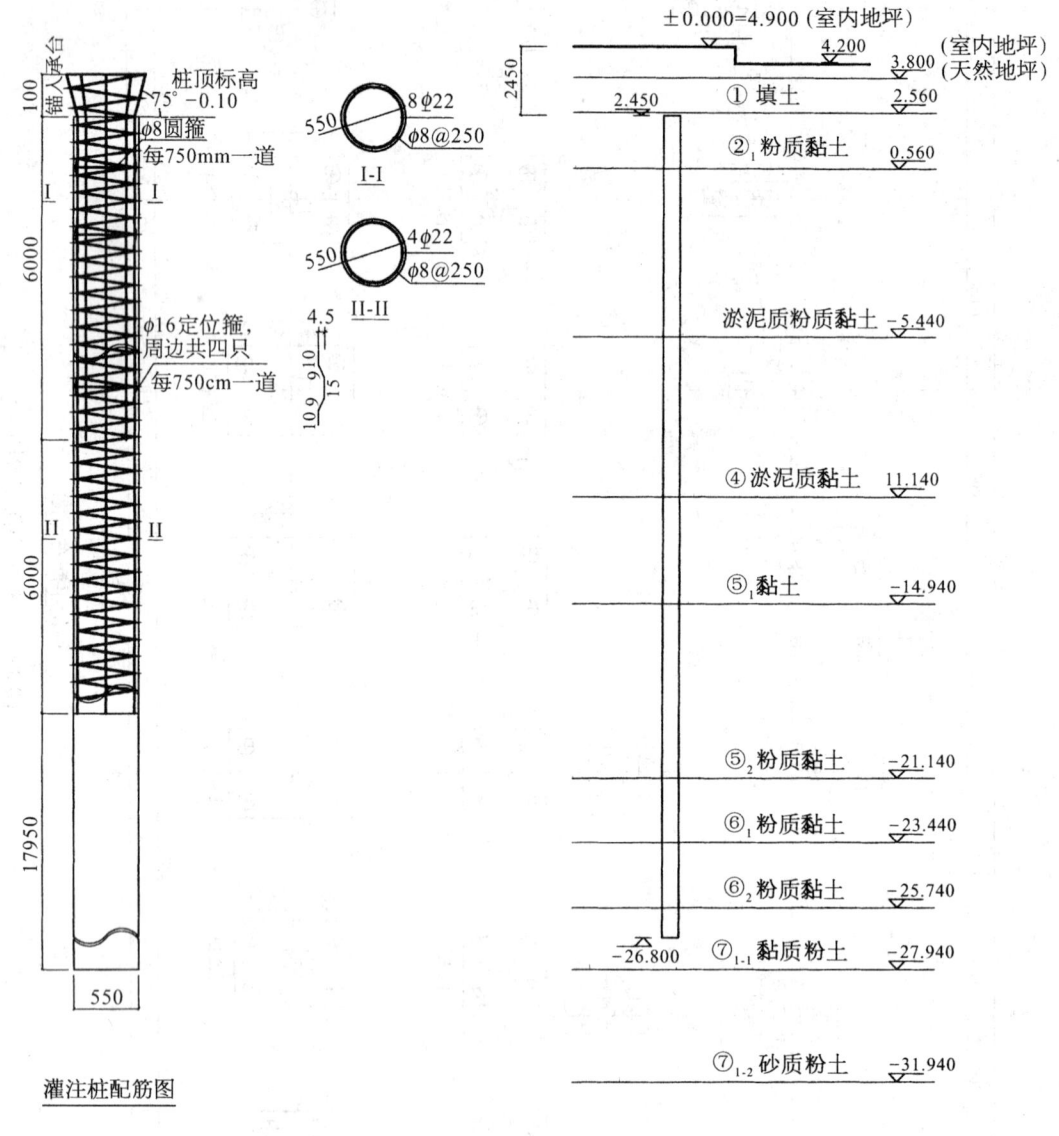

图 3-31 桩身详图

该建筑中只使用了一种桩径为 550 的灌注桩。图中,地质柱状示意图表达了桩穿越土层及桩端持力层的情况,该图是根据地质勘察报告的 1 号钻探孔绘制的,从图中可以很清楚地看出该建筑所处的场地中,各种土层的分布情况,包括,土层的类型、各自的厚度(通过土

第二节 基础工程施工图

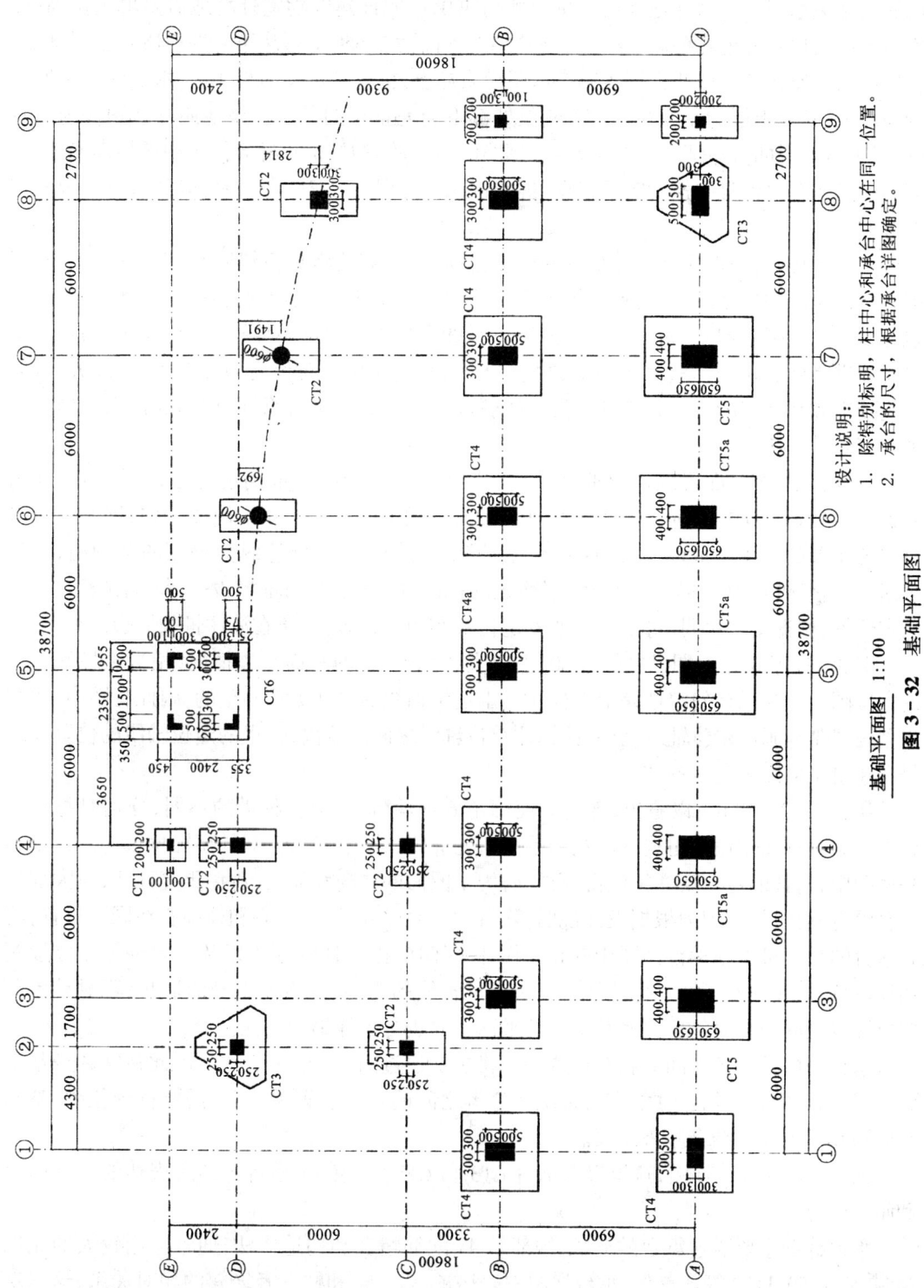

基础平面图 1:100
图 3-32 基础平面图

层顶面和底面的绝对标高确定）。从图中还可以看出，天然地坪、室内地坪、室外地坪三者之间的高度关系，其中，室外地坪比天然地坪高 400，说明该建筑物室外场地需要填土垫高，而室内地坪又比室外地坪要高 700。桩顶的绝对标高为 2.550m，是从第二层粉质黏土层开始，桩底标高 –26.800m，即持力层为第⑦$_{1-1}$层粉质黏土，桩端穿进持力层 1m。由于建筑物所处的场地下，各层土层的厚度在每一个桩位处都不会完全相同，因此，该地质柱状图仅为示意图，对了解土层的分布情况起参考作用。此外，施工的时候，桩顶标高按图中的标高确定，桩底的标高或者说桩身的长度需要根据"桩端进入持力层 1m"这一条件具体确定，每一根桩都有可能不同。

实际工程中，为保证桩身和承台的连接稳固可靠，需要将桩身锚固在承台里。图中，根据地质柱状图和配筋图，该位置处桩的全长为 29.950m，桩顶的绝对标高为 2.550m，实际上也是承台的底标高加 0.1m，此外，在桩顶还要做出高 100 的桩帽伸进承台，因此，相当于桩身要伸进承台 200。但是，浇筑桩身的混凝土时，只浇筑到绝对标高为 2.550m 的地方，桩帽的混凝土和承台混凝土一起浇筑。为增强桩身与承台的连接可靠性，桩帽的钢筋是向外扩展的，角度为 75°。

在桩身中，部分配置纵向钢筋和箍筋。在从桩顶开始的 6m 高度范围内，纵向钢筋为 8ϕ22，6~12m 的范围内钢筋根数减半，为 4ϕ22，根据 Ⅰ–Ⅰ 和 Ⅱ–Ⅱ 剖面图，纵向钢筋沿着桩身均匀布置的。在 12m 以下，桩身内不再配置纵向钢筋。在配置纵向钢筋的范围内，箍筋采用螺旋箍 ϕ8@250。同时，为增强钢筋笼的稳固性，每隔 750mm 增设一 ϕ8 的圆箍和 ϕ16 的定位箍，根据文字说明，每个位置 ϕ16 定位箍有四个，均匀分布在灌注桩的周边。

图 3-32 基础平面图（同图 3-30）主要表达承台、柱的平面布置情况，相当于柱和承台的定位图。柱和承台的定位是根据柱相对于定位轴线的尺寸关系确定的，因此在图中，用细点划线清楚地画出定位轴线网格，并标注定位轴线之间的距离，这里的定位轴线的位置及编号和建筑平面图中完全一致。

从图 3-32 中还可以看出，该建筑使用了 6 种承台，按承台种类的不同，分别对每个承台予以编号。图中用中粗线画出柱和承台的轮廓线，为区分清楚，对柱用图例填充。该基础平面图中，对柱的定位尺寸标注得很详细，为了图面的清晰和简洁，避免重复标注，对大部分承台没有标注尺寸，因为根据设计说明，除特别注明以外，承台中心和柱中心在同一位置，而且承台的尺寸可以在承台详图中获得。图中的 CT6，由于柱的开头以及与承台相互位置关系比较特殊，因此除了详细标注柱相对于定位轴线的距离、柱截面本身的形状，还对承台和定位轴线之间的相对位置关系及承台的平面尺寸进行了详细的标注。

承台、柱、桩三者之间的相对位置关系将主要通过图 3-33 来表达。因此在阅读桩基础施工图时，确定桩、承台、柱的布置情况及三者之间的相互位置关系时，需要将桩位图、基础平面图和承台详图结合起来阅读。

图 3-33 为承台详图，这里仅以承台 CT3 和 CT5 为例说明承台详图所表达的主要内容和阅读要点。

承台详图主要表达承台的形状、细部尺寸、配筋情况和构造作法，通常应用较大的比例绘制，如 1:50、1:20 等。首先，承台详图中表达了承台、桩和柱三者之间的相对关系，这一点对承台的定位很重要。值得注意的是，图中的细点划线表示柱中心，而不是定位轴线。因此，根据承台外轮廓线与柱中心的尺寸，再参考基础平面图（图 3-32）中柱中心和定位轴线

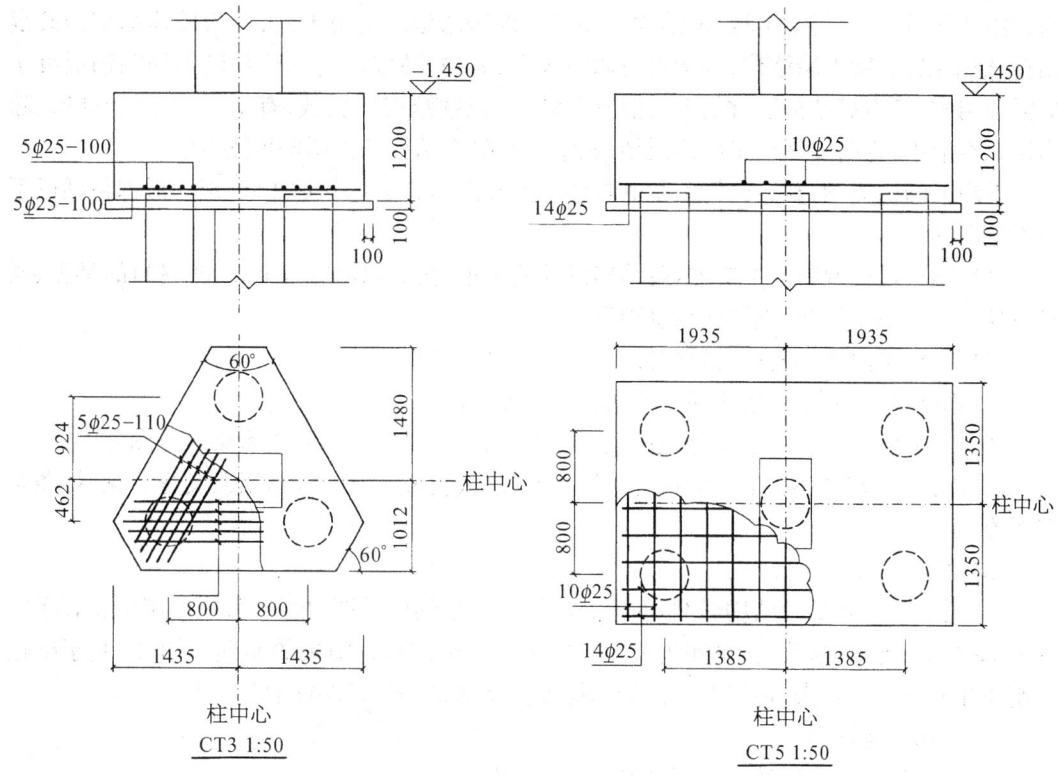

图 3-33 承台详图

的相对位置关系,就可以确定承台相对于定位轴线的位置,包括承台的平面尺寸。图中还注明了桩中心和柱中心的尺寸,承台详图因而就明确了承台、桩和柱三者之间的相对关系。

在图 3-33 中,CT3 是一个三桩承台,根据桩的布置,承台的形状近似于一个三角形,但在角部做了 60°切角。CT5 是一个五桩承台,根据五个桩的布置情况,承台的形状是一个长方形,边长为 2.7m×3.87m。CT3 和 CT5 的厚度都是 1.2m。图中用粗实线将钢筋的配置情况画出,为了使图面简洁,并且不影响表达效果,对配筋图用局部视图的方式表达。如 CT3,沿着三根桩的中心线,布置 5 根直径为 22 的 II 级钢筋,同时钢筋之间的间距为 110。CT5 则在承台底沿着承台两个边的方向,在长边方向均匀地布置 14 根直径为 25 的 II 级钢筋,在短边方向均匀地布置 10 根直径为 25 的 II 级钢筋。在承台立面图中,画出了配筋的立面图。

承台的顶标高 -1.450m,考虑承台的高度为 1200,因此承台底标高为 -2.650m。另外,在承台下还设有 100 厚的素混凝土垫层。在施工时,桩身施工完成后,开挖土方,开始承台的施工,土方要挖至混凝土垫层的底面,即绝对标高 -2.750m 处。从承台的立面图中,我们还可以看出,部分桩顶伸进了承台内部,和承台锚固在了一起。当然这里也只是示意,具体的尺寸要参见桩身详图。

第三节 主体工程结构施工图

相对于基础工程,主体工程是指房屋在基础以上的部分。建筑的结构形式主要是根据房屋基础以上部分的结构形式来区分的。建筑物的结构形式多种多样,根据使用的材料,分为砌体结构、钢筋混凝土结构、钢结构、木结构;根据结构的受力形式,分为墙体承重的砖混结构、框架结构、剪力墙结构、框架剪力墙结构等,其中,砖混结构往往是砌体和钢筋混凝土的混合结构,剪力墙结构通常是钢筋混凝土结构;根据结构的层数,有单层、多层和高层、超高层。本节中,将简要介绍多层砖混结构、钢筋混凝土结构施工图的识图方法。

不同的结构类型,其结构施工图的具体内容和图示方法也各不相同,但一般都包括以下三部分内容。

(1) 结构设计说明。主要内容:结构设计的依据,荷载取值的标准,结构材料的类型、规格、强度等级,地基情况,施工注意事项等。

(2) 结构平面图。表示承重构件的布置、类型和数量,主要有:

① 基础布置图,工业建筑还包括设备基础布置图。

② 楼层结构布置图,工业建筑还包括柱网、吊车梁、柱间支撑、连系梁布置图等。

③ 屋面结构布置图,工业建筑还包括屋面板、天沟板、屋架、天窗架及支撑系统、檩条布置图等。

(3) 构件详图。主要有:

① 梁、板、柱及基础结构详图,如梁、板、柱及基础的配筋图、模板图;配筋图主要表示构件内部的钢筋配置、形状、数量和规格。仅形状较复杂的构件需要绘制模板图,以便于模板的制作和安装。近年来,传统的构件配筋详图正逐渐被"平法"制图取代。

② 楼梯结构详图。

③ 如果是桁架式屋架,还需要屋架结构详图。

④ 其他详图,如预埋件、连接件详图等。

一、砖混结构和钢筋混凝土结构施工图识图方法

由于我国大部分地区的经济发展水平、材料供应情况和施工条件的限制,一般中小型民用房屋,大都采用混合结构或钢筋混凝土结构。混合结构是指房屋的结构系统采用了两种或两种以上不同的材料。通常是屋盖和楼盖采用钢筋混凝土构件,墙或柱用砖砌筑,基础用砖石或(钢筋)混凝土筑成,通常用在层数较少,房间开间不大的工业与民用建筑中。

(一) 结构布置平面图的识读

表示房屋上部结构布置的图样,叫做结构布置图。结构布置图采用正投影法绘制,设想用一水平剖切平面沿着楼板上表面剖切,然后移去剖切平面以上的部分所作的水平投影图,用平面的方式表达,因此也称为结构布置平面图。结构布置图按楼层表示承重构件的平面布置情况,如该层楼板、梁及下层楼盖以上的墙、门窗和雨篷等构件的布置情况,以及它们之间的结构关系。对多层建筑,一般应分层绘制,但当各楼层结构构件的类型、大小、数量、布置情况均相同时,可只画一个标准层的结构布置平面图。构件一般用其轮廓线表示,如能表示清楚,也可用单线表示,如梁、屋架、支撑等可用粗点划线表示其中心位置。楼梯间或电梯间一般另用详图表示,在平面图通常用一对交叉的对角线及文字说明表示其范围。

结构布置平面图的主要内容有以下几方面:

(1) 与建筑图相同的轴线网及轴线编号,各定位轴线间的距离。

(2) 承重墙、柱、梁等构件的位置和编号,有时在柱和梁的代号旁注出该梁或柱的截面尺寸。

(3) 楼板部分:如果是预制板,则需说明板的型号或编号、数量,铺设的范围和方向;如果是现浇板,则需说明板的范围、厚度,留孔和洞的位置及尺寸。

(4) 圈梁和门窗过梁的布置位置、代号与编号。
(5) 各种梁、板底面结构标高。
(6) 有关剖切符号、详图索引符号和其他标注代号。
(7) 设计说明,内容为总说明中未指明的,或本楼层中需要特别说明的特殊材料、尺寸或构造措施。

图 3-34 为一办公楼的二层结构布置图,该幢办公楼是砖墙承重的砖混结构,下面以该图为例说明结构布置平面图的图示方法和读图方法。

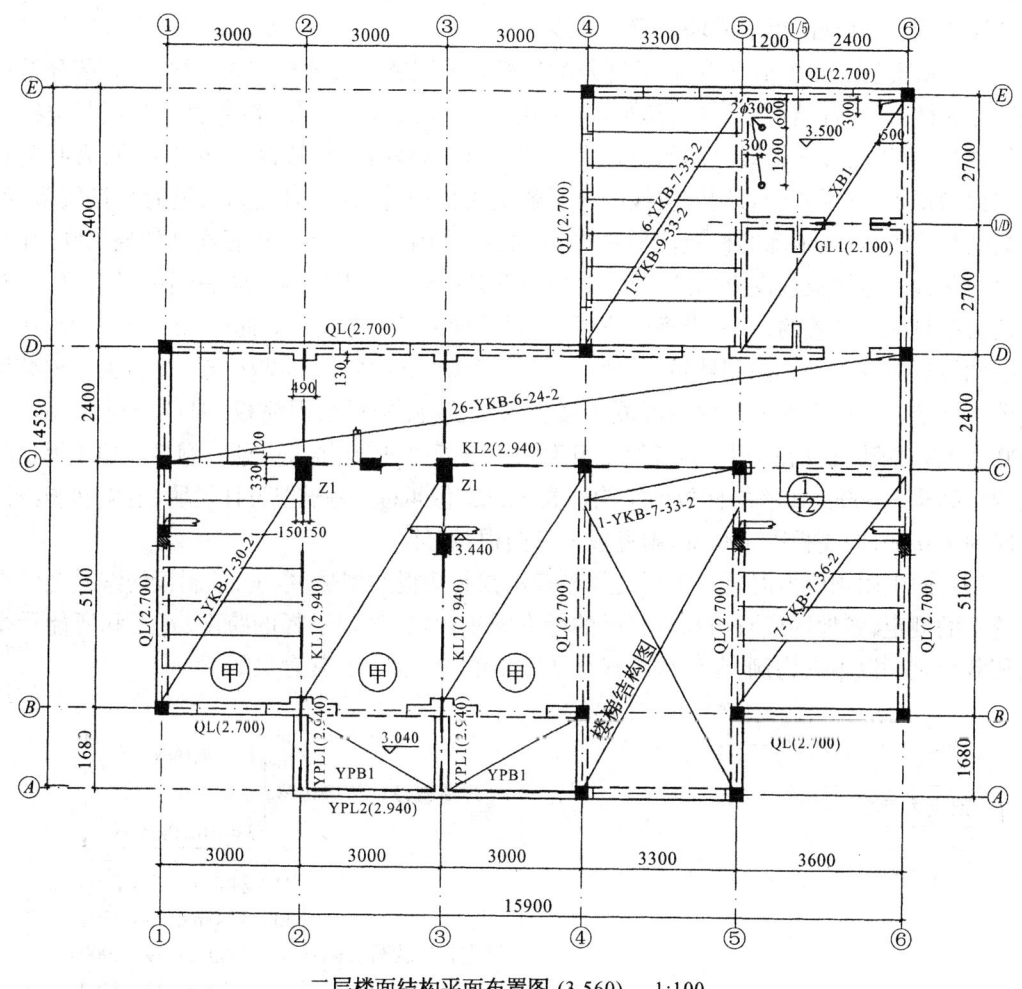

二层楼面结构平面布置图 (3.560)　　1:100

设计说明:
1. 现浇板厚度均为 120mm。
2. 雨篷板厚度均为 100mm,板底标高为 3.200。
3. QL 为 240×240,配 4φ12 和箍筋 φ8@200。
4. 如果梁两端直接放在墙上,则在梁下加梁垫,梁垫宽等于墙厚高度为 240,两端伸出梁外表面各 240,厚 240。
5. 框架梁和圈梁、构造柱相交时,要拉接在一起。

图 3-34 二楼结构布置图

(1) 首先看图名和比例,根据图名可以知道该图是哪一层的结构布置图,图名旁括号内的数字(3.560)表示该楼板表面结构标高是 3.560,由图名后标注的比例 1:100 可以知道,该图比结构实际尺寸缩小了100倍。

(2) 在图3-34中,各结构构件的定位基本是以定位轴线为基准的,因此,在结构平面布置图中,必须清楚地画出与建筑平面图及基础平面图中完全一致的定位轴线及其编号。

(3) 沿着部分定位轴线是该结构的墙体轮廓线,从图中可以看出二层楼板以下的墙体布置情况,中粗实线表示能看到的墙体轮廓线,中虚线表示在楼板以下的不可见的墙体轮廓线。如建筑的外墙最外边的轮廓线,没有被预制楼板挡住,因此都是中粗实线,另外,楼板没有放在Ⓑ轴线的外墙上,因此Ⓑ轴线上的外墙的内外轮廓线是中粗实线。如果现浇板的两端支撑在墙上,则现浇板下的墙线都是虚线。

(4) 从楼板的布置情况看,该幢建筑的楼板有预制装配式楼板和现浇楼板,大部分是预制装配式楼板,在各结构单元内,其布置范围以一条斜线表示,同时在旁边注明预制楼板的代号、数量。以①和②轴线之间的楼板为例,因为预制楼板是分块制作和安装的,为明确和强调预制楼板敷设的方向,用细实线画出了各块楼板的轮廓线,只是如果板的数量较多,可以只画几块表示,如走廊的楼板。另外,在①轴线上,画了一个表示楼板端部的局部断面图,这里的两种表达楼板敷设方向的方法,其内容都是一致的。从图3-34中还可以看出,大部分楼板都是横向布置的,只有走廊的位置,预制楼板是竖向敷设的。此外,在楼梯间处,在靠近Ⓒ轴线处布置了一块预制楼板,其他部位都属于楼梯间结构,其结构施工图另见楼梯结构详图。该结构只有少部分是现浇混凝土楼板,是卫生间楼板及雨篷板,编号分别为XB1和YPB1。XB1四边支撑在墙上,为了便于卫生间的水管通过,在楼板上开有洞口。XB1板顶的结构标高是3.500m,比该层楼板的结构标高3.56m低4cm。另根据设计说明,卫生间现浇楼板厚为120mm,雨篷板厚100mm,雨篷板上有两根悬臂梁。

(5) 图中用预应力混凝土楼板的代号表示预制板的型号、数量,预制板的编号全国没有统一的规定,各地区或省市都有自己的标准图集,各自规定了板的跨度、宽度和所能承受的荷载级别。以本图为例,预制楼板代号7-YKB-7-30-2,其含义如下:

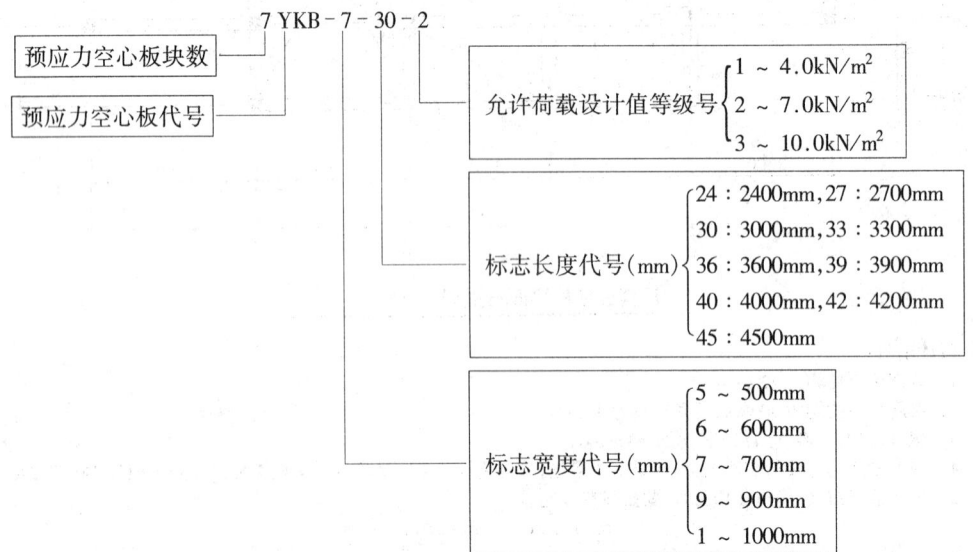

因此,7-YKB-7-30-2表示7块预应力空心板跨度3000mm,板宽700mm,除自重外,可以承受的荷载为7kN/m²。另外,因为①和④轴线之间三个房间的预制楼板的型号、数量、

敷设方式都完全一样,因此用代号"甲"来简化表示这几个房间的楼板布置方式与第一个房间完全相同。因此,在②和③、③和④轴线间的房间中不再注写预制楼板的型号和数量,通过标注"甲",省略了所有相同结构单元的预制板的标注。

(6) 在⑤~⑥轴线和⑩~ⓒ轴线之间,由于是卫生间,因此楼板上开有洞口,以穿过管线。一个洞口是矩形的,尺寸为 300mm×500mm,另有两个圆形的洞口,孔径均 300mm。

(7) 为增加墙身的稳定性,在②和③轴线的墙身处,设置了墙垛,尺寸为 120mm×490mm。

(8) 该建筑中,除了主要由砖墙承重外,为获得更大空间,在②和ⓒ、③和ⓒ轴线相交处,布置了两根内框架柱 Z1,不再布置承重墙。由此,二层楼板的力传给梁 KL1 和 KL2 后,由梁传给柱,再传给柱基础。因此,这幢建筑又可称之为一个带内框架的砖混结构。图中,用涂黑的矩形表示柱,用粗的点画线表示梁布置的位置,在梁旁,注写了梁的代号和编号,如 KL1。在梁编号后,有一个用括号括起的数字(2.940),表示梁底面标高。如果图中没有注明梁或柱相对于定位轴线的位置关系,则需要在构件配筋详图中查找。

(9) 砖墙承重的结构,按规范要求必须设置构造柱,图中,在墙的拐角和部分内外墙交接处及楼梯间,有涂黑的部分,即表示构造柱。构造柱一般仅以涂黑表示,不给文字标注,并且构造柱的截面高、宽等于墙厚,这里是 240mm×240mm。

(10) 圈梁是在砖混结构墙体中同一水平面上闭合的梁。在图中用 QL 来表示圈梁布置的位置,编号后括号内的数字,如(2.700)表示圈梁的梁底标高。圈梁的配筋比较简单,如图 3-35 所示,通常是按构造配筋的。有时可在设计说明中对圈梁的截面尺寸和配筋用文字说明,不另画配筋图。截面形式较复杂的,则需另画配筋图。

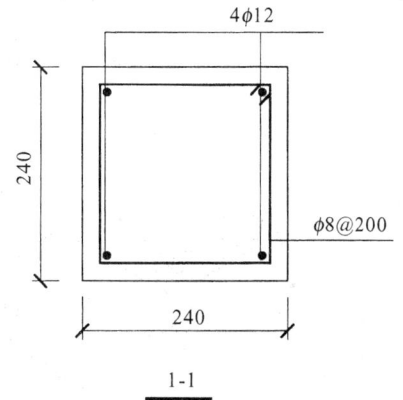

图 3-35 圈梁 QL 配筋图

为清楚表示圈梁布置的情况,避免和结构平面图中的其他梁混淆,有时需要用粗实线以较小的比例单独画出圈梁布置平面图,并在适当位置画断面图剖切符号,画出相应的断面详图,如图 3-35 和 3-36 所示。

圈梁和内框架梁在相交之处需要拉接在一起,具体的做法一般是将梁的钢筋锚固在圈梁内,且圈梁的钢筋在梁端处连续,不能断开。这也是为了增加房屋的整体刚度,在设计说明中,对此特别进行了说明。

(11) 由于砖墙是脆性材料,为避免过大的集中压力将砖墙局部压坏,当砖墙作为梁的支座时,梁不能直接放在砖墙上,梁下必须要有梁垫,梁垫有两种形式,如图 3-37 所示,形式一中的梁和梁垫是分开制作的,先将梁垫作好放在砖墙上,再在梁垫上浇制梁的混凝土。形式二梁和梁垫是连在一起的,在浇筑梁时将梁垫一起做好。如果采用形式二,一般都会在图纸中特别指明,如果没有特别说明,采用的就是形式一。如果圈梁正好从梁底通过,也可用圈梁代替梁垫。一般,梁垫的宽度都和砖墙的厚度相同,根据本图的设计说明,这里是 240mm,梁垫两端伸出梁表面的宽度 b 要根据计算确定,一般都是半砖墙的整数倍,如 120、240、360mm 等,这里是 240mm,梁垫的厚度一般也是半砖墙的整数倍,有时要根据宽度确定,这里是 240mm。如果梁上的荷载不大,则梁垫用素混凝土制作即可。

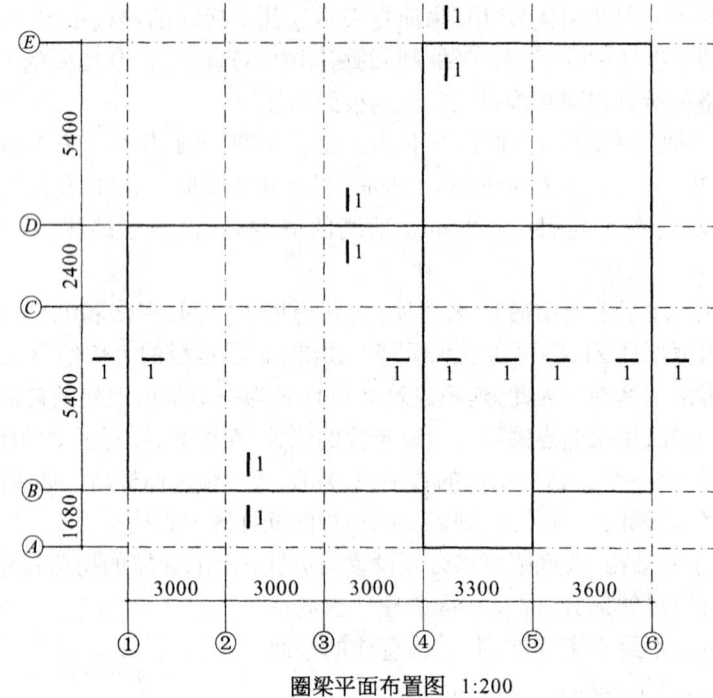

圈梁平面布置图 1:200

图 3-36 圈梁平面布置图

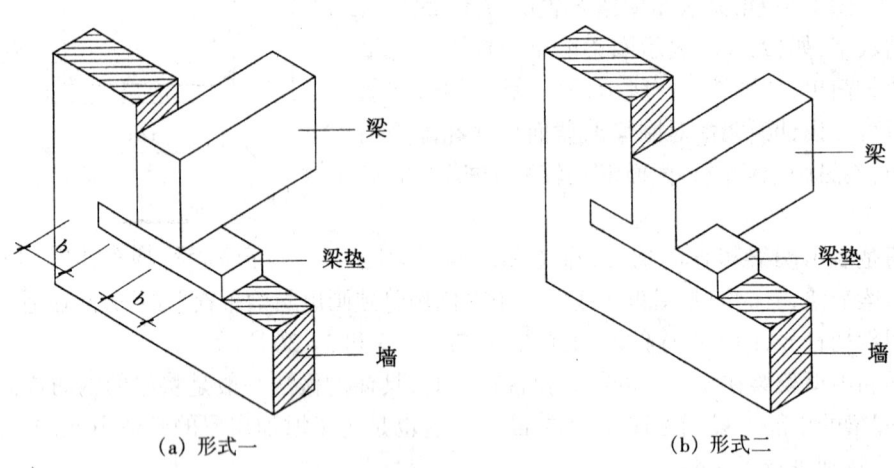

(a) 形式一　　　　　　　　(b) 形式二

图 3-37 梁垫

(12) 从图 3-34 中还可以看到,在⑩轴线上,布置了一个过梁,用粗点画线表示其中心位置,编号是 GL1,梁底标高是 2.100,此时一般不画出门窗的图例。如果不用粗线表示过梁,则要用中虚线画出门窗洞的位置,并在洞口一侧直接标注过梁的代号。在其他有门窗洞口的位置,也应该设置过梁,如果没有标注过梁,说明此处的过梁用圈梁代替了,通常圈梁的位置如果在门窗洞口的上方即可兼任过梁,圈梁的底标高即是门窗洞口的顶标高。

(13) 在④轴线上还有雨篷,雨篷由雨篷梁和雨篷板组成,雨篷梁 YPL1 实际上是 KL1 的悬挑部分,YPB 表示雨篷板,根据设计说明,雨篷板厚 100mm,板顶结构标高为 2.990,则板底的绝对标高是 2.890,和雨篷梁的梁底标高一致,说明雨篷梁和雨篷板是底部平齐的。

(14) 楼梯间结构图一般用楼梯间结构详图另外画出,在结构平面图中仅用一对交叉直线表示其范围,不作详细的表达。

(15) 一些细部的做法,如楼板与墙搭接的构造做法,见结构详图,用索引符号表示详图所在的图号和编号。如本图中的索引符号即表示:索引符号处楼板与墙搭接的做法详见第14张图纸中的详图1,本书中在图3-43中表达。

(二) 构件配筋详图—梁、柱、板配筋图

结构布置图只表示出建筑物各承重构件的布置情况,至于它们的形状、大小、材料、构造和连接情况等则需要分别画出它们的详图来表达。

1. 钢筋混凝土梁

图3-34中KL1的配筋详图见图3-38,梁的配筋详图一般由梁配筋立面图和断面图组成。

梁配筋立面图表达了梁在高度和跨度方向上的尺寸和配筋的情况。读图时应先看图名,因为在图名中注明了构件的名称,然后再看配筋立面图和断面图。梁立面图表示梁的立面轮廓、长度尺寸、钢筋上下与前后的配置。梁的断面图则表示梁的断面形状、高度、宽度及钢筋上下与左右的布置情况。

对照立面图和断面图可以看出,本配筋图表示的KL1梁,高为500mm,梁宽250mm,布置在Ⓐ轴线到Ⓓ轴线间。其中,梁在Ⓑ和Ⓓ轴线处支撑在砖墙上,在Ⓒ轴线处支撑在柱Z1上,支座之间的轴线距离分别是2.4m和5.4m。在Ⓐ和Ⓑ轴线间,是悬挑梁,悬挑长度为1.68m,根据设计说明和结构布置图3-33,这段梁即是YPL1。梁全长为9.72m,梁底标高为2.940m。此立面图的比例是1:20,断面图的比例是1:10。

梁的配筋主要由梁下部纵向钢筋、上部纵向钢筋和箍筋组成,弯起钢筋由于施工比较麻烦,已比较少见,正逐渐被梁端箍筋加密的方式代替。KL1梁2.4m跨的下部纵向钢筋为2ϕ25,5.4m跨的下部纵向钢筋为4ϕ25,根据断面图,下部纵向钢筋均匀布置在梁下部,用来承受梁下部的拉应力。悬挑梁下部没有拉应力,但为了形成钢筋骨架,仍需配置纵向钢筋,可仅按构造配置,这里为2ϕ12。

5.4m跨的下部钢筋4根直径为25mm的Ⅱ级钢筋(4ϕ25),其中最左和最右的两根ϕ25是将2.4m跨梁的下部纵向钢筋2ϕ25通长配置到5.4m跨梁,5.4m跨内的另两根ϕ25锚入两端的支座中。由于Ⅱ级钢筋不做弯钩,为清楚地反映钢筋的终端位置,用45°方向的短粗线表示无弯钩钢筋的终端符号。因此,可以看到,这两根ϕ25伸出左端柱支座是560mm,伸出右端柱支座是680mm,这些都是设计规范规定的锚固长度,必须在图中表示清楚。

由于在支座附近,梁的上部受拉,因此支座附近,梁的上部要布置纵向受力钢筋。跨度较大的梁,在跨中,梁的上部几乎不受拉力,因此往往只需按构造配置架立筋即可。2.4m跨梁上部纵向钢筋通长配置,为3ϕ25,5.4m跨梁上部纵向钢筋在左端支座处也为3ϕ25,和2.4m跨梁相同,因此它们是将2.4m跨梁上部的3ϕ25延伸至5.4m跨梁,在离柱Z1边缘1600mm处截断。5.4m跨梁上部纵向钢筋在右端支座处为4ϕ25,和悬挑梁的上部钢筋相同,因此将悬挑梁的上部钢筋延伸至5.4m跨梁,在伸出Ⓑ轴线墙支座1600mm处截断。而在5.4m跨梁中间,只按构造配架立筋2ϕ12。构造钢筋和上部受力钢筋的搭接长度为150mm。以上这些数据,都是设计师根据设计规范确定的,在施工时必须严格遵守。

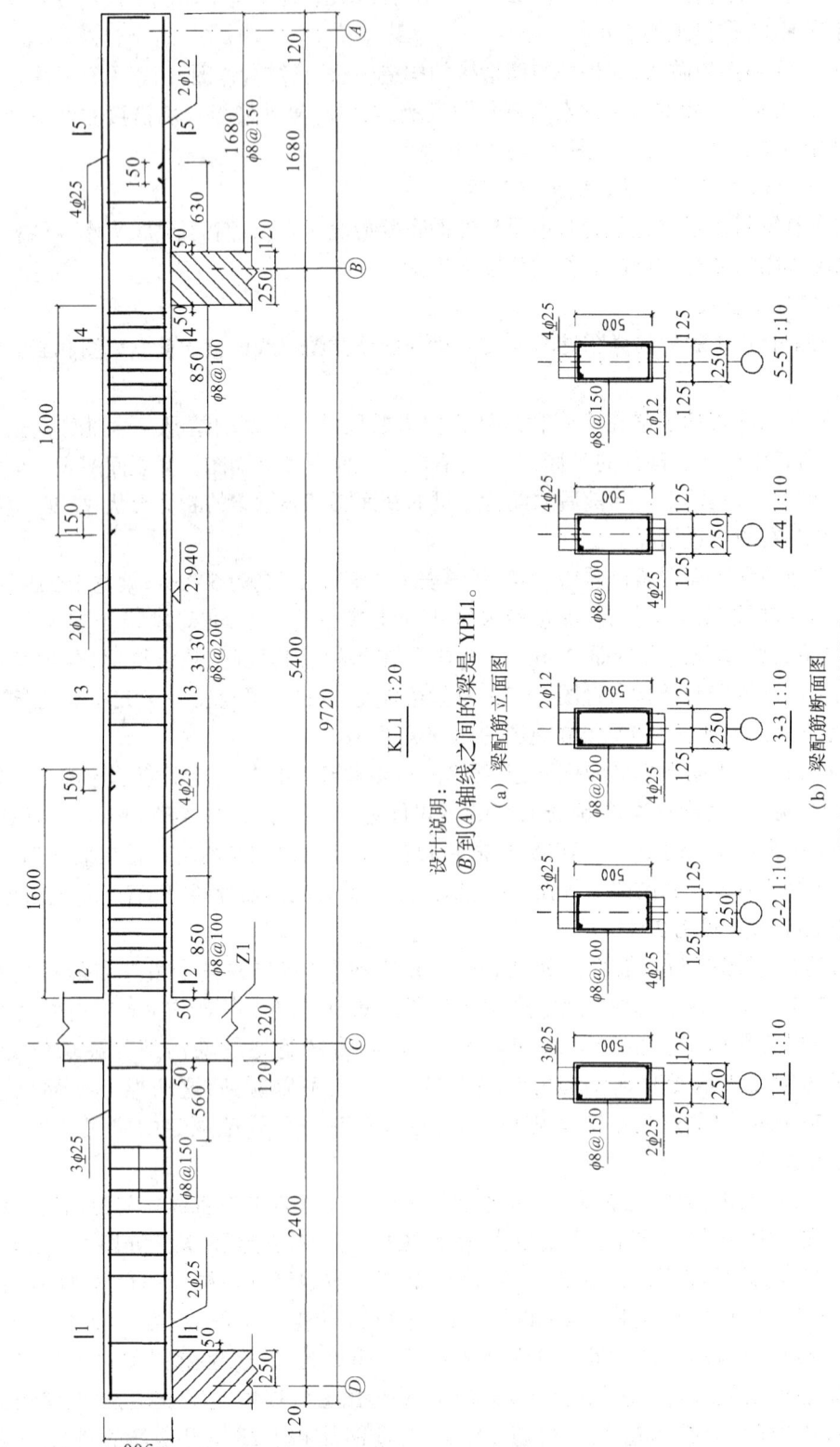

图 3-38 KL1 配筋详图

在梁的净跨范围内必须通长配置箍筋,按规范要求,第一道箍筋布置在距离墙和柱边缘的50mm处,在梁左端进墙支座内布置一道箍筋,以便于钢筋骨架的绑扎和定型。2.4m跨范围内配置 $\phi 8@150$,5.4m跨内配置 $\phi 8@200$,但是按规范规定和计算,在梁两端支座附近850mm范围内,箍筋加密一倍,为 $\phi 8@100$。

梁配筋断面图表达了梁截面高度和宽度的尺寸和断面的配筋情况,以及梁中纵向钢筋具体的放置位置,与配筋立面图相辅相成,对梁的配筋情况进行全面的说明。一般,不同配筋的部位都需要有配筋断面图,配筋断面图的出处,要在配筋立面图部注明,如图3-38中,KL1在梁的纵向方向上,有五种配筋情况,因此做了五个配筋断面图,分别是2.4m跨(跨中和支座的配筋是相同的,因此只需一个断面即可)、5.4m跨的左支座、中间、右支座,以及悬挑梁。以断面2-2为例,由尺寸说明可知,梁高500mm,梁宽250mm,梁的中心对准定位轴线。由于梁KL1同时布置在②、③轴线上,因此在断面图中只需用点画线和圆来表示轴线,不特别指明是哪一根轴线;梁下部配置 $4\phi 25$,梁上部配置 $3\phi 25$,箍筋为 $\phi 8@100$。这些和梁配筋立面图中的配筋情况完全一致,并且梁上部的 $4\phi 25$ 和下部的 $3\phi 25$,都放在一排。在断面3-3,梁上部钢筋为 $2\phi 12$,作为架立筋,箍筋为 $\phi 8@200$,其他则与2-2断面完全一致,这和梁配筋立面图也是一致的。因此,在阅读梁的配筋详图时,需要将配筋立面图和断面图结合起来,互相比较、印证,以对梁的配筋情况有准确的了解。

2. 钢筋混凝土柱

钢筋混凝土柱配筋详图的图示方法基本上和梁相同,只是如果柱形式比较复杂,且其上布置有很多预埋件,则除了绘出其配筋图外,还需绘出模板图和预埋件详图,如工业厂房的牛腿柱。此处仅以某办公楼的柱Z1说明钢筋混凝土柱配筋详图的读图要点和方法。

钢筋混凝土柱通常都承受压力,其钢筋一般是由纵向受力筋和箍筋组成,纵向受力筋和混凝土一起承受压应力。钢筋混凝土柱配筋详图由配筋立面图和断面图组成,立面图主要表达了柱在高度上的尺寸及配筋情况,而断面图则主要表达柱的断面尺寸,以及柱断面的钢筋的布置情况。在阅读柱的配筋详图时,也需要将配筋立面图和断面图结合起来。图3-39是现浇钢筋混凝土柱配筋的立面图和断面图。

从图3-39中可以看出,该柱从柱基起直通三层楼面,柱基底标高是-1.500m,柱的顶标高是7.040m,因此柱全高是8.54m。柱断面($b \times h$)为300mm×450mm。根据1-1断面,底层柱受力筋为:$8\phi 25$(b方向)+$6\phi 18$(h方向)。在基础施工时,需要在基础内埋设基础插筋,基础插筋的数量、直径、级别和布置位置都要和底层柱纵向受力筋完全相同。底层柱纵向受力筋从基础顶部设置到二层楼面以上,其下端与基础插筋搭接,搭接长度为1000mm,上端伸出二层楼面1200mm,与二层柱的受力筋搭接。

根据2-2断面,二层柱的断面和一层相同,为300mm×450mm,受力筋为 $8\phi 22$(b方向)+$6\phi 16$(h方向)。在柱的全长方向上都需布置箍筋(除梁穿过的位置),底层柱受力筋搭接区和二层柱的受力筋搭接区箍筋间距加密,此处为 $\phi 6@100$,其余位置箍筋为 $\phi 6@200$。

从断面图中还可以看到,该柱的相对于定位轴线在截面高(h)方向上是偏心放置的。此外,在柱立面图中还画出了与柱连接的二、三层楼面梁KL1的局部,梁底标高分别是2.940m和6.540m。

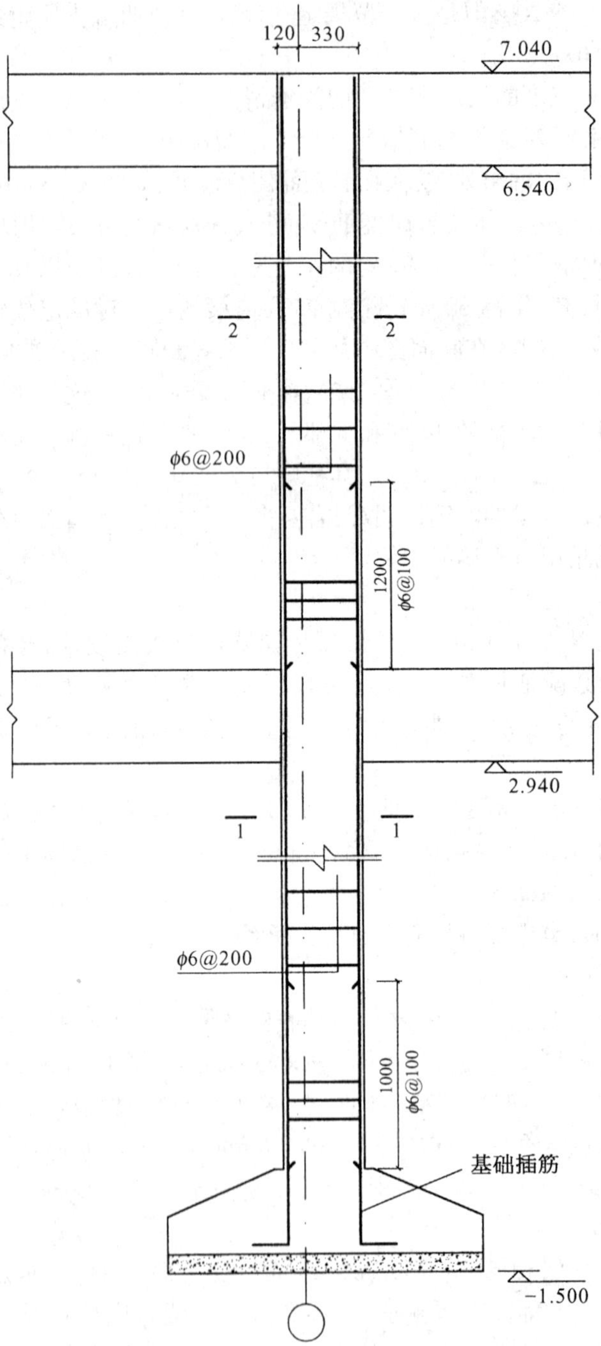

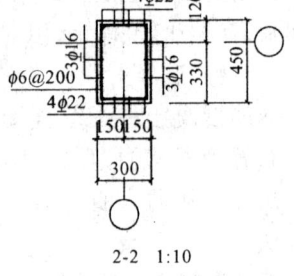

2-2 1:10

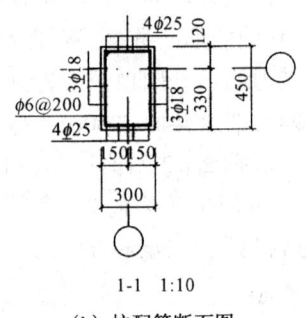

1-1 1:10

Z1配筋图 1:20

(a) 柱配筋立面图 (b) 柱配筋断面图

图 3-39 柱 Z1 的配筋详图

3. 钢筋混凝土板

钢筋混凝土板有预制的和现浇的。预制钢筋混凝土板如果是采用标准图集中的构件，一般不画构件详图，施工时根据标注的型号和标准图集查阅板的尺寸、配筋情况等。如果不是采用标准图集中的构件，则应另绘出构件详图。现浇钢筋混凝土板的配筋图通常通过平面图的形式表达。

在图3-34的二楼结构布置图中，在⑤~⑥和Ⓔ~Ⓓ轴线之间的楼板是钢筋混凝土现浇板，图3-40即是该板的配筋图，为说明方便，将图中的三块板分别标记成甲板、乙板和丙板。

钢筋混凝土现浇板可以分为单向板和双向板。如果主、次梁、墙或者其他的梁底支承结构将现浇板分成矩形的梁格，当梁格的长边和短边之比大于2时，称为单向板，当长短边比等于或小于2时，称为双向板。

按照钢筋混凝土现浇板的受力特点，板的配筋布置在板底和板顶。通常板底的钢筋是通长且沿着板宽和板长方向双向布置的。如果是单向板，荷载将沿板短边方向传递到支承上，因而沿板短边方向配受力筋，沿板长边方向按构造要求配分布筋。板底受力筋在下，与板底面的距离为保护层厚度，分布筋紧挨其上，两者绑扎成共同受力的钢筋网。如果是双向板，荷载将沿板

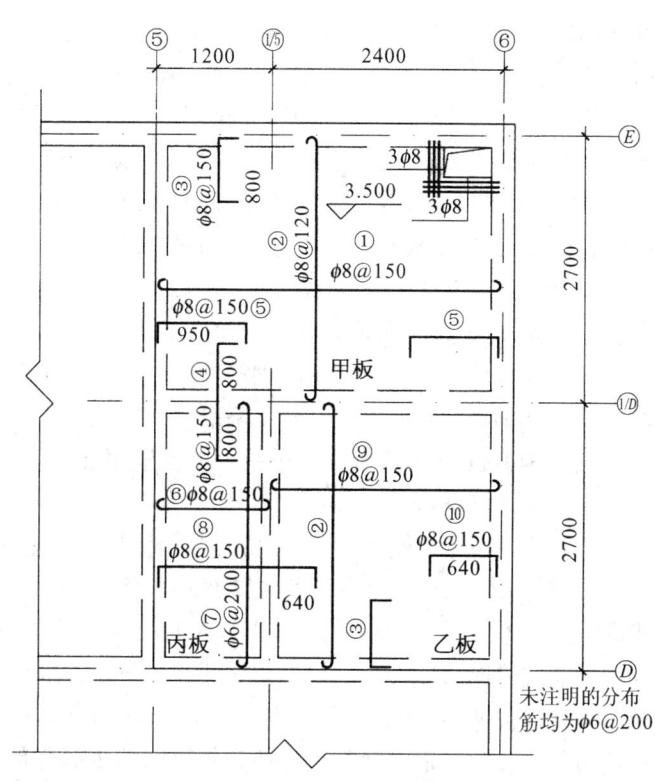

图3-40 钢筋混凝土板的配筋图

两个边的方向传递到支承上，因而需要沿两个方向配置受力筋，形成板底的钢筋网。板顶的受力钢筋（又称为支座钢筋、负筋）布置在支座上，或其他板顶可能会受拉的部位。板顶钢筋按照板的型式（指单、双向板）、尺寸和构造，按设计规范伸出支座一定的距离，该段距离需在图中注明。同时，在板顶受力钢筋布置的范围内，在与其垂直的方向上布置分布筋，该分布筋紧贴支座钢筋，布置在支座钢筋下部，绑扎在一起，形成板顶的钢筋网，板顶受力钢筋的顶面与板顶相距一个保护层厚度的距离。在钢筋混凝土现浇板的配筋图中，区分板顶和板底钢筋可以参见表3-7中的图示和说明。

其次，因为板中的钢筋通常是Ⅰ级钢筋，因此都需要做弯钩。板底的钢筋弯钩为半圆弯钩，弯钩向上。板顶钢筋的弯钩为直弯钩，弯钩向下（图3-6），弯钩长度为板厚扣除保护层厚度（两个保护层厚度），该长度保证了板顶的钢筋网能立在板的顶层上。

图3-40中的板支撑在下部的砖墙上，从图中可以看出砖墙（梁、柱）的布置平面，以及板中钢筋的配置，包括板顶、板底两个方向钢筋的编号、规格、直径、间距和弯钩形状、板顶的

结构标高等。板中每种规格的钢筋只画出了一根,按其立面形状画在相应的安放位置上。每一种钢筋都注明一个编号,如果在不同的板区,配置的钢筋的规格、间距完全相同,可只注明钢筋的编号。

图3-40中的楼板边缘贴紧外墙的边缘,并在内墙的中线上,由支撑的墙体分为三块板(甲板、乙板和丙板)。甲板和乙板为双向板,以甲板为例,长短边之比为:3600/2700=1.33<2。双向板荷载沿水平和竖向方向传递到墙上,板底配置直径为8mm的Ⅰ级钢筋,在两个方向上的间距分别为150mm($\phi 8@150$)和120mm($\phi 8@120$)。$\phi 8@120$在$\phi 8@150$的下边,两者绑扎在一起,形成板底的钢筋网,不再配置分布筋。在板顶,板四边的支座处,配置支座钢筋,支座钢筋做直弯钩,即③~⑤号钢筋,钢筋下部的数字表明钢筋伸出支座的长度,不包括弯钩部分。在③~⑤号钢筋布置的范围内,与其垂直的方向上应布置分布筋,但支座的分布筋一般不画出,但必须在说明中注明。由设计说明可知,未画出的分布筋均为$\phi 6@200$。

在甲板的右上角,有一个洞口,设置了洞口加强钢筋,两个方向分别是3ϕ8,洞口加强钢筋需放在板底,且在板底受力筋①②钢筋的上部。

丙板的长短边之比为:2700/1200=2.25>2,为单向板。单向板荷载沿短边方向传递到支座,因此沿短边方向在板底配置受力筋$\phi 8@150$,与其垂直的方向上配置分布筋$\phi 6@200$。⑩轴线上(沿板长边方向)的支座钢筋为$\phi 8@150$和甲板上的支座钢筋合二为一,在丙板上伸出支座800mm。而短边方向的支座钢筋则因该板跨较小,因此将两个支座钢筋拉通,同时伸进乙板640mm,作为乙板在⑮轴线处的支座钢筋。

(三)楼梯结构详图的识读

常见的民用建筑楼梯,多为钢筋混凝土楼梯。根据楼梯形式不同,有单跑式、双跑式、螺旋式等;根据传力方式不同,分为梁式楼梯和板式楼梯。梁式楼梯[图3-41(a)]是在踏步两侧或中间布置斜梁,而板式楼梯[图3-41(b)]在踏步板下没有斜梁,踏步板的荷载直接传给梯梁。梁式楼梯的梯段板比板式楼梯薄,板式楼梯结构较简单,故跨度不大、荷载不大的普通民用房屋常采用。此外,根据施工方法不同,有装配式钢筋混凝土楼梯和现浇钢筋混凝土楼梯两种。装配式钢筋混凝土楼梯是将楼梯踏步部分预先在工厂做好,然后运到现场,安装在结构上,而现浇钢筋混凝土楼梯则是在现场制作的。本书中将主要给大家介绍现浇钢筋

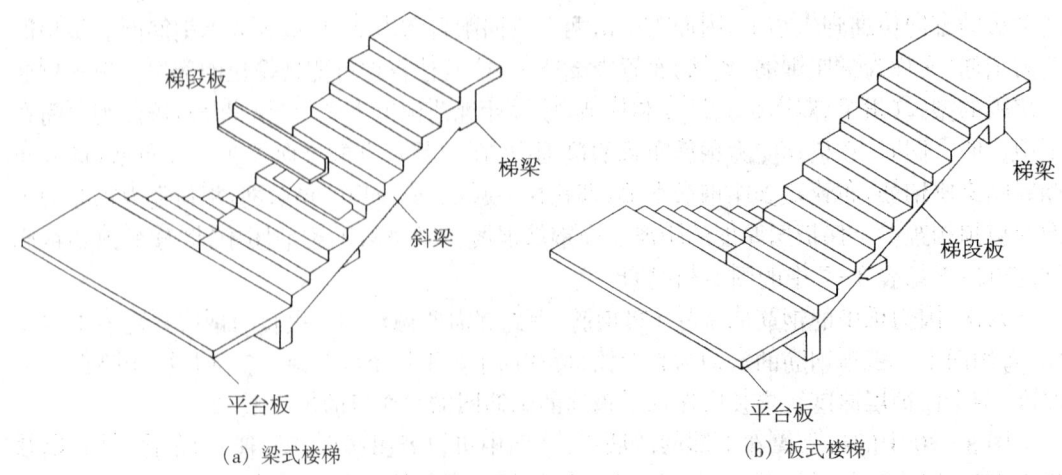

(a) 梁式楼梯   (b) 板式楼梯

图3-41 梁式楼梯和板式楼梯

混凝土板式楼梯施工图的识读。

现浇钢筋混凝土楼梯的施工图一般由楼梯结构布置平面图和构件详图组成。楼梯结构布置平面图需要表示楼梯的形式,梁梁、梯段板、平台板的平面布置。构件详图则主要表示梯梁、梯段板、平台板等楼梯间主要构件的断面形式、尺寸、配筋情况。构件详图的制图方法有两种,断面表示法和列表表示法。其中,由于列表表示法可以减少制图工作量,同时也不影响图纸内容的表示,在近几年开始得到越来越广的应用。

1. 楼梯结构布置平面图

楼梯结构布置平面图又可称为楼梯结构布置图,是假想用一水平剖切平面在上一层的梯梁顶面处剖切楼梯,向下作水平投影绘制而成的,楼梯间结构布置图需要用较大比例绘制。如果每层的楼梯结构布置不同,则需画出所有楼层的楼梯结构布置图,否则,楼梯结构布置相同的楼层只用一个结构布置图表示即可。但是,底层和顶层楼梯必须要画结构布置图。图 3-42 是某办公楼的楼梯间结构布置图。

楼梯结构布置图主要表示梯段板、梯梁的布置、代号、编号、标高及与其他构件的位置关系。从图 3-42 可以看出,该幢结构的楼梯是双跑楼梯,三层结构,有四段梯段板,编号分别是 TB1~TB4,TB1 有 12 级踏步,TB2 有 12 级踏步,TB3 有 11 级踏步,TB4 有 13 级踏步,每级踏步宽 300mm,而踏步的高要在构件详图中表达。根据图中画出的梯段走向,可以看出该楼梯是左上右下。在梯段板的两端是梯梁,梯梁的代号是 TL,因为梯段板的两端只有一种梯梁,其编号均为 TL1。楼梯平台都是现浇的,编号为 TPB1,平台板的两端分别是梯梁 TL1 和 TL2,TL2 嵌固在墙体内。在二层和三层楼面上,楼梯平台是一块预制钢筋混凝土楼板 YKB-7-33-2。

楼梯结构布置图中也画出了定位轴线及其编号,定位轴线及其编号和建筑施工图是完全一致的。由于楼梯结构平面图是设想沿上一层楼层梯梁顶剖切后所作的水平投影,剖切到的墙体轮廓线用粗实线表示;楼梯的梁、板的可见轮廓线用中实线表示,不可见的用中虚线表示;墙上的门窗洞不在楼梯结构布置图中画出。

2. 楼梯构件详图　断面表示法

断面表示法是楼梯构件详图的一种类型,它将楼梯结构中各构件的断面配筋详图一一画出。图 3-43 是用断面表示法表示的某办公楼楼梯的构件详图,包括四个梯段板和梯梁、平台板的配筋和模板图。

从图中可以看出,该楼梯结构详图绘出了楼梯中所有构件的断面图,较详细和直观地反映了这些构件的外形尺寸和配筋情况。如 TB1,每一级踏步的尺寸宽 300mm,高 150mm,一共有 11 级踏步,该梯段的高度是 $12 \times 150 = 1800$mm,长度是 $(12-1) \times 300 = 3300$mm,板厚是 150mm。该梯段底部的标高是 -0.040m,顶部的标高是 1.760m,高差 1.8m,和标注的梯段高度相符。该梯段下部是基础梁,基础梁下是基础,基础梁的底部标高是 -0.390m,说明基础梁的高度为 350mm。

梯段板按板进行配筋,但梯段板是两端支撑在梯梁上,是比较典型的单向板,因此在板底沿梯段长度方向配置纵向受力钢筋,与其垂直的方向只需按构造配置板底分布筋,在支座附近配置板顶支座受力筋,一般只需在四分之一板跨的长度范围内配置,同时在与其垂直的方向配置板顶分布筋。只是梯段板钢筋弯钩形式与普通楼面板配筋有所不同。

TB1 的下部纵向钢筋为 $\phi10@100$,通长布置,两端分别锚入基础梁和梯梁 TL1 中,锚入

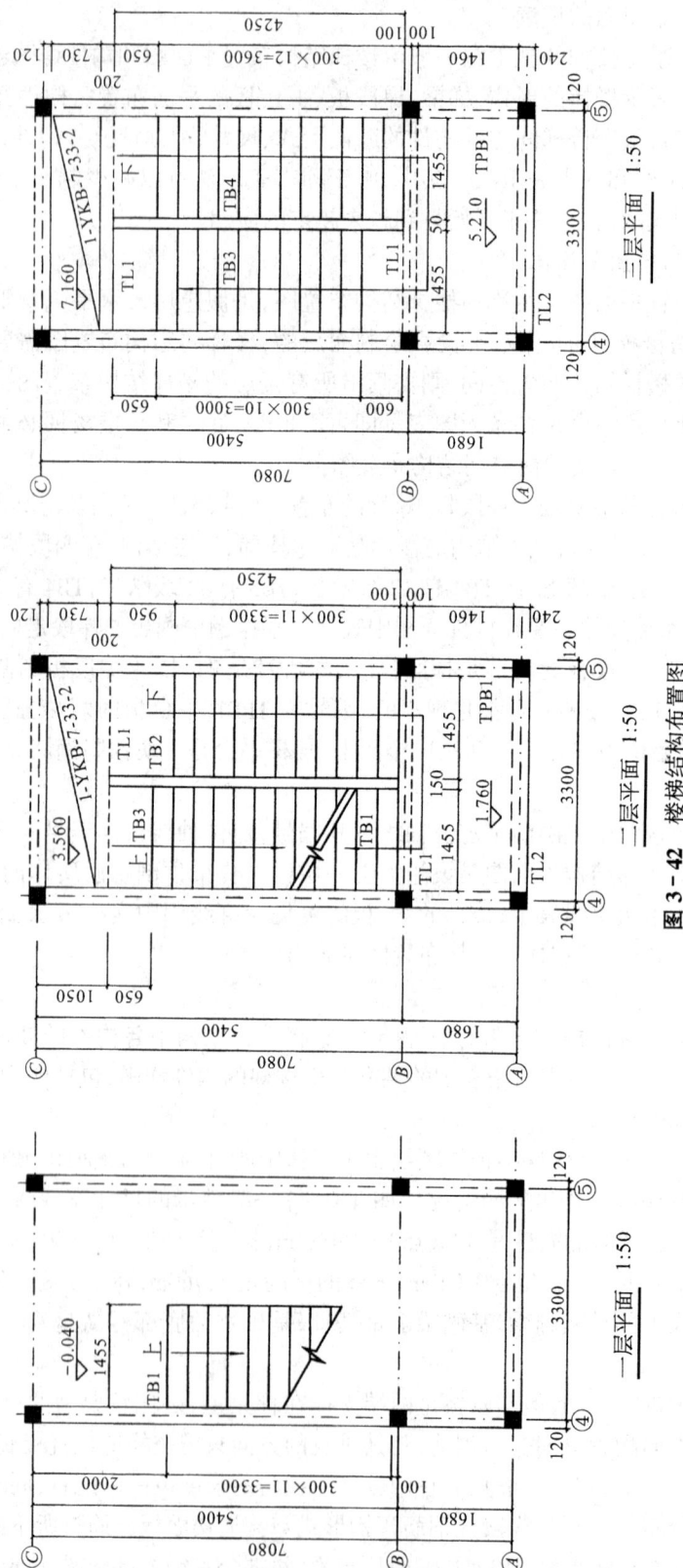

图 3-42 楼梯结构布置图

第三节 主体工程结构施工图

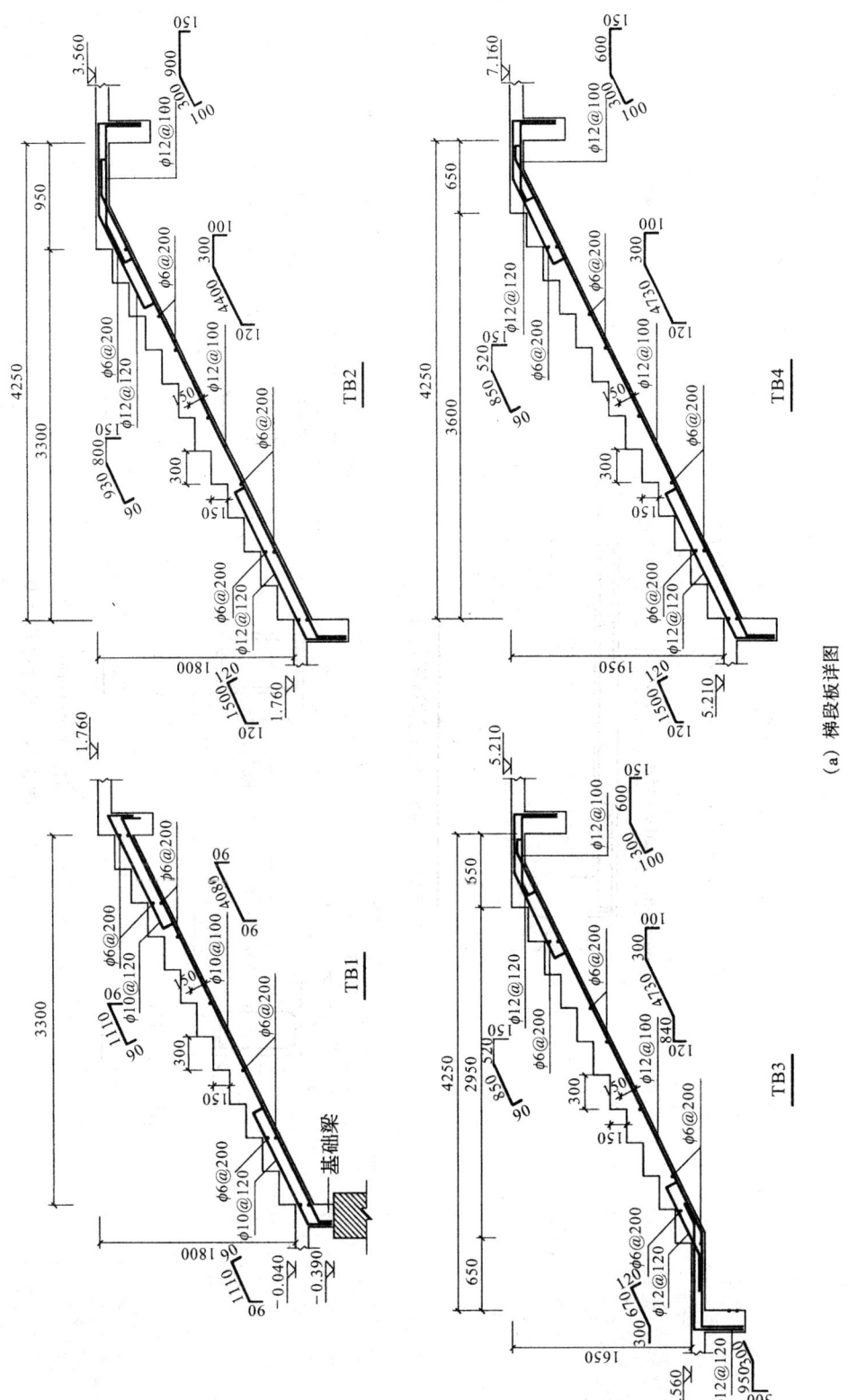

(a) 梯段板详图

114　第三章　结构施工图

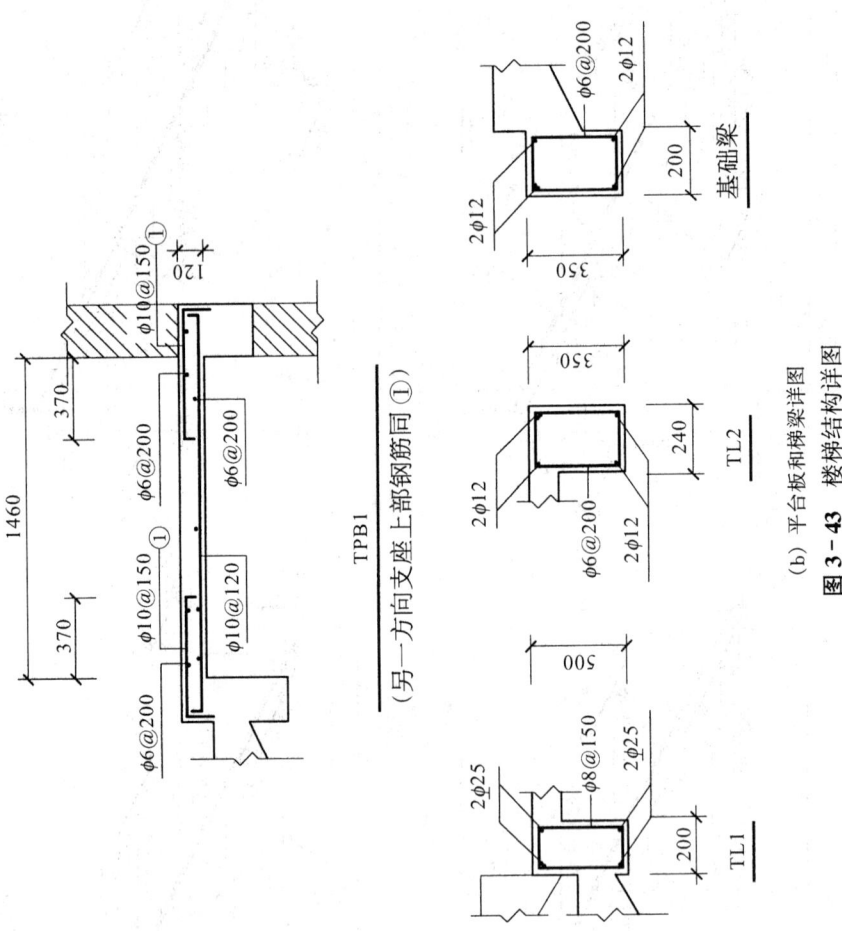

(b) 平台板和梯梁详图

图 3-43　楼梯结构详图

的长度是工程师根据规范确定的,这里为了明确该根钢筋的长度和各段的尺寸,在钢筋的标注旁画出了钢筋的示意大样,在大样中标出了钢筋各段的尺寸。梯段板下部横向分布钢筋为 $\phi 6@200$,在梯段板长度范围内均匀布置,该钢筋的长度即为板宽减去保护层厚度,因此没有将该钢筋的示意大样画出。板的上部支座钢筋均为 $\phi 10@120$,不需要通长布置,只需要分别在板长的四分之一处布置,因此同样在钢筋的标注旁画出了钢筋的示意大样,在大样中标出了钢筋各段的尺寸。上部横向分布钢筋也为 $\phi 6@200$,只需布置在 $\phi 10@120$ 配置的范围内,因此在板跨中间,上部没有配置任何钢筋。

由于构件布置的需要,TB2 和 TB4 的上部有一平直段,TB2 的平直段为 950mm,而 TB1 为 650mm。TB3 则在上部和下部都有一平直段,上下平直段的长度均为 650mm。有平直段的梯段板配筋和普通梯段板稍有不同,以 TB3 为例,下部平直段,板的上部有两根钢筋是搭接的,上部平直段,板的下部有两根钢筋是搭接的。搭接钢筋之间,直径和数量都完全相同,搭接长度和构造都是按照规范确定的,因此同样画出了钢筋大样的示意,以明确各段钢筋的尺寸。

平台板 TPB1 尺寸和配筋情况,也是通过板的断面配筋图来表示的。从图 3-43(b)的 TPB1 板断面配筋图中可以看出该平台板厚度为 120mm,板的两端支撑在梁上,板的净跨度是 1460mm。如果结合楼梯结构布置图则可以知道,左边的梁是 TL1,右边的梁是 TL2,平台板的另两端支撑在墙上。由于该平台板是单向板,板底受力钢筋是 $\phi 10@120$,另一方向的分布钢筋是 $\phi 6@200$。板上部支座受力钢筋是 $\phi 10@200$,图名下的标注"另一方向支座上部钢筋同①",指的是该平台板在墙上的支座处,上部钢筋仍是 $\phi 10@200$,亦即沿板的四周配置都 $\phi 10@200$,同时在与受力钢筋垂直的方向上,还配有分布钢筋 $\phi 6@200$。

TL1、TL2 和基础梁的详图同样表明了这些梁的断面尺寸和配筋情况。由于这些梁的断面形状和配筋比较简单,在此就不再赘述了。

3. 楼梯构件详图—列表表示法

在断面表示法中,所有构件都必须通过断面图来表示构件的形状、尺寸和配筋,这样做的好处是表达直观,但缺点是作图工作量大,特别是在构件的数量和种类比较多的时候。在图 3-42 中可以注意到,虽然各构件的尺寸和配筋都不相同,但都遵循一定的规律,如各梯段板之间,踏步的级数可能不同,但形状一致;配筋不同,但钢筋的类型一致,都是由板底纵向受力钢筋、板底分布筋、板顶支座受力筋和板顶分布筋组成;还有梯梁,都是矩形截面,配筋也是由梁顶和梁底的纵向钢筋和箍筋组成。因此,将这些构件共同的特点,如基本形状和配筋形式用图形表达出来,将不同之处用符号或代号表示,然后以列表的方式将各构件中这些符号或代号对应的具体数值用列表的方式表达,就可以明确各构件尺寸、配筋等的详细情况,同时,大大减少了绘图的工作量。如图 3-44 就是对应于图 3-43 的、用列表表示法表达的楼梯构件详图。

从图中可以看出,列表表示法首先将楼梯构件整体上分成梯段板和梯梁两大类,其中将梯段板又分成了五种,分别用大写字母表示,A 表示没有平直段的梯段板,B 表示上部有平直段的梯段板,C 表示下部有平直段的梯段板,D 表示上下都有平直段的梯段板,而平台板亦被归为梯段板中,用 E 来表示。这五种梯段板几乎可以囊括所有的梯段板形式。梯梁通常是矩形断面,且配筋形式基本相同,基础梁或墙与梯梁不同,因此将其断面图和配筋形式单独表示。

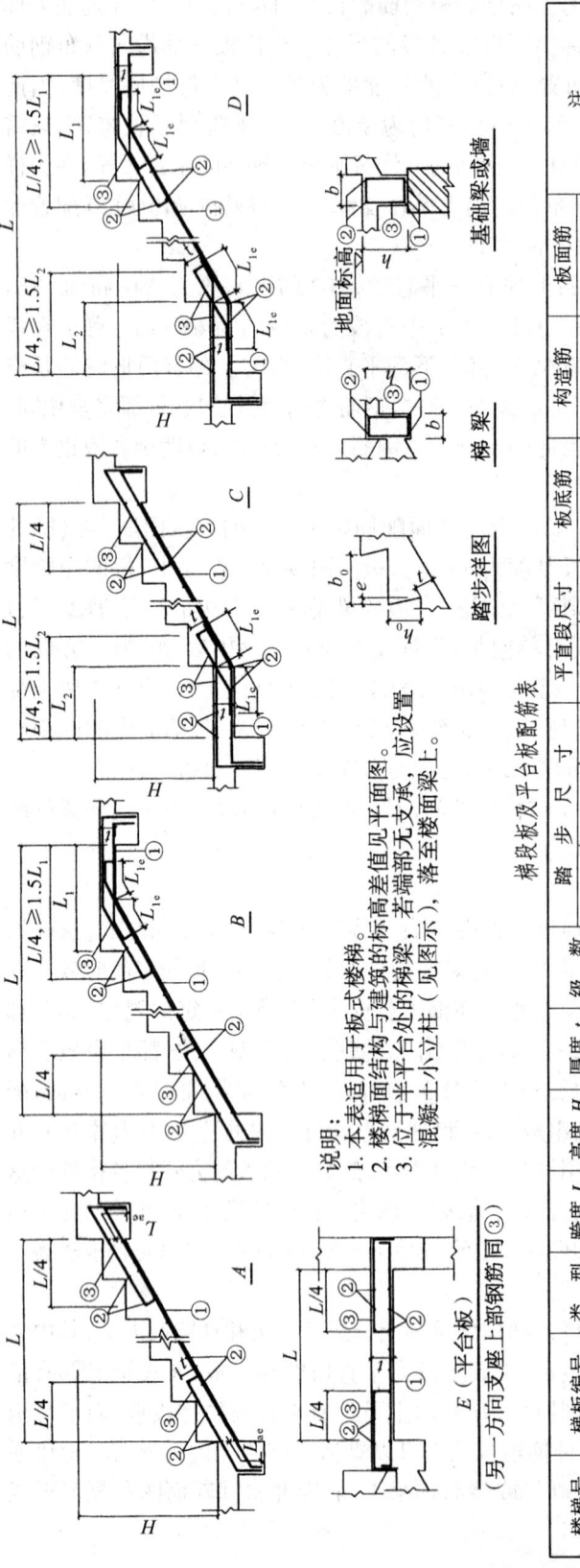

图 3-44 楼梯构件详图的列表表示法

在几种梯段板的示意图中,梯段板的跨度和高度、厚度分别用 L 和 H、t 来表示,上部和下部的平直段长度则分别用 L_1 和 L_2 表示,踏步的形式及尺寸则用一个踏步详图表示,图中踏步高、宽及底部凹进的尺寸分别用 h_0、b_0、e 表示。梯段板的配筋则分成三种:板底纵向受力筋①、板底和板顶的构造钢筋②、板顶支座受力筋③,对于有平直段的梯段板也不例外。其中,支座钢筋伸出支座在板内的水平投影长度为板跨度的四分之一,而各钢筋锚固在支座中的长度则用 L_{ae} 表示,B、C、D 类板搭接钢筋的搭接长度用 L_{1e} 表示。L_{ae} 和 L_{1e} 分别是规范规定的钢筋锚固长度和搭接长度,根据图中的设计说明,L_{ae} 和 L_{1e} 均按照标准图集中的规定取用。因此,只要梯段板的种类和跨度 L、钢筋直径和数量确定,则各钢筋的形状和尺寸就随之确定,不需要再画钢筋的示意大样。

图 3-43 中办公楼的楼梯,有四种梯段板和一个平台板,它们的断面形状可以通过图 3-44 中的梯段板断面图来表示,具体的尺寸和配筋则用列表的方式一一说明。如 TB1,属于 A 类,断面及配筋形式如图中梯段 A 的断面图所示。其中,TB1 跨度 L 为 3300mm,高度 H 为 1800mm,板厚度为 150mm,一共有 12 级,踏步宽 b_0 为 300mm、踏步高 h_0 为 150mm,踏步底部没有凹进,因此 e 为 0,另 TB1 不带平直段,因此 L_1 和 L_2 均为 0。配筋情况则为:板底筋①为 $\phi 10@100$,板底和板顶的构造钢筋②为 $\phi 6@200$,板面支座受力筋③为 $\phi 10@120$。再如 TB3,板上部和下部都有平直段,属于 D 类梯段板,板跨度 L 为 4250mm,高度 H 为 1650mm,板厚度仍为 150mm,一共有 11 级,踏步宽 b_0 为 300mm、踏步高 h_0 为 150mm、底部没有凹进,因此 e 为 0,和 TB1 等都相同。板上部和下部均带平直段,平直段长度 L_1 和 L_2 分别为 650mm 和 600mm。配筋情况则为:板底筋①为 $\phi 12@150$,板底和板顶的构造钢筋②为 $\phi 6@200$,板面支座受力筋③为 $\phi 12@150$。对平台板 TPB1,则属于类型 E,板跨度 L 为 1460mm,板厚度为 120mm,没有高度也没有踏步,没有平直段,因此级数、踏步宽 b_0、踏步高 h_0、底部凹进 e 为 0,平直段尺寸 L_1 和 L_2 均为空。配筋情况则为:板底筋①为 $\phi 10@120$,板底和板顶的构造钢筋②为 $\phi 6@200$,板面支座受力筋③为 $\phi 10@150$。

该楼梯中有两种梯梁和一个基础梁,其断面形状及配筋方式通过图中梯梁断面图来表示,具体的尺寸和配筋也用列表的方式一一说明。如 TL1,梁截面高 h 为 500mm,宽 b 为 200mm,梁全长 L 为 3540mm,配筋情况则为:梁底筋①为 $2\phi 25$,梁面筋②为 $2\phi 25$,箍筋③为 $\phi 8@150$。

因此,从图 3-44 可以看出,楼梯构件详图的列表表示方法将构件类型的断面示意及列表说明结合起来,表达构件断面形状、尺寸和配筋情况,这样做的好处是减少了绘图工作量,表达清楚,不易出错。实际工程中,不论楼梯和楼梯构件数量的多少,只要梯段板及其他楼梯构件的断面形式、配筋方式可以用图 3-44 中的几种梯段类型来代替,就不用一一画出其断面详图和配筋图,只需在列表中增加对应的说明即可,可以节省大量的绘图工作量。但缺点是各楼梯构件的形状和尺寸不能直接通过图形来表达,不够直观。但相比较而言,列表表示法比断面表示法更科学、合理,也容易被工程师接受,因此,正得到越来越广泛的应用。

(四)节点详图

结构的节点详图通常用来表示结构某些比较复杂的细部构造情况及其材料、尺寸和特殊的要求,通常要用大比例绘制。例如,在预制装配式钢筋混凝土楼盖中,板与板、板与梁(或墙)、梁与墙的连接,有时需要用节点详图的形式表达。一般情况下,板与板、板与梁(或墙)、梁与墙的连接只要有足够的长度、坐浆和灌缝,就能满足要求,不必另画安装节点详图。而对于一些有特别要求的连接构造,则应画出安装节点详图以指导施工。图3-45中,由于轴线Ⓒ位于⑤~⑥轴线之间的一段墙上,预应力楼板的敷设比较特殊,走廊上的楼板直接搭在该段墙上,而另一侧房间的楼板没有搭在该段墙上。因此在图3-34中做了详图索引,图3-45即是对应的结构详图。图3-45中,搁置在墙上的预应力楼板伸进墙内约110mm,然后用细石混凝土C20将板和墙之间的缝填实,为了加强楼板和墙的连接,在每个预应力楼板的拼缝间,设置φ6的拉结筋,拉结筋在板内长500mm,端部做直弯钩,伸进墙内60mm,端部做水平直弯钩(水平弯脚),长100mm,拉结筋如图3-46所示。Ⓒ轴线另一侧,预应力楼板没有搭在这段墙上,距离墙边11mm放置,再用C20细石混凝土把这段缝隙填实。同样为了加强楼板与墙的联系,每隔1m在预应力楼板靠近墙的第一个接缝中,设置拉结筋φ6,拉结筋伸进墙内120mm,端部同样做水平弯脚,以钩住墙体。从图中也可以看出,预应力楼板之间的拼缝大致是11mm。图3-45是预应力楼板与墙搭接的两种典型的型式。

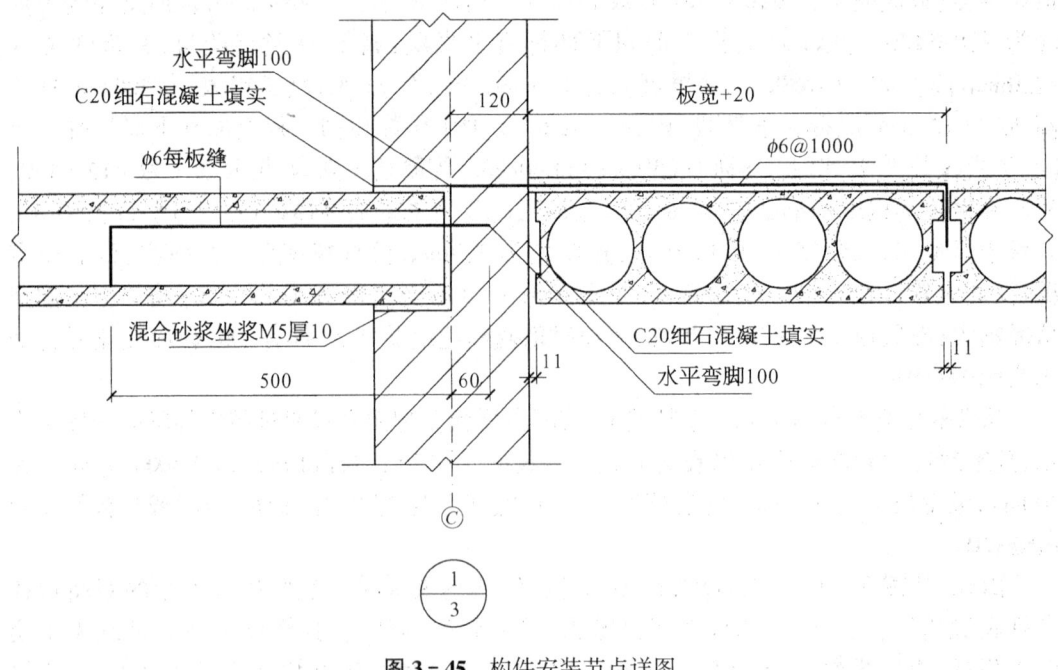

图3-45 构件安装节点详图

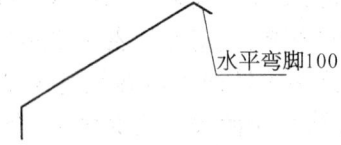

图3-46 拉结筋示意图

装配式楼板和梁的搭接通常有两种方式,一种是直接放在梁上[图3-47(a)],另一种是当梁有梁肩时,放在梁肩上,上表面和梁表面齐平[图3-47(b)]。

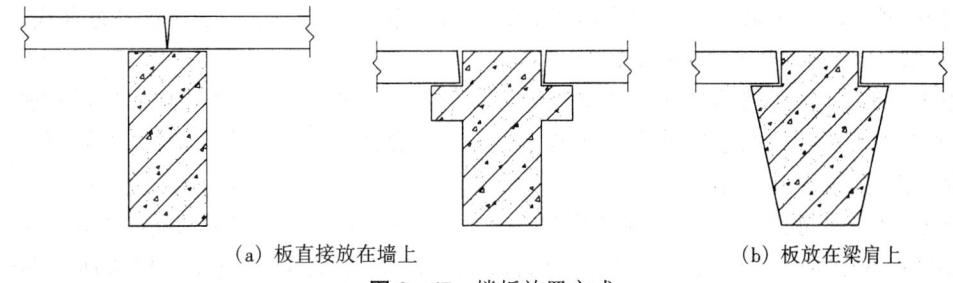

(a) 板直接放在墙上　　(b) 板放在梁肩上

图 3-47　楼板放置方式

当梁直接搁置在墙上时,为避免砖墙局部受压导致破坏,在梁下设置混凝土或钢筋混凝土梁垫(图 3-36),梁垫可以单独做好,提前放在墙上,也可以和梁连在一起做好,都需要在图中画出,或在设计说明中指明。

二、钢筋混凝土结构平面布置图的整体表示法——"平法"制图方法

(一)"平法"制图简介

"平法"制图,即建筑结构施工图的平面整体设计方法,它采用整体表达方法绘制结构布置平面图,把结构构件的尺寸和配筋等信息,整体直接表达在各类构件的结构平面布置图上,再与标准构造详图相配合,构成一套新型完整的结构设计施工图。"平法"制图对我国传统的混凝土结构施工图的设计表示方法作了重大改革,改变了传统的那种将构件从结构平面布置图中索引出来,再逐个绘制配筋详图的繁琐方法,因此大大提高了设计效率,减少了绘图工作量,使图纸表达更为直观,也便于识读,被国家科委列为《"九五"国家级科技成果重点推广计划》项目和被建设部列为 1996 年科技成果重点推广项目。

"平法"制图主要针对钢筋混凝土结构的柱、剪力墙、梁构件的结构施工图表达。下面分别对这几种构件的"平法"制图的基本知识和识图方法进行简要介绍。

(二) 柱"平法"施工图的识读

柱"平法"施工图系在柱平面布置图上采用列表注写方式或截面注写方式绘制柱的配筋图,可以将柱的配筋情况直观地表达出来。

首先,这两种绘图方式均需要对柱按其类型进行编号,编号由其类型代号和序号组成,其编号的含义如表 3-12 所示。

表 3-12　柱编号

柱 类 型	代　号	序　号
框架柱	KZ	XX
框支柱	KZZ	XX
梁上柱	LZ	XX
剪力墙上柱	QZ	XX

如:KZ10 表示第 10 种框架柱,而 QZ03 表示第 3 种剪力墙上柱。

1. 列表注写方式

列表注写方式,是在柱平面布置图上(一般只需采用适当比例绘制一张柱平面布置图,包括框架柱、框支柱、梁上柱和剪力墙上柱),分别在同一编号的柱中选择一个(有时需要选择几个)截面标注几何参数代号;在柱表中注写柱号、柱段起止标高、几何尺寸(含柱截面对

轴线的偏心情况)与配筋的具体数值,并配以各种柱截面形状及其箍筋类型图的方式,来表达柱"平法"施工图,如图3-48所示。

图3-48是某高层框架柱从轴线Ⓑ~Ⓓ及轴线①~⑦范围柱按列表方式绘制的柱配筋图,在图中画出该结构的定位轴线及柱的平面布置情况,由于柱的断面尺寸和配筋值均随楼层的变化而变化,因此采用列表形式辅助表达各楼层柱对应的断面尺寸和配筋值。

首先,从图名可以知道,这张施工图适用于①~⑦轴线和Ⓑ~Ⓓ轴线范围内所有的标高从-0.030~59.070m的柱,表"结构层楼面标高、结构层高"标明了该建筑包括地下和地上各层的结构层楼(地)面标高、结构层高及相应的结构层号。中间粗实线则突出表达了本张施工图对应的结构楼层号。因此,我们可以知道,该建筑是一幢地上16层、地下2层的建筑,屋顶高度大致是65.7m,大部分楼层的层高为3.6m,而本张施工图表示从1层到16层的柱,标高从-0.030~59.070m。

该结构在此范围内的柱共有两种,编号为KZ1的框架柱和编号为LZ1的梁上柱。各种编号柱的平面和立面布置、截面、配筋等信息,均通过图中的"柱表"来表达。表中,"柱号"栏内是柱的编号KZ1,"标高"栏内表明了柱在建筑高度上的布置,KZ1在不同的标高截面尺寸、配筋均有所不同,例如从-0.030m到19.470m,即从第一层到第六层是750mm×700mm,第七层到第十一层,柱子的截面变为650mm×600mm,第十二层到顶层,柱子的截面又变为550mm×600mm,相应的配筋也有变化。

此外,KZ1的中心不是正好对正定位轴线,因此,有必要将柱相对于定位轴线的关系在图中注明,在柱的截面宽度方向用b_1和b_2表示,$b_1+b_2=b$,截面高度方向用h_1和h_2表示,$h_1+h_2=h$。表中明确各个柱b_1、b_2、h_1、h_2的具体数值,将表中各代号具体的数字和图中各代号标注的位置一一对应,就可以知道每根柱在不同的楼层上具体的布置方式和位置。对圆截面,截面尺寸用直径d表示,和定位轴线的关系也用b_1和b_2、h_1和h_2表示,并且,$b_1+b_2=h_1+h_2=d$。

不同的柱配筋不同,但"柱列表注写方式"将柱中的钢筋分成以下几类:纵向钢筋分为角筋、b边一侧中部筋、h边一侧中部筋,以及横向钢筋,即箍筋。这样,对于纵向钢筋,将每一根柱三种钢筋配置的规格、直径、根数列在柱表中,就可以对各个柱纵向钢筋的配置情况一目了然。如果为圆柱,则表中角筋一栏注写的就是圆柱的全部纵筋,b边一侧中部筋和h边一侧中部筋则无表中数据。

箍筋的配置稍复杂,因为柱箍筋的配置有很多情况,不仅和截面的形状有关系,还和截面的尺寸、纵向钢筋配置有关。因此,在图3-48中,列出了该结构中可能出现的箍筋的各种形式,并分别予以编号:类型1、类型2,直到类型8,其中类型1是多肢箍,用($m×n$)说明箍筋的肢数,其中m对应宽度b方向箍筋的肢数,n对应高度h方向箍筋的肢数。类型1的箍筋配置较复杂,因此在下方对类型1的箍筋配置画了示意图以明确,示意图中b方向的肢数为5,可以代表箍筋肢数为奇数时箍筋的配置方式,h方向的肢数为4,可以代表箍筋肢数为偶数时箍筋的配置方式。柱表中,首先要在列出的箍筋形式中明确各个柱箍筋配置的具体类型,还要注明箍筋的级别、直径和间距。如KZ1在标高-0.030~19.470m范围内,箍筋按类型1型式配置,箍筋肢数为5×4,宽度b方向箍筋的肢数为5,高度h方向箍筋的肢数为4。箍筋的直径为$\phi 10$mm,间距是200mm,而在加密区,间距是100mm,用$\phi 10-100/200$表示,斜线"/"前表示加密区箍筋的间距,其后表示非加密区箍筋的间距,如果没有斜线"/",

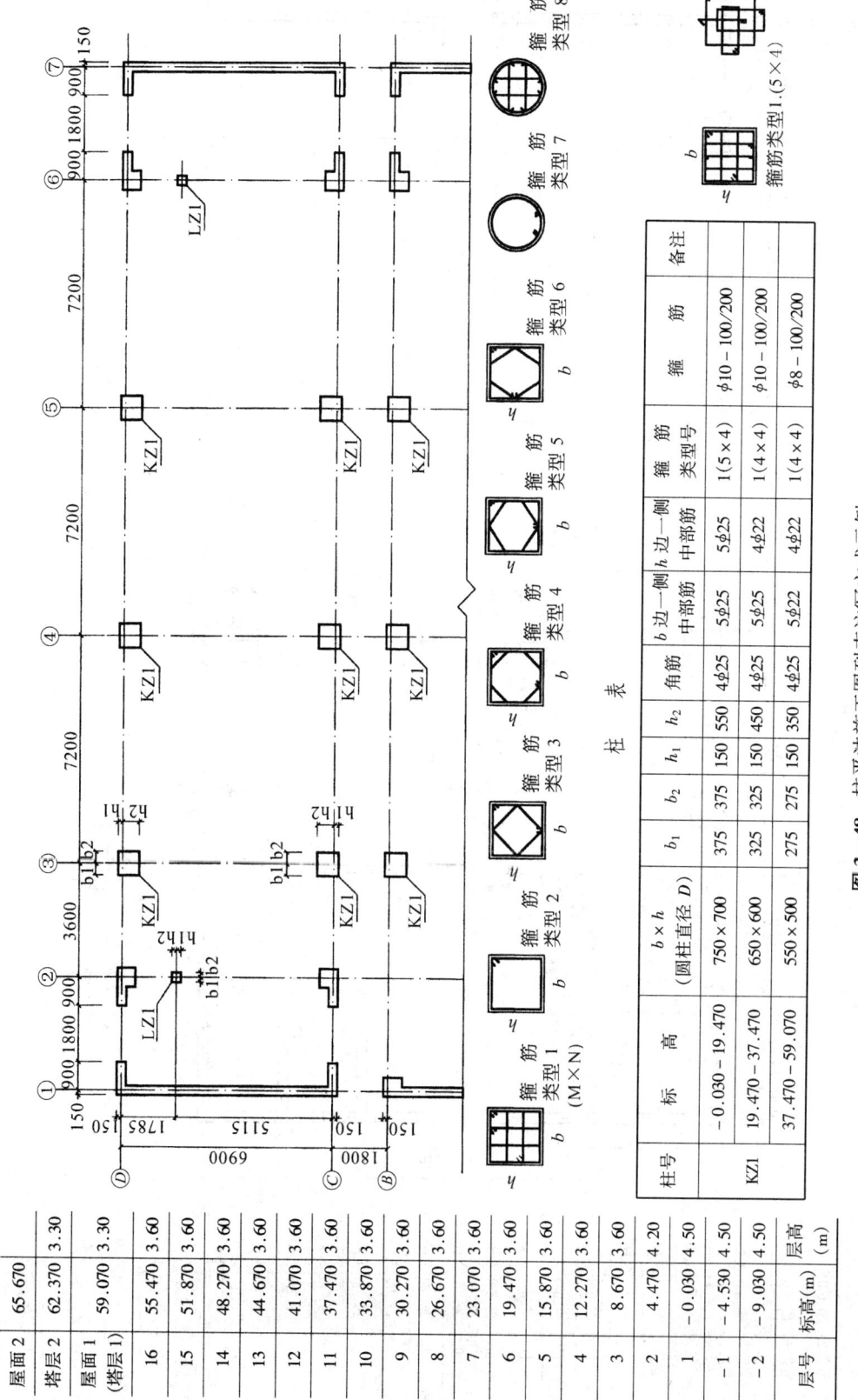

图 3-48 柱平法施工图列表注写方式示例

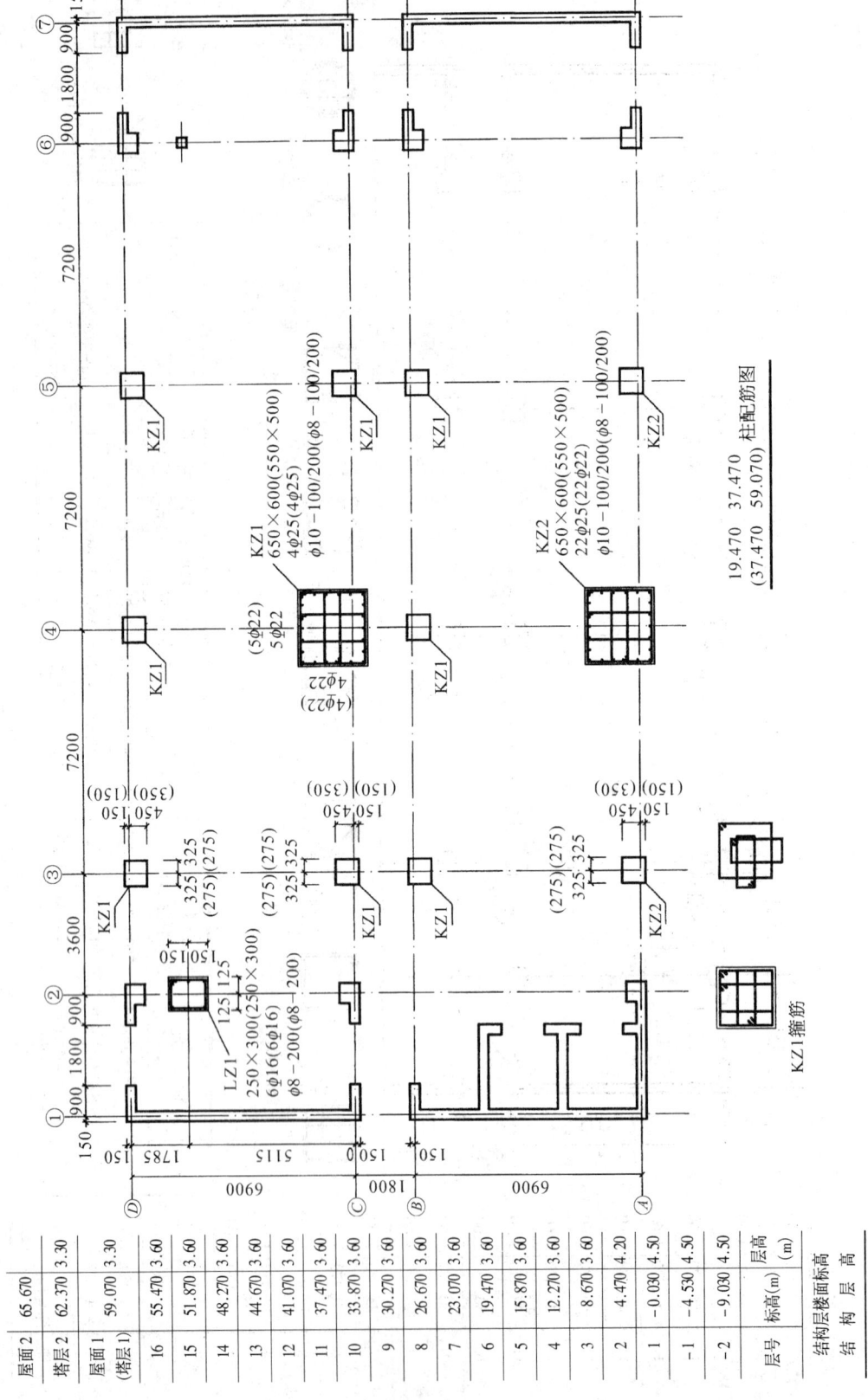

图 3-49 柱平法施工图的截面注写方式

则表示箍筋沿柱全高为同种间距。如在标高 19.470~37.470m 范围内,也为类型 1,箍筋肢数为 4×4,箍筋的直径和间距为 $\phi10-100/200$。在标高 37.470~59.070m 范围内,也为类型 1,箍筋肢数为 4×4,箍筋的直径和间距为 $\phi8-100/200$。在"平法"制图中,已将表示钢筋间距的"@"用"-"代替。

如果在圆柱的箍筋表达式前有 L$\phi10-100/200$,则表示该圆柱采用的螺旋箍。

2. 截面注写方式

截面注写方式则在柱平面布置图上,在同一编号的柱中选择一个截面,直接在截面上注写截面尺寸和配筋的具体数值,图 3-49 是截面注写方式的例图。

柱的截面注写方式平法施工图采用双比例绘制,在柱平面布置图上直接注明各柱段的断面和配筋情况。

图 3-49 是某结构从标高 19.470m 到 59.070m 的柱配筋图,即结构从六层到十六层柱的配筋图,在结构楼层表中,这段楼层用粗实线注明。由于在标高 37.470m 处,柱的断面及配筋数量发生了改变,但截面型式和配筋方式没变。因此,这两部分的柱可以通过一个柱平面图表示,但具体的截面尺寸和配筋数值需要分别注写,因而将图中的柱分成 19.470~37.470 和 37.470~59.070 两段注写有关的尺寸和数字。由于在图名中,37.470~59.070 是写在括号里的,因此在柱平面图中,括号内注写的尺寸和数字对应的就是标高从 37.470~59.070m 范围内的柱。

在图 3-49 中,首先画出了定位轴线及柱相对于定位轴线的相对位置。柱的截面注写方式配筋图采用双比例绘制,首先,对结构中的柱进行编号,将具有相同截面、配筋型式的柱编为一个号,从中挑选一个柱截面,在其所在的平面位置上放大,标注尺寸及绘制配筋图。标注文字中,主要有以下内容:

(1) 柱截面的尺寸 $b \times h$,如 KZ1 的 650×600(550×500),说明在标高 19.470~37.470m 范围内,KZ1 的截面尺寸为 650×600,标高 37.470~59.070m 范围内,柱截面尺寸为 550×500。

(2) 柱的定位尺寸,即柱相对于定位轴线的距离。在截面注写方式中,对每根柱与定位轴线的相对关系,不论柱的中心是否经过定位轴线,都要予以明确的尺寸标注,这和列表注写方式完全一样,所不同的是这里直接画在图上,相同编号的柱如果只有一种放置方式,就可只标注一个。括号内的尺寸对应的是标高从 37.470~59.070m 范围内的柱。

(3) 柱的配筋情况,包括纵向钢筋和箍筋的配置。纵向钢筋的标注主要有两种方式,第一种方式如 KZ1,其纵筋有两种规格,因此将纵筋的标注分为角筋和中间钢筋分别标注,集中标注中的 4ϕ25(4ϕ25),指的是截面四角的角筋配置。截面的宽度 b 方向上标注的 5ϕ25(5ϕ22),和截面高度 h 方向上的 4ϕ22(4ϕ22),说明了在截面宽度 b 和截面高度 h 方向上的中间配筋情况。KZ2 和 LZ1 的纵筋都是同一规格,因此在集中标注中将所有纵筋的数量和规格注明,如 KZ2 的 22ϕ25(22ϕ22),对应配筋图中纵向钢筋的布置图,可以很明确地确定 22 根 ϕ25 或 ϕ22 的放置位置。箍筋的型式直接通过截面图表达出来,如果仍不能很明确,则可单独画出箍筋的大样,对箍筋规格、间距的标注的含义和列表注写方式中完全一样,不同的是这里是直接标注在截面配筋图上,而不是写在表里。

柱采用"平法"制图方法绘制施工图,可直接把柱的配筋情况注明在柱的平面布置图上,简单明了。但在传统的柱立面配筋图中,可以看出纵向钢筋的锚固长度及搭接长度,而在柱

"平法"施工图中,则不能直接在图中表达这些内容。实际上,钢筋的锚固长度及搭接长度有统一的规定,主要是根据钢筋的级别及直径确定,如表3-13和3-14所示。

表3-13 纵向受拉钢筋的最小锚固长度 l_{ae} 及 l_a

钢筋种类		一、二级抗震时 l_{ae}				三、四级抗震时 $l_{ae}=l_a$				
		混凝土强度等级				混凝土强度等级				
		C20	C25	C30C35	≥C40	C15	C20	C25	C30C35	≥C40
Ⅰ级钢筋		35d	30d	25d	25d	40d	30d	25d	20d	20d
月牙纹	Ⅱ级钢筋	$\frac{45d}{50d}$	$\frac{40d}{45d}$	$\frac{35d}{40d}$	$\frac{30d}{35d}$	$\frac{50d}{55d}$	$\frac{40d}{45d}$	$\frac{35d}{40d}$	$\frac{30d}{35d}$	$\frac{25d}{30d}$
	Ⅲ级钢筋	$\frac{50d}{55d}$	$\frac{40d}{50d}$	$\frac{40d}{45d}$	$\frac{35d}{40d}$	—	$\frac{45d}{50d}$	$\frac{40d}{45d}$	$\frac{35d}{40d}$	$\frac{30d}{35d}$

注:① 表中Ⅱ、Ⅲ钢筋栏中横线上的数字为钢筋 $d \leq 25$mm 时的锚固长度,横线以下的数字为 $d > 25$mm 时的锚固长度。

② 在任何情况下,锚固长度不得小于250mm。

表3-14 纵向受拉钢筋的最小搭接长度 l_{1E} 及 l_1

一、二级抗震等级	$l_{1E}=1.2l_a+5d$
三、四级抗震等级	$l_{1E}=1.2l_a$
非抗震	$l_1=1.2l_a$

注:当不同直径的钢筋搭接时,其 l_{1E} 及 l_1 值按较小的直径计算。

因此,只要知道钢筋的级别和直径,就可以按规范确定钢筋的锚固长度和最小搭接长度,不一定必须在图中表达出来。施工时,先根据柱的"平法"施工图,确定柱的截面、配筋的级别和直径,再根据表3-13和3-14等其他规范的规定,进行钢筋放样和绑扎。采用柱"平法"制图方法,不用再单独绘制柱配筋立面图或断面图,可以极大地节省绘图的工作量。同时,不影响图纸内容的表达。

(三)梁"平法"施工图的识读

梁"平法"施工图是将梁按一定规律编写代号,将各种代号的梁的配筋直径、数量、位置和代号一起写在梁平面布置图上,直接在平面图中表达清楚,不再单独地画梁的配筋剖面图。梁"平法"施工图主要有平面注写方式和截面注写方式两种,下面分别对这两种注写方式予以介绍。

1. 平面注写方式

梁施工图的平面注写方式在梁平面图上直接标注梁的编号、截面尺寸和配筋直径、数量、位置,如图3-50(a)所示。平面注写方式将集中标注与原位标注结合起来,通过集中标注表达梁的通用数值,如截面尺寸、箍筋配置、梁顶标高等,原位标注表达梁的特殊数值,如梁在某一跨改变的梁截面尺寸、该处的梁底配筋、或增设的钢筋等。施工时,原位标注取值优先。

图3-50(b)是与梁"平法"施工图制图方法对应的传统的表达方法,需要在梁上不同位置做断面图,画出配筋断面图表达梁的截面尺寸和配筋情况。而采用"平法"制图,不需要再画梁的断面配筋图,也不需要在梁平面图上画出断面剖切符号和编号。

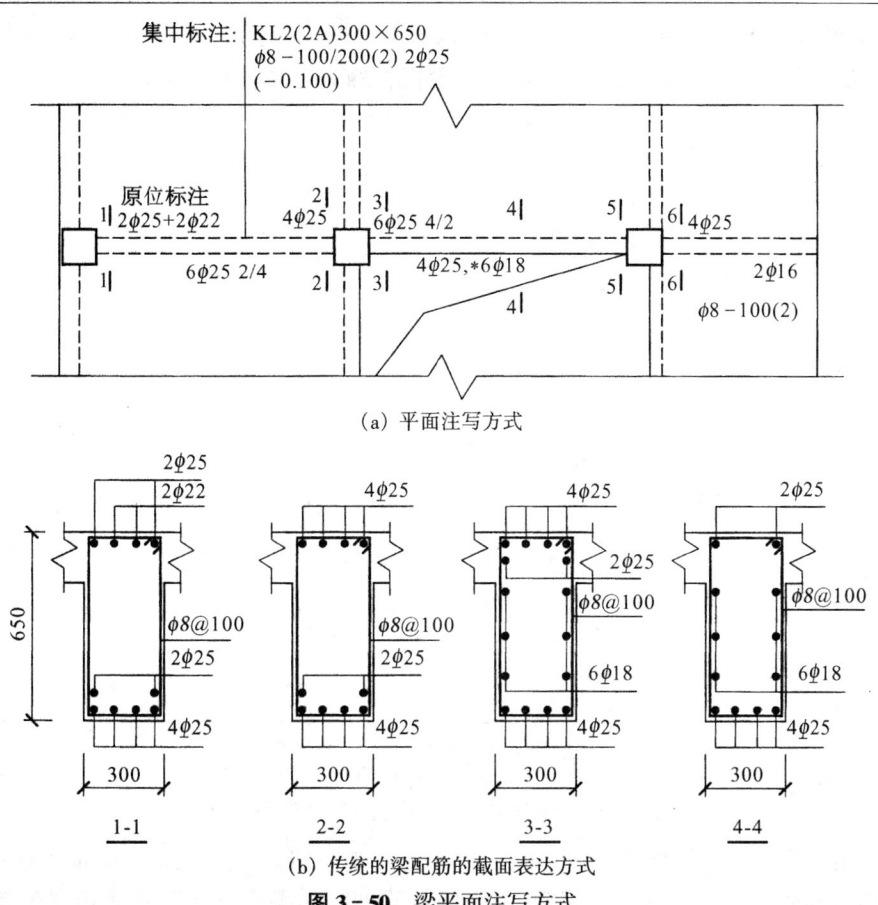

图 3-50 梁平面注写方式

下面对平面注写方式中各符号和数据的含义进行简要介绍。

首先,集中标注中,有以下一些内容:

(1) 梁的编号。如第一行的 KL2(2A),其含义如表 3-15 所示。

表 3-15 梁编号

梁 类 型	代 号	序 号	跨数及是否带有悬挑	备 注
楼层框架梁	KL	**	(**)、(**A)或(**B)	(**A)表示一端有悬挑,(**B)表示两端有悬挑,悬挑不计入跨数。
层面框架梁	WKL			
框支梁	KZL			
非框架梁	L			
悬挑梁	XL			

因此,KL2(2A)表示这根梁是框架梁,序号为2,一共有两跨,还有一端悬挑。

(2) 梁截面。"300×650"表示这根梁宽 300mm, 高 650mm, 并且是等截面的;如为加腋梁时,用 $YC_1×C_2$ 表示, Y 是加腋的标志, C_1 是腋长、C_2 是腋高。如图 3-51(a)中,梁跨中的截面为 300(宽)×750(高),在梁两端加腋,腋长 500mm,腋高 250mm,因此这段梁的截面尺寸表示为:300×750Y500×250。

变截面悬挑梁的端部和根部高度不同时,用斜线分隔根部与端部的高度值,如 $b×h_1/$

h_2，b 为梁宽，梁的宽度一般是不变的，h_1 指梁根部的高度，h_2 指梁端部的高度。如图 3-51(b)中的悬挑梁，梁宽为 300mm，梁的高度从根部的 700mm 减小到梁端部的 500mm。

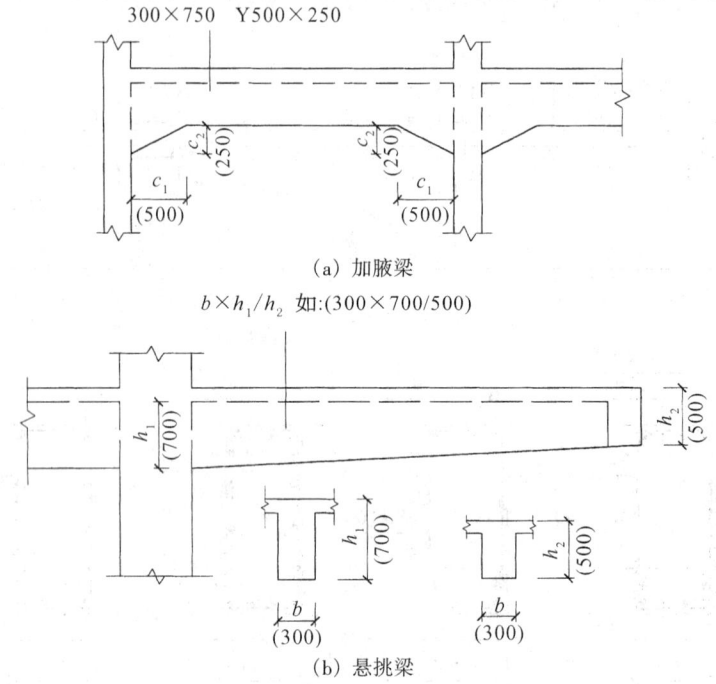

图 3-51　加腋梁及悬挑梁截面尺寸注写示意

(3) 梁箍筋。"$\phi 8-100/200(2)$"，ϕ 表示钢筋级别为 I 级钢，直径为 8mm，100 和 200 分别表示箍筋加密区和非加密区的间距，中间用"/"隔开，如果没有"/"，则表示梁的箍筋没有加密区，全长范围内间距相同。(2)则表示该梁中加密区和非加密区箍筋的肢数均为两肢。另如，$\phi 8-100(4)/150(2)$，则表示，箍筋为 I 级钢筋，直径 8mm，加密区间距为 100mm，四肢箍；非加密区间距为 150mm，两肢箍。

(4) 梁上部贯通筋或架立筋根数和直径。如图 3-50 中集中注写的 $2\phi 25$，表示梁上部有两根通长的直径为 25 的 II 级钢筋，如果是 $2\phi 25+2\phi 12$，则表示同排钢筋中即贯通筋又有架立筋，加号前是角部贯通筋，加号后是架立筋。因为如果是四肢箍，为绑扎固定箍筋，就需要四根贯通纵筋，而梁受力只要求有 $2\phi 25$ 就足够了，为固定箍筋，在贯通纵筋 $2\phi 25$ 之间设两根构造筋 $2\phi 12$。

如果梁的上部纵筋和下部纵筋均为贯通筋，且多数跨相同时，也将梁上部和下部贯通筋同时标注，中间用";"分隔，如 $3\phi 22;2\phi 25$，分号前表示梁上部贯通筋，分号后表示梁下部贯通筋。

(5) 梁顶面标高高差。指梁顶面相对于结构层楼面标高的差值，用括号括起。如图中"(-0.100)"表示该根梁顶面比楼面结构标高矮 0.1m，如果是(+0.100)则表示该根梁顶面比楼面标高高 0.1m。如果两者没有高差，则没有此项。

以上是集中标注的内容，梁原位标注的内容主要有以下几个方面：

(1) 梁的支座上部纵筋的数量、规格和级别，其中包括上部贯通筋，写在梁的上方，并且靠近支座。如图 3-50(a)中第一跨梁左端的上部注写的"$2\phi 25+2\phi 22$"，表示梁在这里上部配置两根直径25mm和两根直径22mm的钢筋,其中,2φ25是上部贯通筋。

上部纵筋多于一排时,用"/"将各排纵筋分开,如6φ25 4/2表示上排纵筋为4φ25,而下排为2φ25,如果是3φ25/2φ22,则表示上排钢筋是3φ25,下排钢筋是2φ22。

梁同排纵筋有两种直径时,用"+"将两种直径的纵筋连在一起,放在角部的纵筋写在前面。如:3φ25+2φ22/3φ22表示梁上排纵筋为3φ25和2φ22,3φ25中有两根放在角部,1φ25和2φ22放在中部,下排还有3φ22。

当梁中间支座两边的上部纵筋不同时,在支座两边均需标注,当梁中间支座两边的上部纵筋相同时,可仅在支座的一边标注配筋值,另一边省去不注,如图3-50中,2和3截面上部纵筋配置不同,均在相应位置注写,而5和6截面的上部纵筋只在6截面注写4φ25,表示在该支座两边的上部纵筋都是4φ25。

(2)梁的下部纵筋的数量、规格和级别:不包括下部贯通筋,写在梁的下方,并且靠近跨中。

下部纵筋多于一排时,用"/"将各排纵筋分开,如6φ25 2/4表示上排纵筋为2φ25,而下排为4φ25,如果是2φ22/3φ25,则表示上排钢筋是2φ22,下排钢筋是3φ25。

梁同排纵筋有两种直径时,用"+"将两种直径的纵筋连在一起,放在角部的纵筋写在前面。如:3φ22/3φ25+2φ22表示梁上排纵筋为3φ22,下排纵筋为3φ25和2φ22,3φ25中有两根放在角部。

如果梁的集中标注中注写了梁上部和下部均为贯通的纵筋值时,则不在梁下部重复做原位标注。

(3)侧面纵向构造钢筋或同抗扭纵筋:图3-50(a)中截面4下部纵向钢筋处标有*6φ18,"*"表示该梁侧面布有抗扭纵筋,两侧各为3φ18,可参见图3-50(b)中的截面3-3和4-4配筋图。

(4)附加箍筋和吊筋:在有主次梁相接的地方,还有附加箍筋或吊筋,也都直接画在平面图的主梁上,并注明配筋值,如图3-52所示。如果多数附加箍筋或吊筋均相同时,在梁平法施工图上统一注明,少数不同时,才有原位标注。

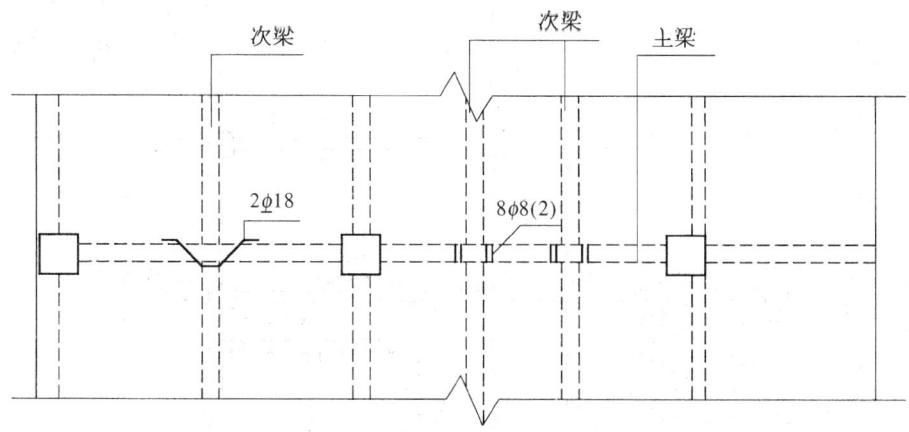

图3-52 附加箍筋和吊筋

(5)如在梁上集中标注的内容,在原位标注中出现,并且与集中标注内容不同时,则表示集中标注中重复的内容不适用于该处,如梁截面尺寸、箍筋、上部贯通筋或架立筋,以及梁顶面标高高差中的某一项或几项数值。

第三章 结构施工图

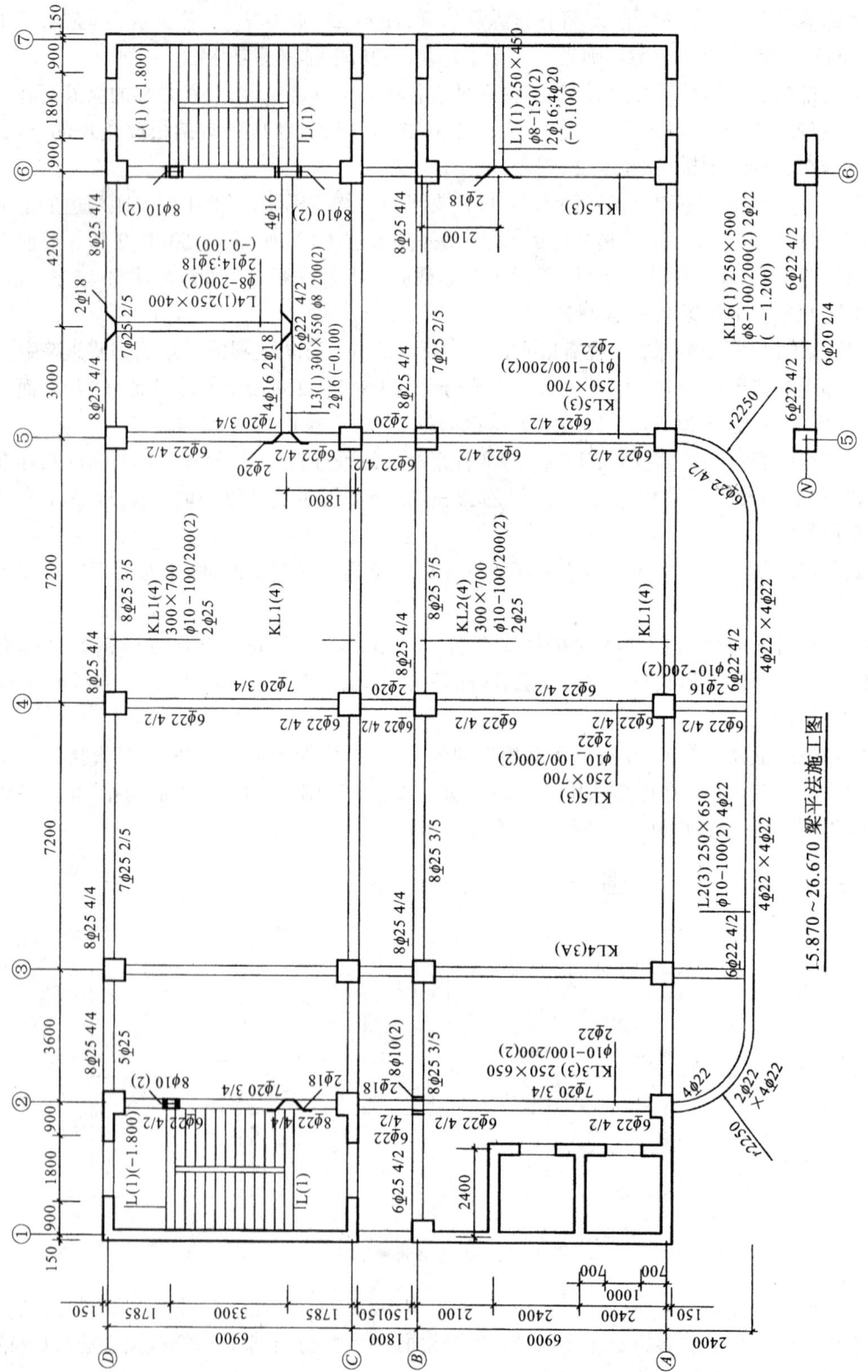

图 3-53 梁平法施工图示例

第三节 主体工程结构施工图

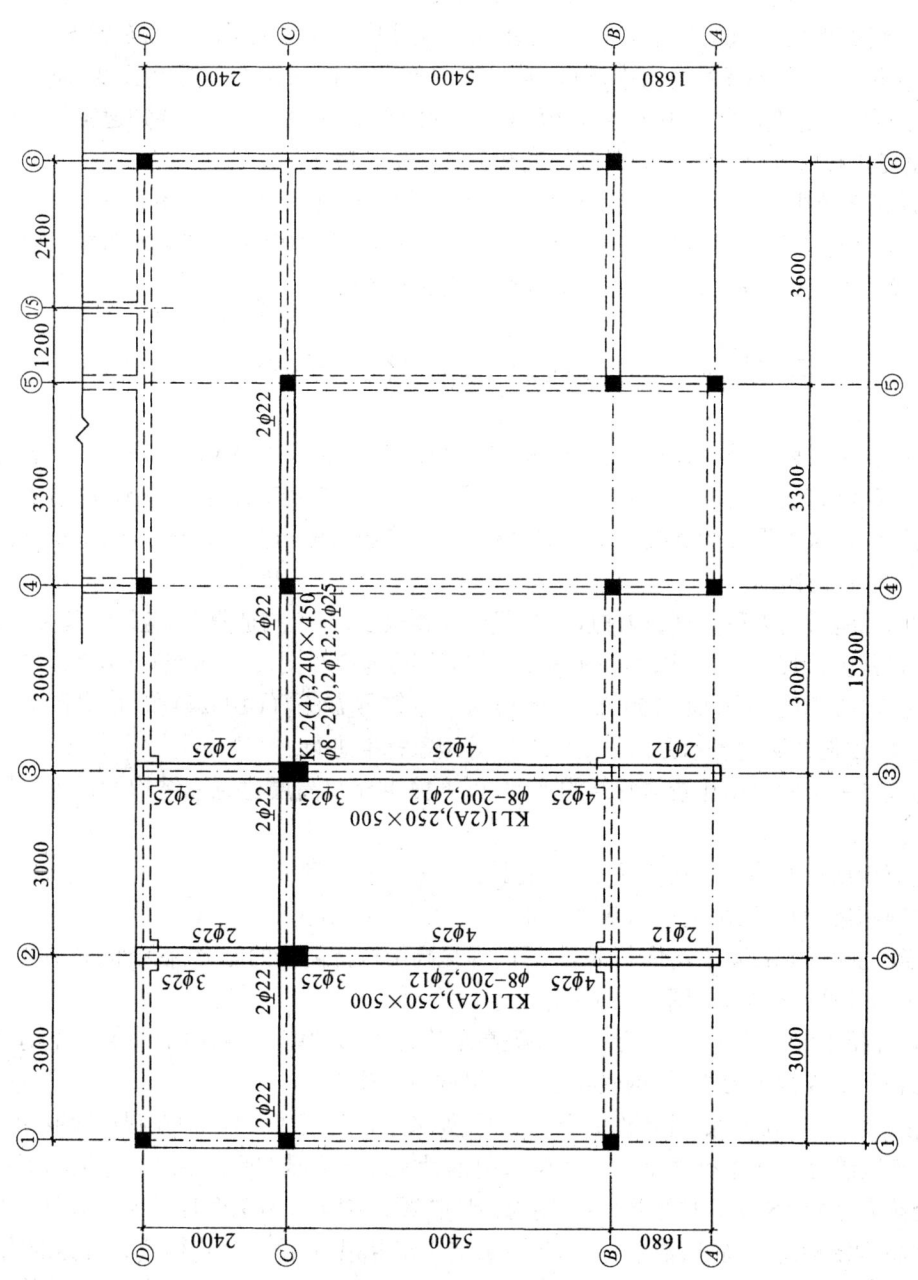

图 3-54 二层楼面梁平法制图配筋图

实例:图 3-53 为采用平面注写方式表达的梁平法施工图示例。

图 3-53 所示为用平法表示的梁配筋平面图,从图中左边的列表可以看出这是一个 16 层框架—剪力墙结构,本图表示结构 5~8 层梁的配筋情况,从表中还可以看出,该结构还有两层地下室,每层的层高和楼面标高,以及屋面的高度。

梁采用"平法"制图方法绘制施工图,直接把梁的配筋情况注明在梁的平面布置图上,简单明了。但在传统的梁立面配筋图中,可以看出纵向钢筋的锚固长度及搭接长度,而在梁"平法"施工图中,不能直接在图中表达这些内容。同柱"平法"制图一样,只要知道钢筋的级别和直径,就可以按规范确定钢筋的锚固长度和最小搭接长度。

图 3-54 是本节中办公楼二层楼面梁采用"平法"制图绘制的梁配筋图,和图 3-38 对比可以看出,在平法施工图中,只需一张图就可以清楚地表达该层楼面上所有梁的布置、编号、截面尺寸、配筋、梁顶面的标高情况,不再需要画详细的配筋图。

第四节 钢结构设计施工图识图方法

钢结构的施工图可以分为设计图(又称 KM 图)和施工详图(又称 KMII 图)两种,前者由设计单位负责编制,表达结构构件的截面形式、布置位置和方式及节点连接情况;而后者则是钢结构的制作厂家在设计图和技术要求的基础上,按造钢结构构件的制作工艺,将设计图进一步细化而绘制的图纸。

钢结构的结构形式多种多样,构件选型和截面种类很多,节点构造复杂,应用的符号、代号及图例形式繁多,因此,钢结构设计图需要按照《房屋建筑制图统一标准》(GB/T50001-2001)、《建筑结构制图标准》(GB/T50105-2001)、《焊缝符号方法》(GBJ324)和《技术制图焊缝符号的尺寸、比例及简化表示方法》(GB12272)等国家标准进行。

高层建筑是钢结构应用比较多的结构类型,以下简单介绍高层建筑钢结构设计施工图的阅读方法。

高层建筑钢结构的结构形式多种多样,主要有以下一些类型:

(1) 纯钢框架,即结构由钢柱和钢梁组成。

(2) 框架-支撑体系,除了钢柱和钢梁以外,为提高结构抗侧移的能力,在结构的某些位置,由下至上布置柱间支撑,如图 3-55 所示。

(3) 钢-混凝土混合结构体系,为进一步提高结构抗侧移的能力,采用钢筋混凝土剪力墙或核芯筒作为主要抗侧力构件,钢框架主要承担重力荷载。

另外,在钢结构中,由于梁、柱构件的形式不同,如采用钢管混凝土柱(即在圆钢管或矩形钢管的内部充填混凝土),还有对梁、柱、支撑采用钢骨混凝土形式(即钢构件外包钢筋混凝土),前者会被称为钢管混凝土柱结构,后者则为钢骨混凝土结构,又称为劲性混凝土结构。

高层建筑钢结构高度高、层数多,大部分楼层结构布置相同,而且节点构造具有标准化、定型化的特点。钢结构设计施工图通常都由下列图纸组成:图纸目录、设计总说明、结构布置图、构件截面表、节点详图、楼板配筋图。

以下分别介绍几种主要图纸的识读。

一、结构布置图

钢结构的结构布置图同样是表明结构构件的布置情况,结构布置图有两种类型,一种是

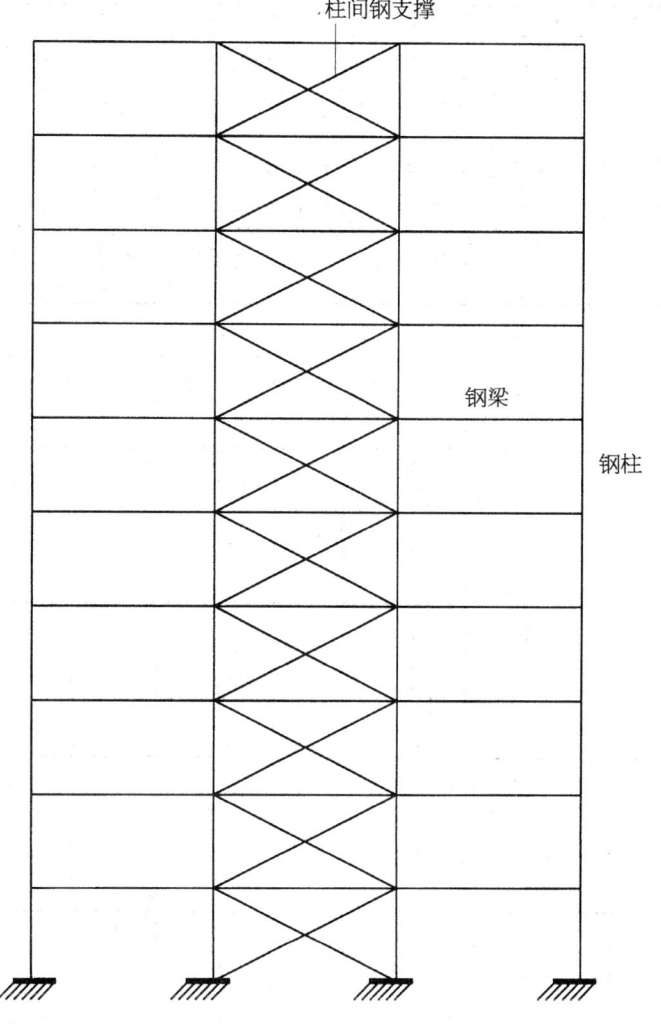

图 3-55 框架-支撑体系示意

按结构的楼层平面,通过结构布置平面图来表达结构构件在平面上的布置情况,主要包括结构构件在当前楼层平面上布置的位置、截面的形状、尺寸,对构件和构件之间的连接节点,由于绘图比例的关系,无法完整表达,但在有的结构平面布置图中,会用图例表示构件的节点连接是铰接还是刚接(图 3-56);另一种结构布置图是取出结构在横向、纵向轴线上的各榀框架,用各榀框架立面图来表达结构构件在立面上的布置情况,这是结构布置立面图。与结构布置平面图相比,结构布置立面图可以比较直观地表达一幢建筑在立面上结构的布置情况,尤其是钢柱、柱间支撑的布置和截面。此外,在钢结构柱制作时,还需要按照结构层高、钢结构加工,特别是运输能力、经济合理等条件,将钢柱分成不同的段进行加工,在结构布置立面图上,可以很直观地表达钢柱的分段情况。但立面布置图无法表达结构次梁的布置情况,还必需要有结构平面布置图。因此,钢结构的结构布置图,通常以结构平面布置图为主,结构立面布置图为辅,有时甚至不画出结构立面布置图,或者只以几榀典型的框架为例,来示意主梁和柱、支撑在钢框架立面上的布置情况。

图 3-56 是某高层钢-混凝土混合结构十九层的结构平面布置图,图中主要表达在该楼

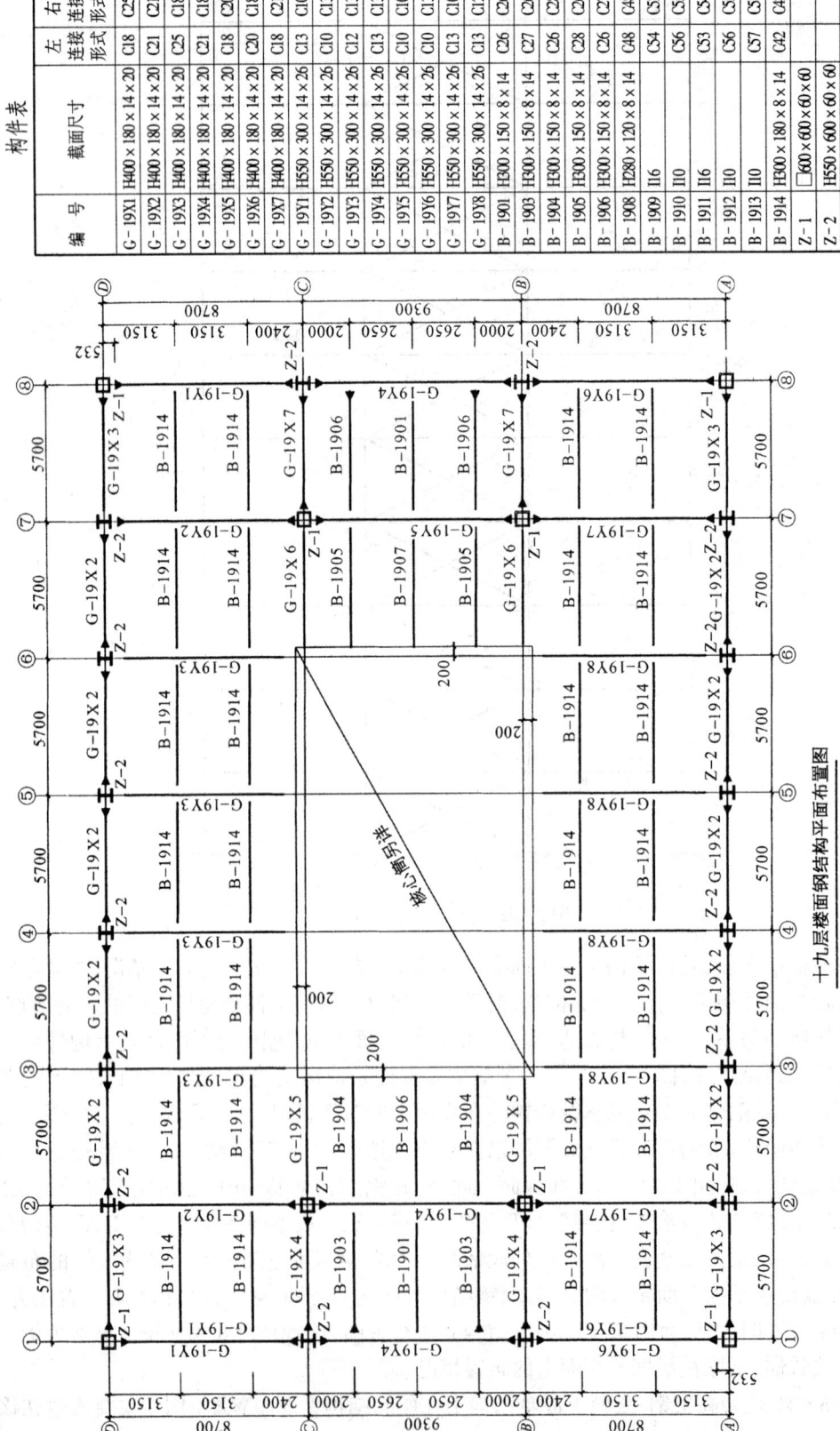

图 3-56 某高层钢-混凝土混合结构平面布置图

层上柱布置的位置、截面形状和编号,梁(包括主梁、次梁)布置的位置、编号、端部连接的方式。该楼层中心是钢筋混凝土核心筒,其施工图另外画出。本图中的柱有两种截面,一种是箱形截面,一种是 H 型钢截面,编号分别为 Z-1 和 Z-2。

梁有主梁和次梁两种类型,主梁是两端支撑在柱、核心筒上的梁,编号以 G 开头,如 G-19X2、G-19Y6 等;次梁的两端支撑在主梁上,编号以 B 开头,如 B-1914。梁的编号没有统一的编制方法,在这里,主梁的编号,如 G-19X2 的含义是:19 表示是 19 层,X 表示该梁平行于纵轴放置;次梁编号,如 B-1914 的含义是:19 表示是 19 层,14 即表示是第 14 种次梁。

在图中,梁端部的符号"————◀"表示梁端与其他构件的连接是刚接,即可以抵抗弯矩的连接,常见于主梁的端部,如果是"———",则表示梁端与其他构件的连接是铰接,即只能承受剪力的连接,常见于次梁和部分主梁的端部。

二、构件截面表

高层钢结构的构件截面一般用列表表示,可以对所有的构件统一编制截面表,也可以随楼层的结构布置图单独编制,如图 3-56 中截面表只是十九层楼面构件截面列表。表中列出了截面编号、截面尺寸(型号),如主梁 G-19X2 的截面型号是 H400×180×14×20,即为 H 型钢(截面尺寸如图 3-57 所示),截面高 400mm,截面宽 180mm,腹板厚 14mm,翼缘厚 20mm。

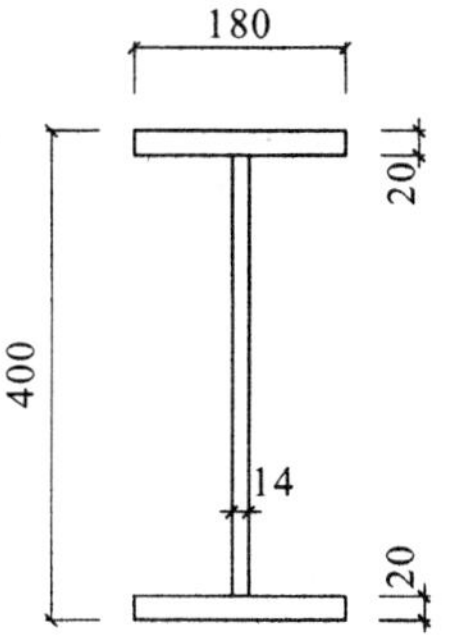

图 3-57 截面尺寸

在截面表中,还标出了梁端节点连接类型,如主梁 G-19X2,左右节点连接型式为 C21;主梁 G-19Y1,由于是平行于横轴放置的,左节点相当于下端的节点,右节点相当于上端的节点,分别是 C13 和 C10;又如次梁 B-1904,左节点型式是 C26,右节点型式是 C28。各对应的节点型式将通过节点详图表达,如图 3-58 所示。

三、节点详图

节点详图表示各钢构件间相互连接关系及其构造特点,是钢结构施工图中重要的内容之一。节点图中包括梁与柱的连接、主梁与次梁的连接、柱与柱的接头、支撑与柱(梁)的连接、梁与剪力墙的连接等。图 3-58 是图 3-56 中主梁 G-19Y1 的左端节点 C13 及次梁 B-1904 两端的节点 C26 的节点详图。因此,图 3-58(a)是主梁和柱的连接节点,图 3-58(b)是主梁和次梁的连接节点。

在图 3-58(a)中,梁和柱都是 H 型钢,③轴方向梁的翼缘用开单坡口的熔透焊缝与柱的翼缘连接,翼缘上焊缝的符号是 ,表示翼缘的坡口钝边厚 4mm,钝边与柱的翼缘靠紧,坡口角度为 45°,并且下衬垫板,焊缝的代号是 A,在其他相同型号的焊缝处,以代号 A 表示,如 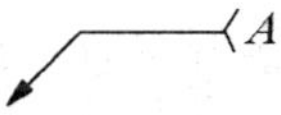 。腹板用 5 个 M24 的高强螺栓与焊在柱翼缘板上的节点板连接,为方便梁翼缘与柱的焊接,梁腹板上开了缺口。

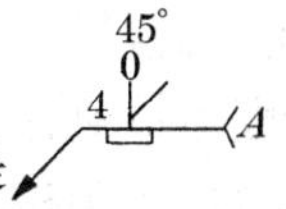

Ⓓ轴方向的梁通过两块节点板与柱的腹板相连,梁的翼缘与节点板用焊缝 A 焊接,节点板与柱的翼缘、腹板用双坡口熔透焊缝焊接,焊缝的符号是 ,其含义是焊接连接的板件坡口钝边厚 4mm,钝边与柱的翼缘、腹板靠紧,开双坡口,角度均为 45°,焊缝的代号

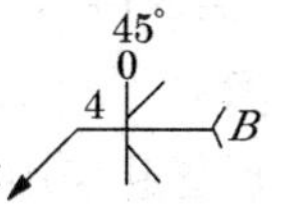

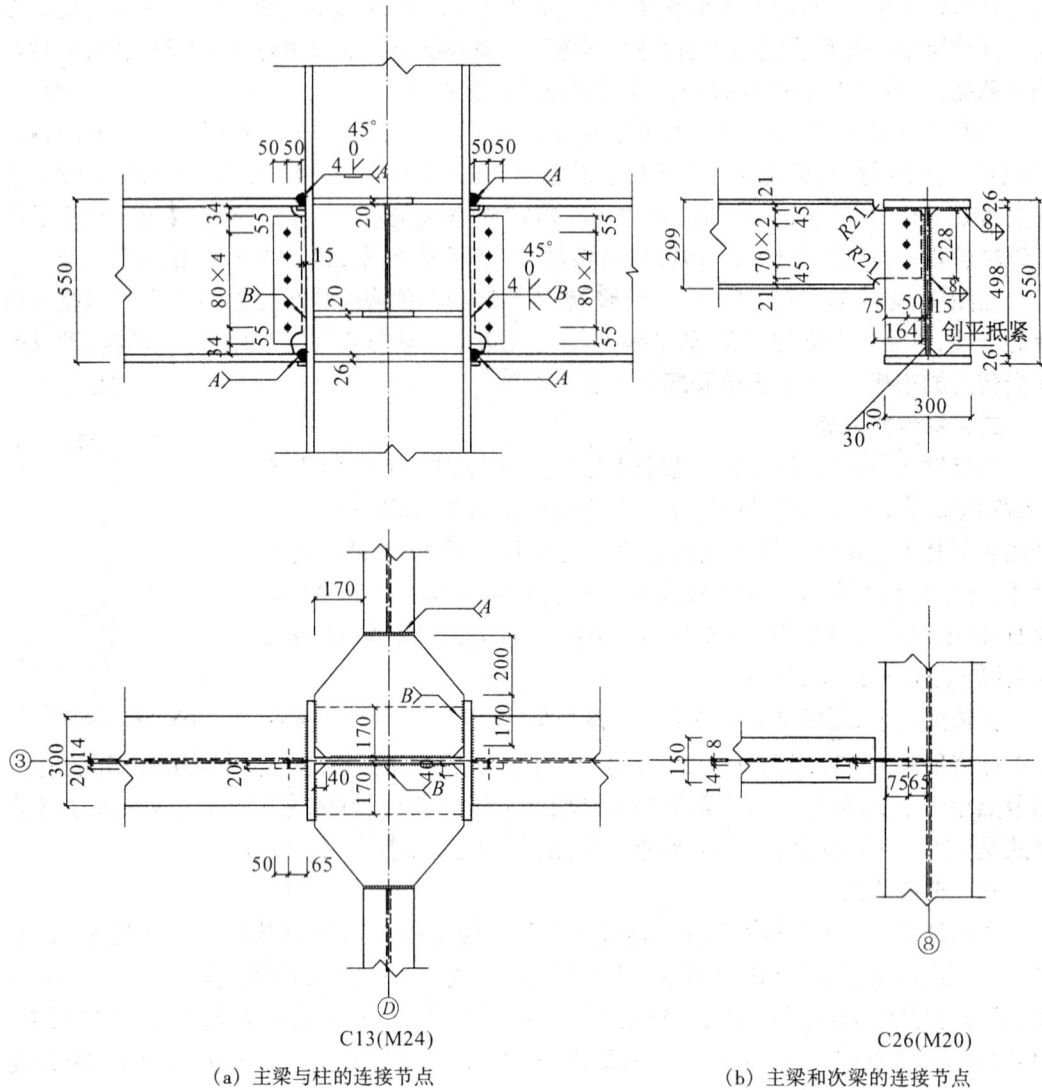

(a) 主梁与柱的连接节点　　　　(b) 主梁和次梁的连接节点

图 3-58　钢结构节点图示例

是 B，在其他相同型号的焊缝处，以代号 B 表示，如 ⌐B 。

此外，由于与该柱连接的两个方向梁的高度不一致，因此在柱上增设了一块构造用节点板，如图 3-58(a)中的注释。图名 C13 旁的(M24)表示该节点连接中用的高强螺栓是 M24 的，至于高强螺栓的等级，将在设计说明中说明。

图 3-58(b)是一典型的主、次梁连接节点，图中⑧轴上截面高的梁是主梁，另一方向的梁是次梁。次梁的腹板用高强螺栓与焊接在主梁上的节点板相连，次梁的翼缘在靠近主梁的地方去除，以方便和主梁的连接。主梁上的节点板和主梁的上翼缘、腹板用焊脚为 8mm 的双面角焊缝焊接，节点板下部不写梁焊接，而是刨平后，抵紧下翼缘。

四、楼板配筋图

钢结构的楼面板普遍采用压型钢板组合楼板，即在压型钢板上浇筑混凝土形成的楼板，如图 3-59 所示。

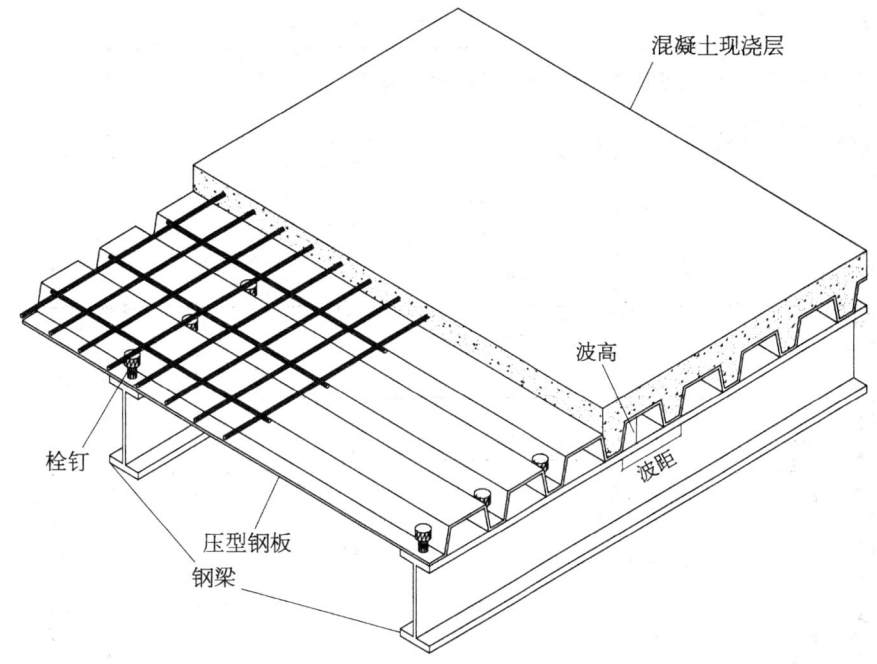

图 3-59 压型钢板组合楼板

图 3-60 是图 3-56 中建筑的楼板配筋图,该建筑即采用压型钢板组合楼板。图中箭头表示的布板方向,指的是压型钢板的板肋方向。压型钢板除了做浇筑混凝土时的模板外,还用做板底的受拉钢筋,在主梁和次梁及其他一些需要的位置,为防止混凝土楼面开裂,配置了楼板的上部钢筋。如在①轴和③轴间,穿过Ⓑ轴和Ⓒ轴,每隔 180mm 配置了长 16.1m 的直径为 10mm 的一级钢筋做为板的上部钢筋。在钢筋混凝土筒体墙附近的楼板上部钢筋,端部需要锚固进钢筋混凝土墙内,按设计说明锚固长度为 35 倍钢筋的直径。

另根据设计说明,楼板的全部高度是 150mm,包括压型钢板的厚度,该楼板采用的压型钢板型号是 YX-76-344-688,YX 是压型钢板的代号,76 表示压型钢板的波高是 76mm,344 表示压型钢板的波距是 344mm,688 表示一块压型钢板的宽度是 688mm,即相当于两个波距。在所有的主梁和次梁上,都应布置栓钉,并且栓钉应布置在压型钢板的凹肋处,直径为 19mm,长度 120mm,按设计要求,栓钉应焊透压型钢板,焊在钢梁上。

复习思考题

1. 请说明以下图示内容用何种图线表达。

主钢筋线:_____

箍筋线:_____

不可见的钢筋:_____

预应力钢筋线:_____

定位轴线:_____

2. 请说明如下代号表示的构件。

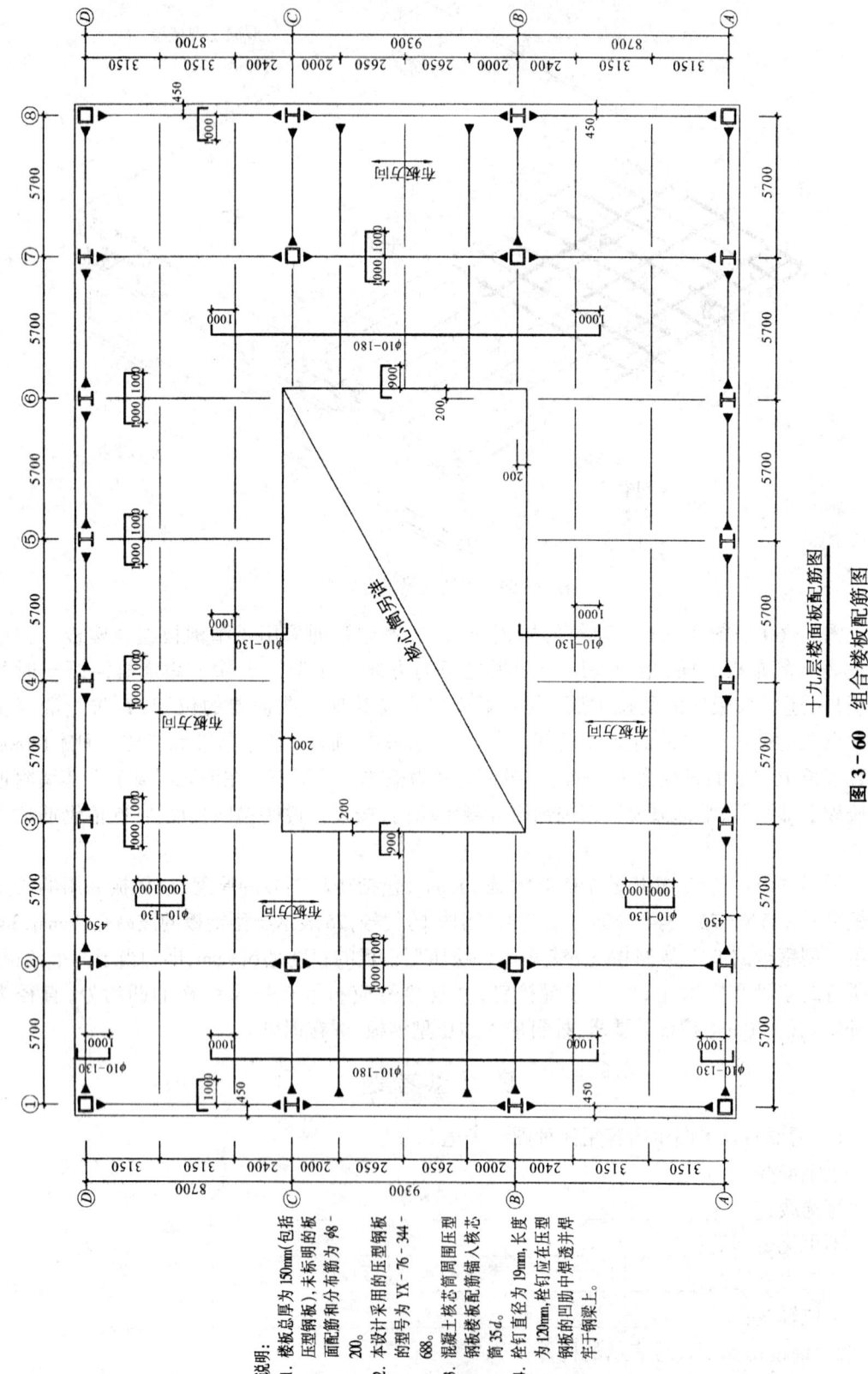

图 3-60 组合楼板配筋图
十九层楼面板配筋图

说明：
1. 楼板总厚为150mm（包括压型钢板），未标明的板面配筋和分布筋为 φ8-200。
2. 本设计采用的压型钢板的型号为 YX-76-344-688。
3. 混凝土核芯筒周围锚入核芯筒35d。
4. 栓钉直径为19mm，长度为120mm，栓钉应在压型钢板的凹肋中焊透并焊牢于钢梁上。

WB:＿＿＿＿＿＿＿＿＿＿＿＿＿＿＿ YT:＿＿＿＿＿＿＿＿＿＿＿＿＿＿＿
ZC:＿＿＿＿＿＿＿＿＿＿＿＿＿＿＿ WKL:＿＿＿＿＿＿＿＿＿＿＿＿＿＿
TL:＿＿＿＿＿＿＿＿＿＿＿＿＿＿＿ LT:＿＿＿＿＿＿＿＿＿＿＿＿＿＿＿
LL:＿＿＿＿＿＿＿＿＿＿＿＿＿＿＿ WL:＿＿＿＿＿＿＿＿＿＿＿＿＿＿＿

3. 如下尺寸标注中,哪一个尺寸表示的是保护层厚度?

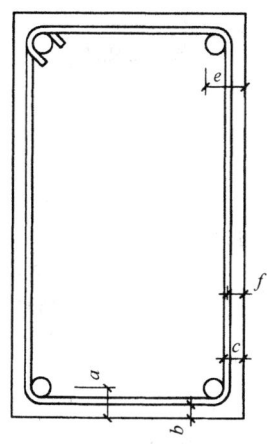

4. 请用文字简述如下钢筋混凝土楼板的配筋情况。

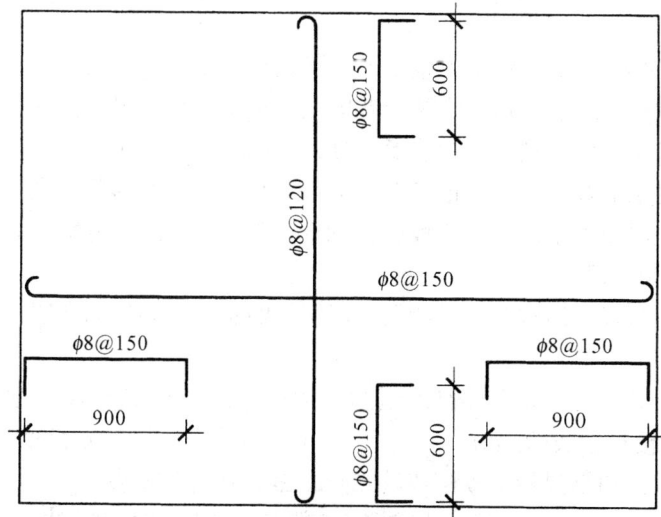

5. 请用文字简述如下钢筋混凝土梁的配筋情况。

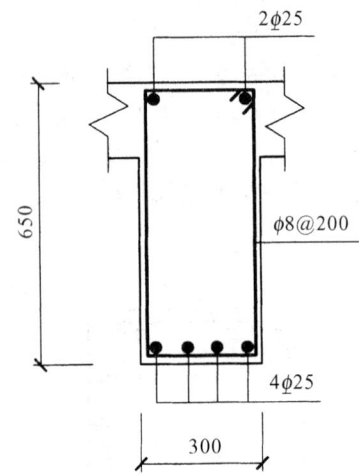

6. 请说明下述型钢标注对应的型钢类型及尺寸。

L63×40×6　L63×6　BL70×8　—100×5　$\dfrac{-100\times5}{2000}$

7. 请说明下述焊缝符号的含义。

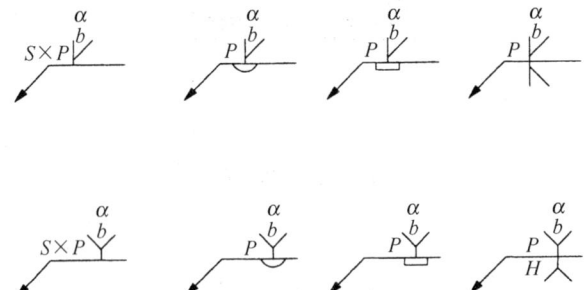

8. 什么是定位轴线，试说明定位轴线是如何定位基础、墙、柱的。

9. 墙下条形基础放线时，通常需要哪些图纸。桩基础放线时，需要哪些图纸。

10. 地基和基础有何不同？按构造形式分，基础通常有哪几种类型？

11. 墙下刚性条形基础与墙下钢筋混凝土条形基础主要有哪些区别？

12. 墙下钢筋混凝土条形基础底板受力钢筋是沿纵向布置，还是横向布置？受力筋是在分布筋上面，还是下面？

13. 楼层（或房顶层）结构布置平面图是用假想的水平剖切平面在以下哪个位置作剖切得到的：

　　A) 该楼层窗台以上、过梁以下的某个位置　　B) 在上一楼层窗台以上、过梁以下的某个位置
　　C) 沿着该层楼板上表面剖切　　D) 沿着上层楼板上表面剖切

14. 表达预应力钢筋混凝土楼板辅设方向的图示方法有哪些？

15. 试述砖混结构的结构平面布置图中，圈梁和构造柱的表达方法，及钢筋混凝土内框架梁和柱的表达方法。

16. 下图是某梁的配筋详图，立面图中的断面1-1配筋图是下列断面图中的哪一个？（　　）

复习思考题

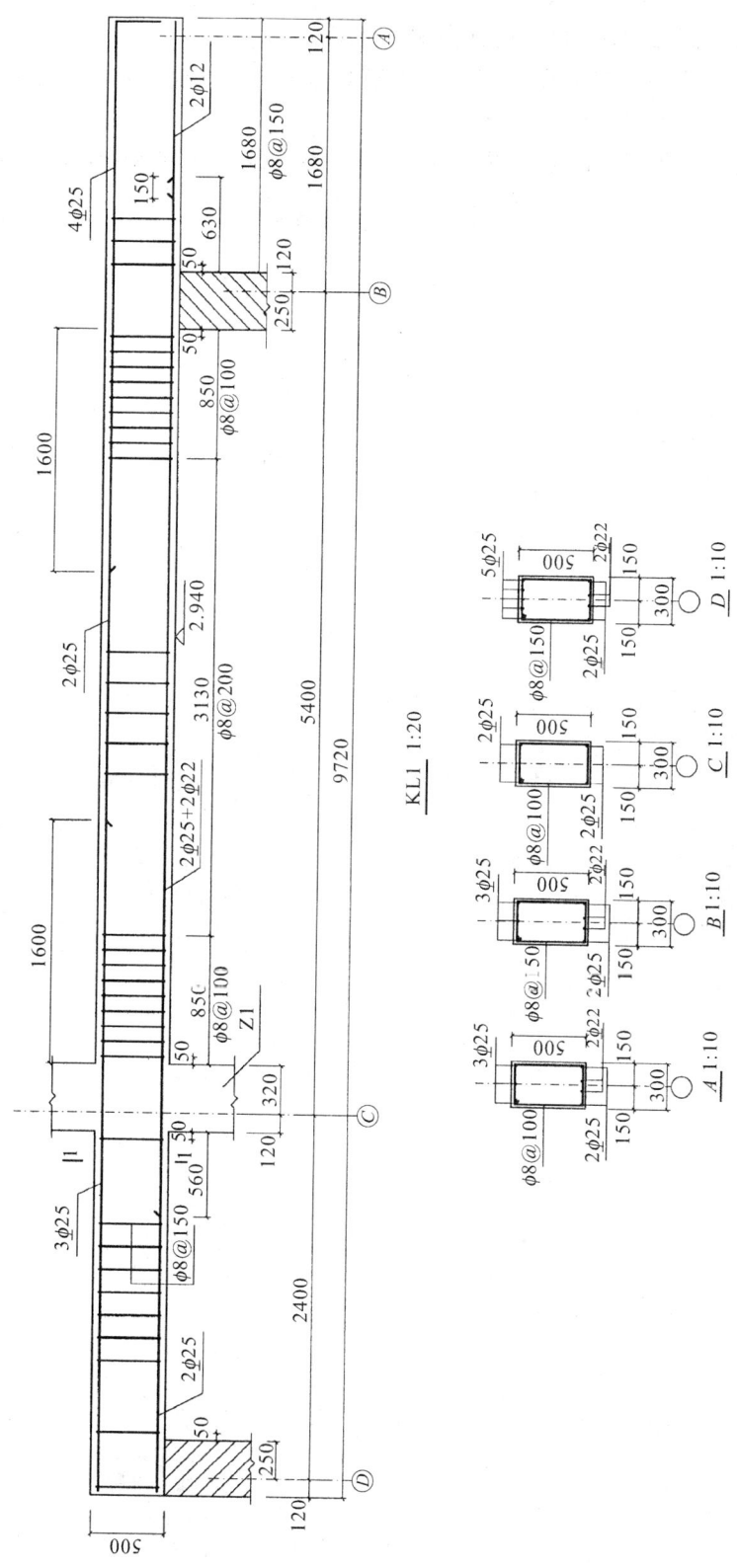

KL1 1:20

17. 试将题 4 中的配筋图改为用平面注写方式表达的梁配筋图。

18. 试用文字描述图 3-42 楼梯梯段 TB3 的图示内容。

19. 传统的结构平面布置图中,梁的标高通常标注的是梁底还是梁顶的标高?平法制图中,梁的标高是哪里的标高?有何含义?

20. 下图是某结构中一根梁的用"平法"方法绘制的施工图,请根据该图回答以下问题:

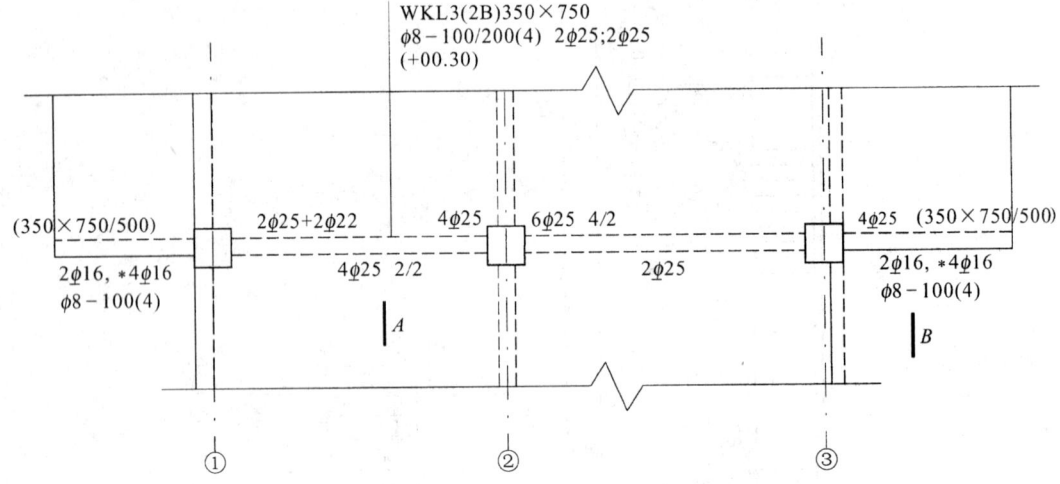

(1) 图中,这根梁是一根_____,截面尺寸为_____。

(2) 悬挑梁的截面为_____。

(3) ②~③轴线之间的梁左端支座钢筋是_____,右端支座钢筋是_____,梁下部钢筋是_____,箍筋是_____。

(4) 请画出位置 A 和 B 的配筋断面图。

第四章 模板与吊装工程施工图

第一节 模板工程图

模板是新浇混凝土成型用的模型。它要求能保证结构和构件的形状、尺寸的准确;具有足够的强度、刚度和稳定性;拆装方便能够多次周转使用,接缝严密不漏浆。

一、模板的分类

1．按装拆方法分类

（1）固定式:一般常用的模板及支架安装完后直至拆除,其位置固定不变。

（2）移动式:模板及支架安装完成后,可随混凝土结构移动施工,直至混凝土结构全部浇筑完成后一次拆除,如滑升模板。

（3）永久式:模板在混凝土浇筑后与构件连成整体面,可以不拆除,如选合板。

2．按模板规格型式分类

（1）非定型模板:亦称散装模板,模板板块规格不一定,尺寸也不一定符合建筑模数,可根据不同结构的形状尺寸需要而制作安装的模板。

（2）定型模板:亦称定型组合模板,模板规格符合一定的建筑模数,可组装成符合一定模数规格的模板,以满足不同结构的形状尺寸的需要。

（3）工具式模板:定型模板不易组合的构件,形状复杂,尺寸不合模数但构件数量较多时,专门设计和制造模板,可多次周转使用。

3．按材料分类

根据制作模板使用的材料不同分为:木模板、钢模板、钢丝网水泥模板、砖模等。

目前推广应用组合钢模板,基于以下原因:节约木材,保护环境。

本节主要介绍组合钢模板的工程图。

二、组合钢模板

组合钢模板是一种工具式模板,它由具有一定模数的很少类型的板块、角模、支撑和连接件组成(图4-1),用它可以拼出多种尺寸和几何形状,以适应多种类型建筑物的梁、柱、板、墙、基础和设备基础等施工的需要,也可用它拼成大模板、隧道模和台模等。施工时可以在现场直接组装,也可以预拼装成大块模板或构件模板用起重机吊运安装。

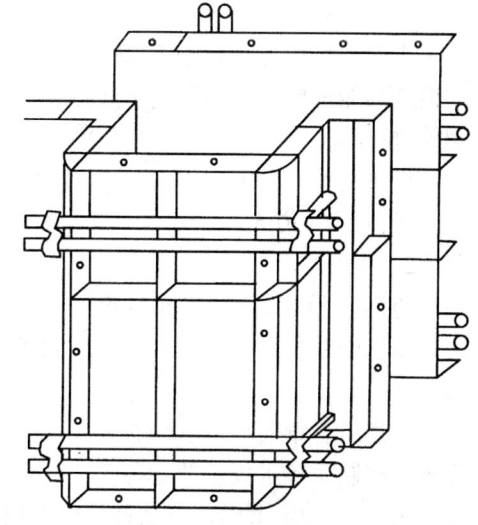

图4-1 组合钢模板

定型组合钢模板的板块和配件,轻便灵活、拆装方便,可用人力装拆;由于板块小,板块重量轻,存放、修理、运输极方便,如用集装箱运输效率更高。但由于是全钢结构,重量较大,为便于人工拆装,板块尺寸较小。

1. 板块

板块是定型组合钢模板的主要组成构件,见图4-2,它由边框、面板和纵横肋构成。我国所用的多以2.3mm、2.5mm或2.8mm厚的钢板为面板;55mm高,3mm厚的扁钢为纵横肋;边框多与面板一次轧成,高55mm。

板块的模数尺寸关系到模板的使用范围,是设计定型组合钢模板的基本问题之一。确定时应以数理统计方法确定结构各种尺寸使用的频率,充分考虑我国的模数制,并使最大尺寸板块的重量便于工人手工安装。目前,我国应用的板块长度为1500mm、1200mm、900mm、750mm、600mm和450mm。板块的宽度为300mm、250mm、200mm、150mm、100mm五种。进行配板设计时,如出现不足50mm的空缺,则用木方补缺,用钉子或螺栓将木方与板块边框上的孔洞连接。

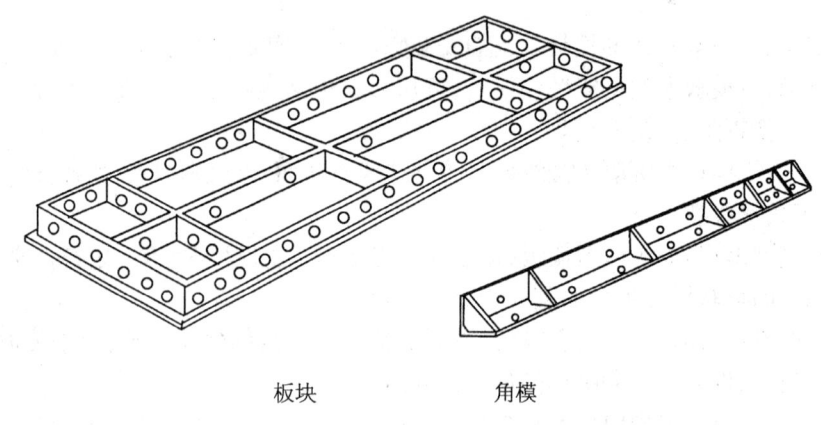

板块　　　　角模

图4-2　板块与角模

为便于板块之间的连接,边框上有连接孔,边框不论长向和短向其孔距都为150mm,以便横竖都能拼接。孔形取决于连接件。板块的连接件有钩头螺栓、U形卡、L形插销、紧固螺栓(拉杆)。

板块的代号为P,以长宽尺寸组成4位数字表示其规格。如宽300mm、长1500mm的板块,其代号为P3015。

2. 角模

角模有阴、阳角模和连接角模之分,用来成型混凝土结构的阴阳角,也是两个板块拼装成90°角的连接件,见图4-2。阴角模的代号为E,阳角模的代号为Y,连接角模的代号为J。

定型组合钢模板虽然具有较大灵活性,但并不能适应一切情况。为此,对特殊部位仍需在现场配制少量木板填补。

表4-1为定型钢模板名称规格编码表。

3. 配板原则

(1)在结构的模板面展开图上排布定型模板,并标出板块的位置、型号、数量,对于组合大型模板,还应划出分界线。

表 4-1　定型钢模板名称规格编码表

模板名称		长度 (mm)										
		450		600		750		900		1200		1500	
		代号	尺寸	代号	尺寸	代号	尺寸	代号	尺寸	代号	尺寸	代号	尺寸
面模板代号 P	宽度(mm) 300	P3004	300×450	P3006	300×600	P3007	300×750	P3009	300×900	P3012	300×1200	P3015	300×1500
	250	P2504	250×450	P2506	250×600	P2507	250×750	P2509	250×900	P2512	250×1200	P2515	250×1500
	200	P2004	200×450	P2006	200×600	P2007	200×750	P2009	200×900	P2012	200×1200	P2015	200×1500
	150	P1504	150×450	P1506	150×600	P1507	150×750	P1509	150×900	P1512	150×1200	P1515	150×1500
	100	P1004	100×450	P1006	100×600	P1007	100×750	P1009	100×900	P1012	100×1200	P1015	100×1500
阴角模板（代号E）		E1504	150×150×450	E1506	150×150×600	E1507	150×150×750	E1509	150×150×900	E1512	150×150×1200	E1515	150×150×1500
阳角模板（代号Y）		Y1004	100×100×450	Y1006	100×100×600	Y1007	100×100×750	Y1009	100×100×900	Y1012	100×100×1200	Y1015	100×100×1500
连接角模（代号J）		J0504	55×55×450	J0506	55×55×600	J0507	55×55×750	J0509	55×55×900	J0512	55×55×1200	J0515	55×55×1500

(2) 配板时,宜先选用较大尺寸的板块,一般以现成最大尺寸模板为主板,其他尺寸的板块仅作拼凑尺寸用。

(3) 配板时,对不足 50mm 的空隙,可用刨光木板补齐,对于组合大型模板,宜在接缝处留出小于 50mm 的空隙,安装后用木板填补。

(4) 模板沿梁长、柱高纵向配置,柱头的梁口模板应有细部布置。梁的转角的连接模板可预设在梁底板。

(5) 板块设置方向一般应与连杆垂直,每块板至少有两个支撑点,并使板块两端悬挑,以减少跨中挠度(一般悬挑长度等于全长的 1/6)。

三、组合钢模板配板图实例

例 1. 工程上需要拼组长度为 480cm,宽度为 170cm 的模板,试配板并画出配板图。

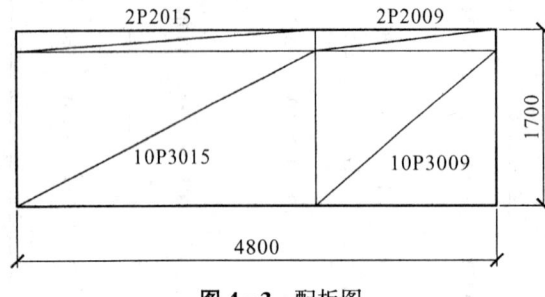

图 4-3 配板图

解:当长度为 480cm 时,宜选用板块长度为:2 块 150cm 长、2 块 90cm 长,当宽度为 170cm 时,选用 5 块 30cm 宽、1 块 20cm 宽的板块。这样,总共需 30cm 宽、150cm 长的板块 10 块(代号 10P3015);30cm 宽、90cm 长的模板 10 块(代号 10P3009);20cm 宽、150cm 长的板块 2 块(代号 2P2015);20cm 宽、90cm 长的板块 2 块(代号 2P2009)。在配板图上,代号前面的数字是代表数量。总量代号表达式为:10P3015 + 10P3009 + 2P2015 + 2P2009,见图 4-3。

例 2. 图 4-4 是现浇楼板的配板图。图中括号内是梁或柱的截面尺寸。图中所画有四个相同尺寸的单元,只需画出其中一个即可。配板单元尺寸为 3600mm × 3600mm(轴线到轴

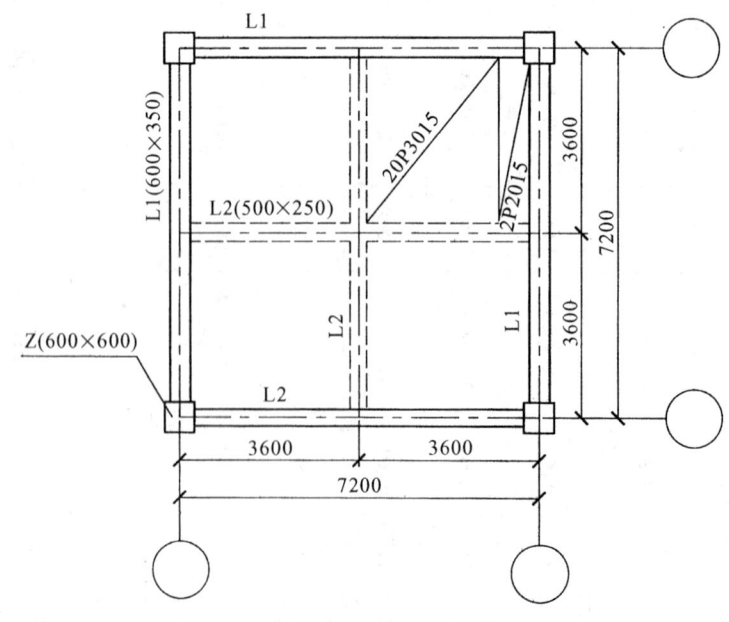

图 4-4 楼板配板图

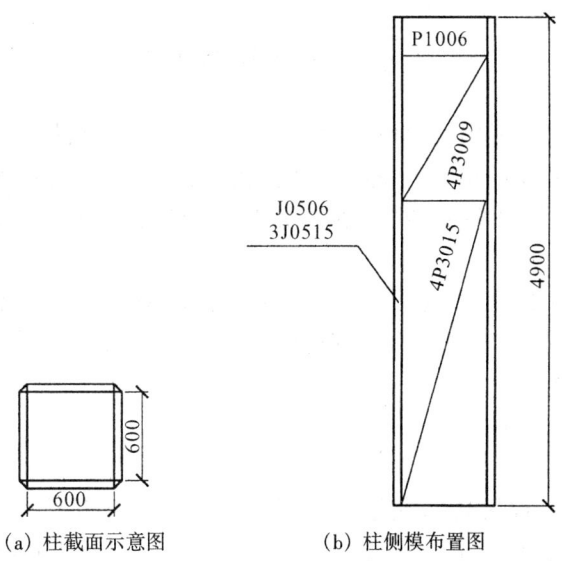

(a) 柱截面示意图　　(b) 柱侧模布置图

图 4-5　柱配板图

线),扣除一半梁的尺寸,再扣除角上柱的尺寸,再考虑留有安装空隙(因是大型模板),最后配板的实际尺寸为 3200mm×3000mm,一个单元的配板数量为:20P3015+2P2015。

例3. 图4-5为柱侧面的配板图。由于柱、梁等构件的尺寸比较细长,配板图不必完全按真实尺寸画出,但必须标注真实尺寸。一个侧面的配板数量为:4P3015+4P3009+P1006+3J0515+J0506。

例4. 图4-6是梁的配板图。不带括号的为主梁的尺寸及配板,括号中的是次梁的尺寸及配板。模板的数量请读者自己计算。

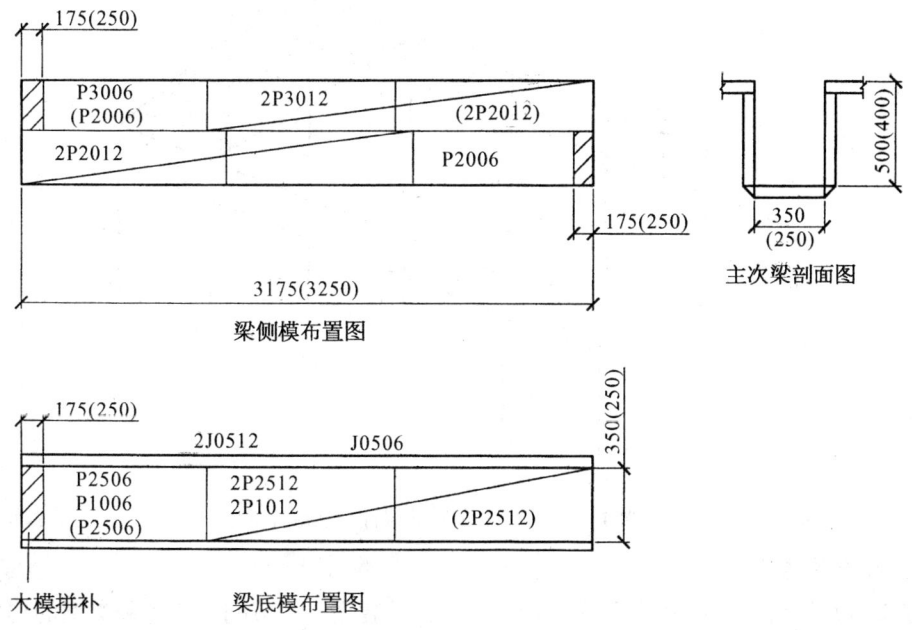

图 4-6　梁配板图

第二节 结构吊装工程图

将房屋结构划分成许多构件,分别在现场或工厂预制成型,然后在施工现场用起重机械把它们吊起并安装到设计位置上,这种结构叫装配式结构。有效地完成装配式结构构件的安装,并使其满足设计要求,即是结构吊装工程的任务,目前,在单层工业厂房中较多使用。

在结构吊装工程中要识读的主要图纸是预制构件的平面布置图,包括起重机的开行路线等内容。预制构件平面布置图又涉及到构件的吊装方法和吊装工艺。

一、结构吊装方法

单层工业厂房结构的吊装方法,有以下两种:

1. 分件吊装法

起重机每开行一次,仅吊装一种或几种构件。通常分三次开行吊装完全部构件。

第一次开行,吊装全部柱子,经校正及最后固定,接头混凝土强度达到 70% 设计强度后。

第二次开行,吊装全部吊车梁、连系梁及柱间支撑。

第三次开行,依次按节间吊装屋架、天窗架、屋面板及屋面支撑等。

吊装的顺序见图 4-7。分件吊装法由于每次基本是吊装同类型构件,索具不需经常更换,操作方法也基本相同,所以吊装速度快,能充分发挥起重机效率,构件可以分批供应,现场平面布置比较简单,也能给构件校正、接头焊接、灌筑混凝土、养护等提供充分的时间。缺点是:不能为后续工序及早提供工作面,起重机的开行路线较长。但本法仍为目前国内装配式单层工业厂房结构吊装中广泛采用的一种方法。

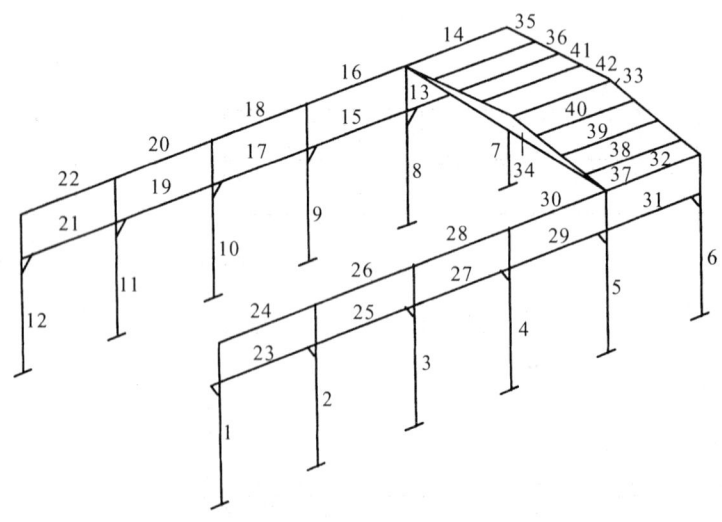

图 4-7 分件吊装时的构件吊装顺序

2. 综合吊装法

起重机在厂房内一次开行中(每移动一次)就吊装完一个节间内的各种类型的构件。吊装的顺序如图 4-8 所示。即先吊装 4~6 根柱子,并加以校正和最后固定;随后吊装这个节间内的吊车梁、连系梁、屋架和屋面板等构件。一个节间的全部构件吊装完后,起重机移至下一节间进行吊装。直至整个厂房结构吊装完毕。这种方法的优点是:开行路线短,停机点少;吊完一个节间,其后续工种就可进入节间内工作,使各工种进行交叉平行流水作业,有利于缩短工期。缺点是:由于同时吊装不同类型的构件,吊装速度较慢;使构件供应紧张和平面布置复杂;构件的校正困难,最后固定时间紧迫。因此目前很少采用。对于某些结构(如门式框架结构)有特殊要求,或采用桅杆式起重机,因移动比较困难,才采用综合吊装法。

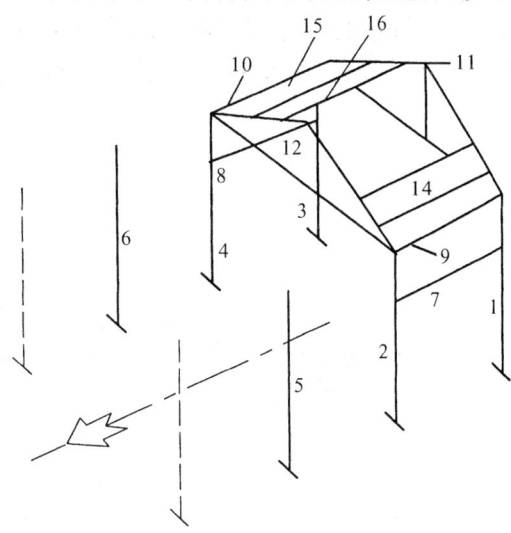

图 4-8 综合吊装时的构件吊装顺序

二、构件吊装工艺

(一)柱的吊装

1. 柱的绑扎

柱身绑扎点和绑扎位置,要保证柱身在吊装过程中受力合理,不发生变形或裂断。一般中、小型柱绑扎一点;重型柱或配筋少而细长柱绑扎两点甚至两点以上,以减少柱的吊装弯矩。必要时,需经吊装应力和裂缝控制计算后确定。一点绑扎时,绑扎位置在牛腿下面。

按柱吊起后柱身是否能保持垂直状态,分为斜吊法和直吊法,相应的绑扎方法有:斜吊绑扎法(图 4-9),它用于柱宽面抗弯能力满足吊装要求时,此法无需将预制柱翻身,但因起吊后柱身与杯底不垂直,对线就位较难;直吊绑扎法(图 4-10),它适用于柱宽面抗弯能力不足,必需将预制柱翻身后狭面向上,刚度增大,再绑扎起吊,此法因吊索需跨过柱顶,需要较长的起重杆。

2. 柱的起吊

柱的起吊方法,按柱在吊升过程中柱身运动的特点分旋转法和滑行法,起吊的工艺如下。

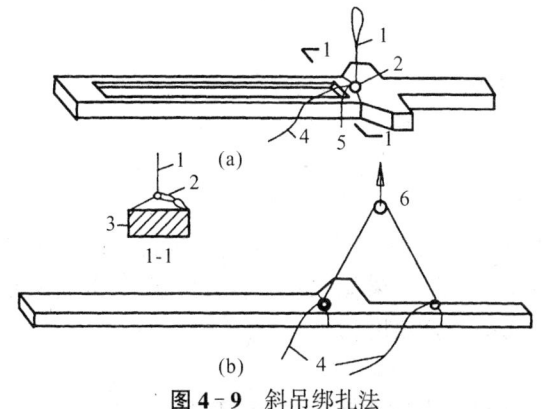

图 4-9 斜吊绑扎法
(a)一点绑扎;(b)两点绑扎
1—吊索;2—椭圆销卡环;3—柱子;
4—棕绳;5—铅丝;6—滑车

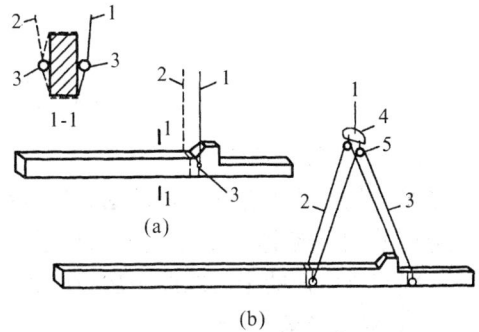

图 4-10 直吊绑扎法
(a)一点绑扎;(b)两点绑扎
1—第一支吊索;2—第二支吊索;3—活络卡环;
4—铁扁担;5—滑车

(1) 旋转法：起重机边起升吊钩，边旋转，使柱身绕柱脚旋转而逐渐吊起的方法称为旋转法。其要点是保持柱脚位置不动，并使柱的吊点、柱脚中心和杯口中心三点共圆。其特点是柱吊升中所受震动较小，但对起重机的机动性要求高。一般采用自行式起重机(图4-11)。

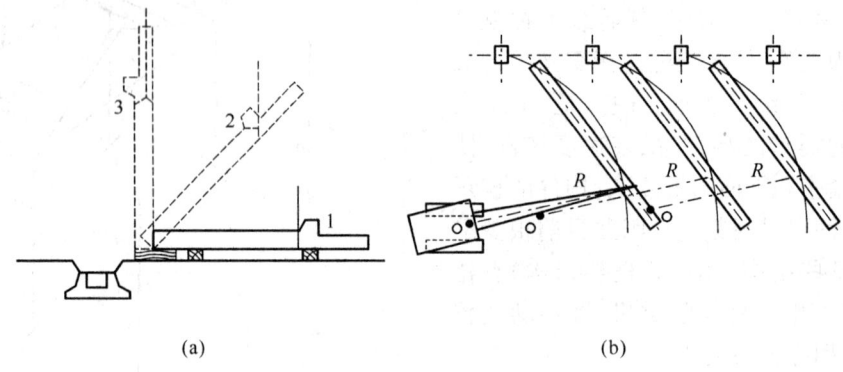

图4-11 旋转法吊柱
(a) 旋转过程；(b) 平面布置
1—柱子平卧时；2—起吊中途；3—直立

(2) 滑行法：起吊时起重机不旋转，只起升吊钩，使柱脚在吊钩上升过程中沿着地面逐渐向前滑行，直至柱身直立的方法称为滑行法。其要点是柱的吊点要布置在杯口旁；并与杯口中心两点共圆弧。其特点是起重机只需转动吊杆，即可将柱子吊装就位，较安全，但滑行过程中柱子受震动。故只有起重机、场地受限时才采用此法(图4-12)。

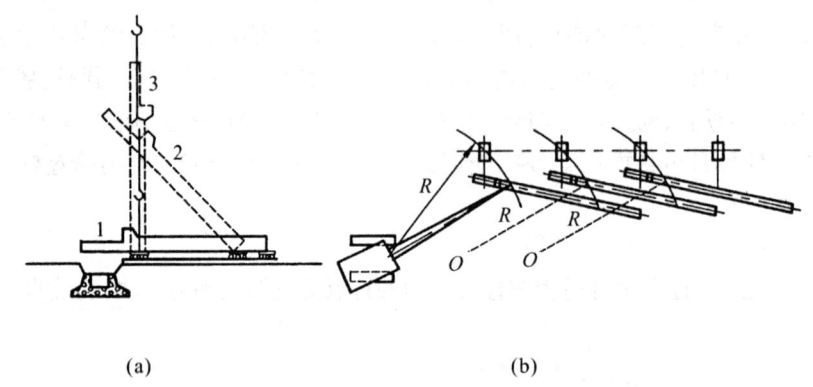

图4-12 滑行法吊柱
(a) 旋转过程；(b) 平面布置
1—柱子平卧时；2—起吊中途；3—直立

(二) 吊车梁的吊装

吊车梁的吊装须在柱子最后固定好，接头混凝土达到70%设计强度后进行。吊车梁的绑扎应使吊钩对准重心，起吊后使吊车梁保持水平。吊车梁就位时应缓慢落下，争取使吊车梁中心线与支承面的中心线能一次对准，并使两端搁置长度相等。

(三) 屋盖吊装

屋盖构件包括屋架(或屋面梁)、屋架上下弦水平支撑和垂直支撑、天沟板和屋面板、天窗架和天窗侧板等。屋盖的吊装一般都按节间逐一依次采用综合吊装法。其吊装顺序如图4-13所示。

第二节 结构吊装工程图

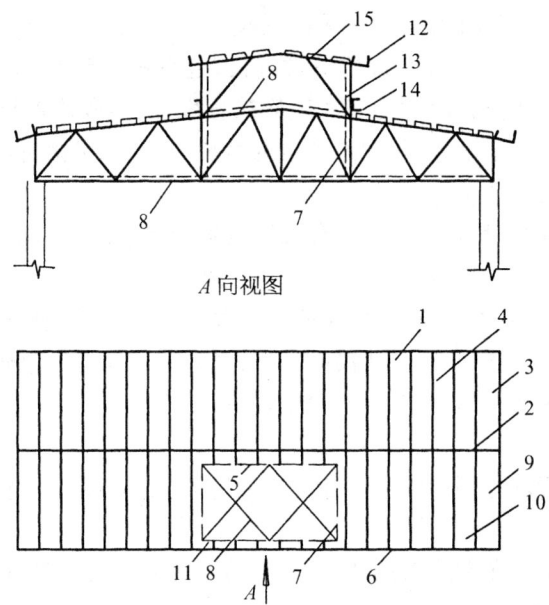

图4-13 一般单层工业厂房屋盖构件的吊装顺序

1—第一榀屋架；2—第二榀屋架；3—天沟板；4—第一节间屋面板(全部)；5—第一榀天窗架；6—第三榀屋架；7—屋面垂直支撑；8—屋架水平支撑；9—第二节间天沟板；10—第二节间屋面板(全部)；11—第二榀天窗架；12—天窗上档；13—天窗垂直支撑；14—天窗侧板；15—天窗架上屋面板

1. 屋架吊装

钢筋混凝土屋架一般在现场平卧叠浇。吊装的施工顺序是：绑扎、扶直堆放、吊升、就位、临时固定、校正和最后固定。

屋架的绑扎与扶直堆放：对平卧叠浇预制的屋架，吊装前先要翻身扶直，然后起吊移至预定地点堆放。扶直时的绑扎点最好是起吊、就位时的吊点。屋架的绑扎点与绑扎方式与屋架的形式和跨度有关，其绑扎的位置从吊点的数目一般由设计确定。如吊点与设计不符，

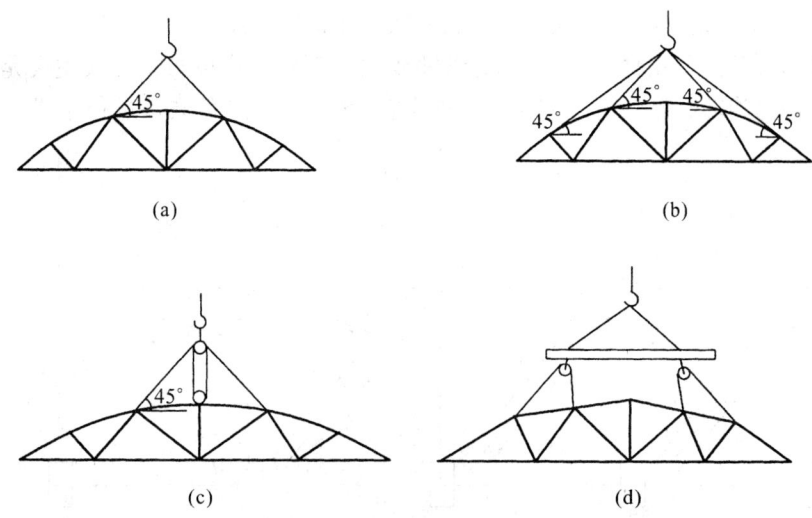

图4-14 屋架绑扎方式示意图

(a) 18MG215(一)屋架两点绑扎；(b) 18M屋架四点绑扎；
(c) 30MG215(五)屋架三点绑扎；(d) 用横吊梁四点绑扎

应进行吊装验算。屋架绑扎时吊索与水平面的夹角 α 不宜小于 45°,以免屋架上弦杆承受过大的压力使构件受损,如加大 α 角,则吊索过长,起重机的起重高度不够时,可采用横吊梁。图 4-14 为屋架绑扎方式示意图。对屋架扶直堆放,堆放位置与起重机的性能和吊装方法有关,应少占场地,便于吊装,并考虑屋架的吊装顺序、两端朝向等问题。

2. 天窗架、屋面板的吊装

天窗架可与屋架拼装组合成整体一起吊装,或进行单独吊装。单独吊装时,应待天窗架两侧的屋面板吊装后进行。吊装方法与屋架基本相同。

屋面板的吊装,如充分发挥起重机的起重能力,一般可采用叠吊的方法。屋面板的吊装,应由屋架两边檐口左右对称地逐块吊向屋脊,避免屋架承受半边荷载,以利于屋架稳定。

三、构件的平面布置和吊装前的构件堆放

(一) 现场预制构件的平面布置

单层工业厂房在现场预制构件主要是柱子和屋架,有时还有吊车梁。布置现场预制构件时应考虑如下问题:

(1) 各跨构件宜布置在本跨内预制,如有些构件在本跨内预制确有困难时,也可布置在跨外而便于吊装的地方。

(2) 应满足吊装工艺的要求,首先考虑重型构件,应尽可能布置在起重机的工作半径之内,以缩短起重机负荷行走的距离并减少起重杆的起伏次数。

(3) 应便于支模和浇灌混凝土。若为预应力构件尚应考虑抽管、穿筋等操作所需的场地。

(4) 构件的布置,力求占地最小,保证起重机、运输车辆的道路畅通。起重机回转时不致与建筑物或构件相碰。

(5) 构件的布置,要注意安装时的朝向,特别是屋架。避免吊装时在空中调头,影响吊装进度和施工安全。

(6) 构件均应在坚实的地基上浇注,新填土要加以夯实,垫上通长的木板,以防下沉。

1. 柱子的布置

为了配合起吊方法,柱子预制时可采取下列两种布置方式。

(1) 斜向布置:预制的柱子应与厂房纵轴线成一斜角。这种布置方式主要是为了配合旋转起吊。根据旋转起吊法的工艺要求,柱子最好按图 4-15 的要求进行布置。也就是要

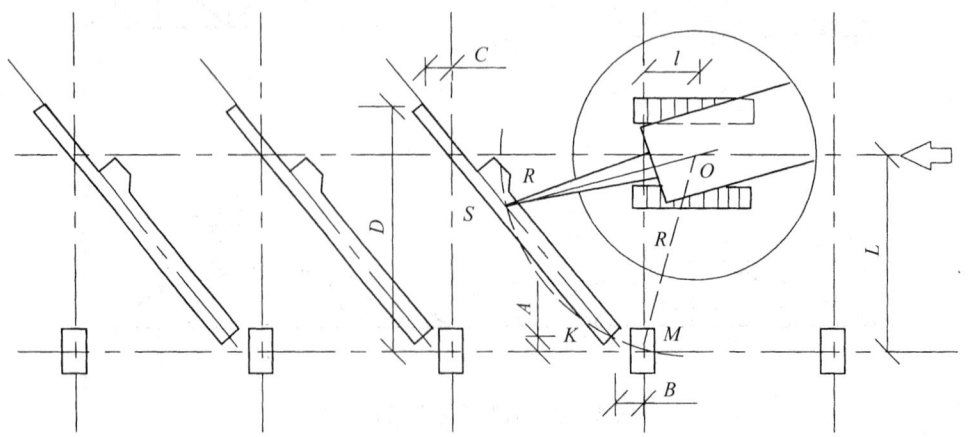

图 4-15 柱子的斜向布置

使杯形基础 M、柱脚 K、绑扎点 S 三者均能位于起重机吊柱时的同一起重半径所及的圆弧上。

当柱子较长或由于其他原因,不可能将柱子的绑扎点、柱脚与杯形基础三者安排在起重机吊装该柱时的同一起重半径所及的圆弧上时,可以将绑扎点与杯形基础布置在起重半径的圆弧上。

（2）纵向布置：预制的柱子与厂房的纵轴线平行（图 4-16）。纵向布置主要是为了配合滑行法起吊。可考虑将起重机停机点布置在柱距中间,每停机一次吊装两根柱子。柱子的绑扎点应考虑布置在起重机吊装该柱时的起重半径上。

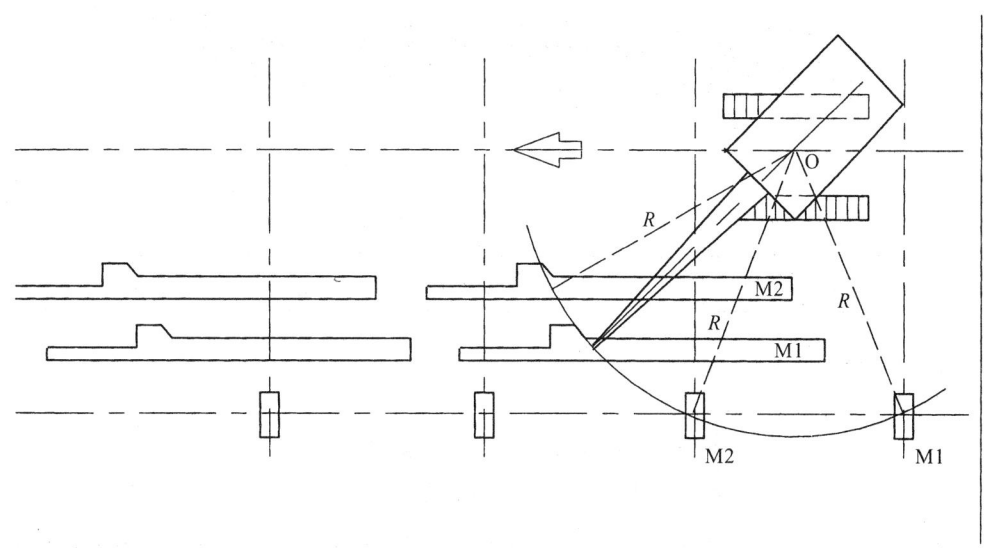

图 4-16 柱子的纵向布置

1. 屋架的布置

屋架多在跨内平卧叠层预制,每叠 3~4 榀。布置方式有斜向布置,正、反斜向布置和正、反纵向布置（图 4-17）。其中以斜向布置方式采用较多,因为它便于屋架的扶直与堆放。

布置屋架的预制位置,还要考虑屋架的扶直、堆放要求及屋架扶直的先后次序。先扶直者应放在上层。由于屋架很长,转动不易,因此对屋架的两端朝向也要注意。

图 4-17 中虚线表示预应力屋架抽管及穿筋时所需要的场地。

2. 吊车梁的布置

当吊车梁在现场预制时,可靠近柱子基础顺纵向轴线或略作倾斜布置,也可插在柱子之间预制。如具有运输条件,可另行在场外集中预制。

（二）吊装前的构件堆放

为配合吊装工艺要求,各种构件在起吊前应按一定要求进行堆放。由于柱子在预制时即已按吊装阶段的堆放要求进行布置,所以柱子在两个阶段的布置要求是一致的。一般当柱子达到吊装强度的要求后,先吊装柱子,以便腾出场地来堆放其他构件。所以吊装前的构件堆放,主要是指屋架、吊车梁屋面板等的堆放。

1. 屋架的堆放

预制屋架布置在本跨之内,以 3~4 榀为一叠,为了适应在吊装阶段吊装屋架的工艺要求,首先需要用起重机将屋架由平卧转为直立,这一工作称为屋架的扶直（或称翻身、起板）。

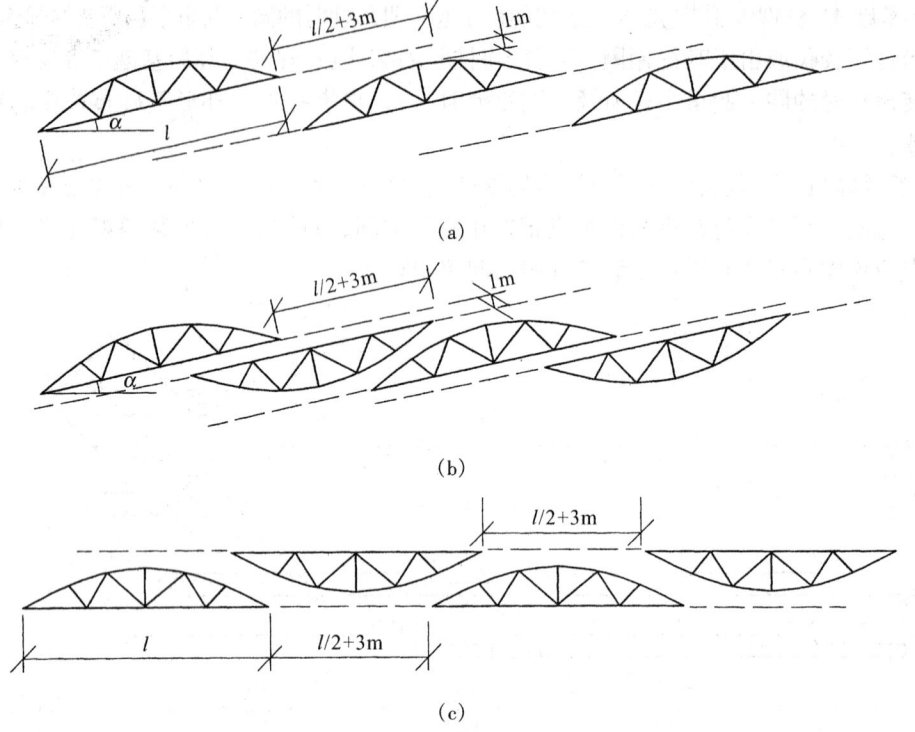

图 4-17 屋架预制时的几种布置方式
(a) 斜向布置；(b) 正、反向布置；(c) 正、反纵向布置

屋架扶直后，随即用起重机将屋架吊起并转移到吊装前的堆放位置。屋架的堆放方式一般有两种，即屋架的斜向堆放(图 4-18)和纵向堆放(图 4-19)。各榀屋架之间保持不小于 20cm 的间距，各榀屋架都必须支撑牢靠，防止倾倒。对于纵向堆放的屋架，要避免在已吊装好的屋架下面进行绑扎和吊装，因而每组屋架的就位中心线，可大致安排在该组层架倒数第二榀吊装轴线之后约 2m 处。如图 4-19 所示，纵向堆放，这一组屋架共有四榀，倒数第二榀屋架，即为③轴线上的屋架，也即第三榀屋架的跨长中间距③轴线之后约 2m 处为准，进行这一组的屋架堆放，最为合适。

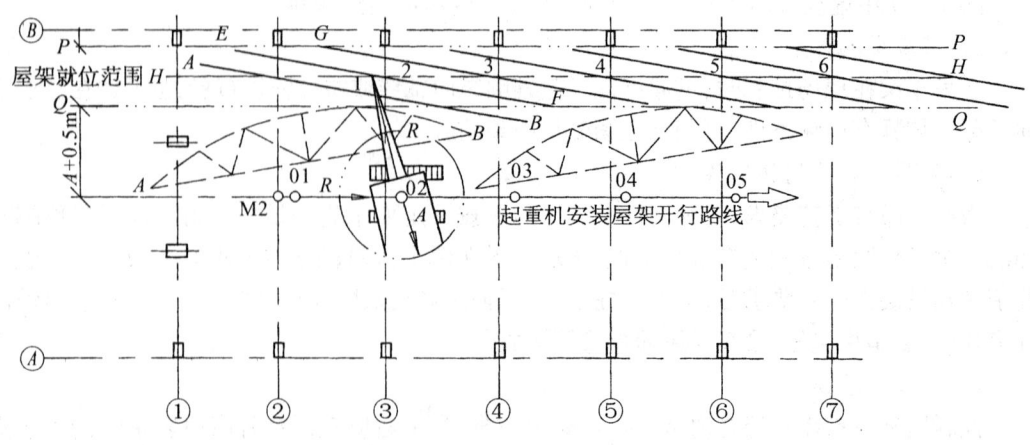

图 4-18 屋架的斜向堆放

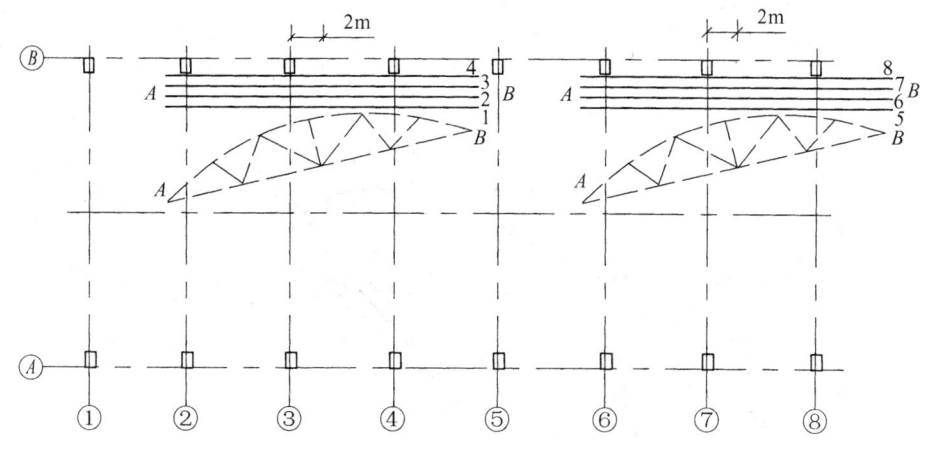

图 4-19 屋架的纵向堆放

2．吊车梁、连系梁、屋面板的堆放

构件运至现场后，按平面布置图安排的部位，依编号、吊装顺序进行就位和集中堆放。吊车梁、连系梁的就位位置，一般在其安装位置的柱列附近，跨内跨外均可；有时，也可从运输车辆上直接起吊。屋面板的就位位置，可以 6~8 块为一叠，靠柱边堆放。在跨内就位时，约后退 3~4 个节间开始堆放；跨外就位时，应后退 2~3 个节间。

四、单层厂房构件的平面布置图实例

单层厂房构件的平面布置，受很多因素影响。制定布置方案时，要密切联系现场实际，因地制宜，并征求吊装部门的意见，确定出切实可行的构件平面布置图。图 4-20 所示为某单跨车间构件的平面布置图，表达了各构件的平面布置及起重机开行路线（用粗点划线表示）及停点位置（用圆圈表示）。本例采用分件吊装法。第一次的开行路线（带转弯）是吊装柱子，第二次的开行路线（直线）是吊装屋架。柱的吊装方法是采用旋转法，所以柱子斜向布置，每叠两根柱，用文字说明其编号和位置，如上 2 下 1，表示上面 2 号柱，下面 1 号柱。屋架每叠 3—4 榀，同样标明如上 7 中 6 下 5。图中实线表示其扶正前的位置，虚线表示其扶正后的位置。

第三节　施工平面图

施工平面图是拟建项目施工场地的平面布置图样。

施工平面图其实对于我们并不陌生，这和我们已经学过的建筑总平面图基本相似。它们的图示原理是一样的，只是建筑总平面图只表达了该项目建成后的平面地理位置及周围的地形地物，还有新旧建筑物之间的相互关系等内容。而施工平面图所描绘的除了上述内容外，重点是要表达在施工阶段所需要的内容：如施工场地的交通道路、材料仓库、加工场、起重运输机械、临时建筑和临时水电、管线等的布置。它是用来直接指导施工的。

一、施工平面图的设计原则和内容

施工平面图又可分为施工总平面图和单位工程施工平面图。

施工总平面图是以整个建筑项目或群体工程（如一个住宅建筑小区、配套的公共设施工程、配套的工业生产系统等）为对象，统一进行规划并绘制的平面布置图样。单位工程施工

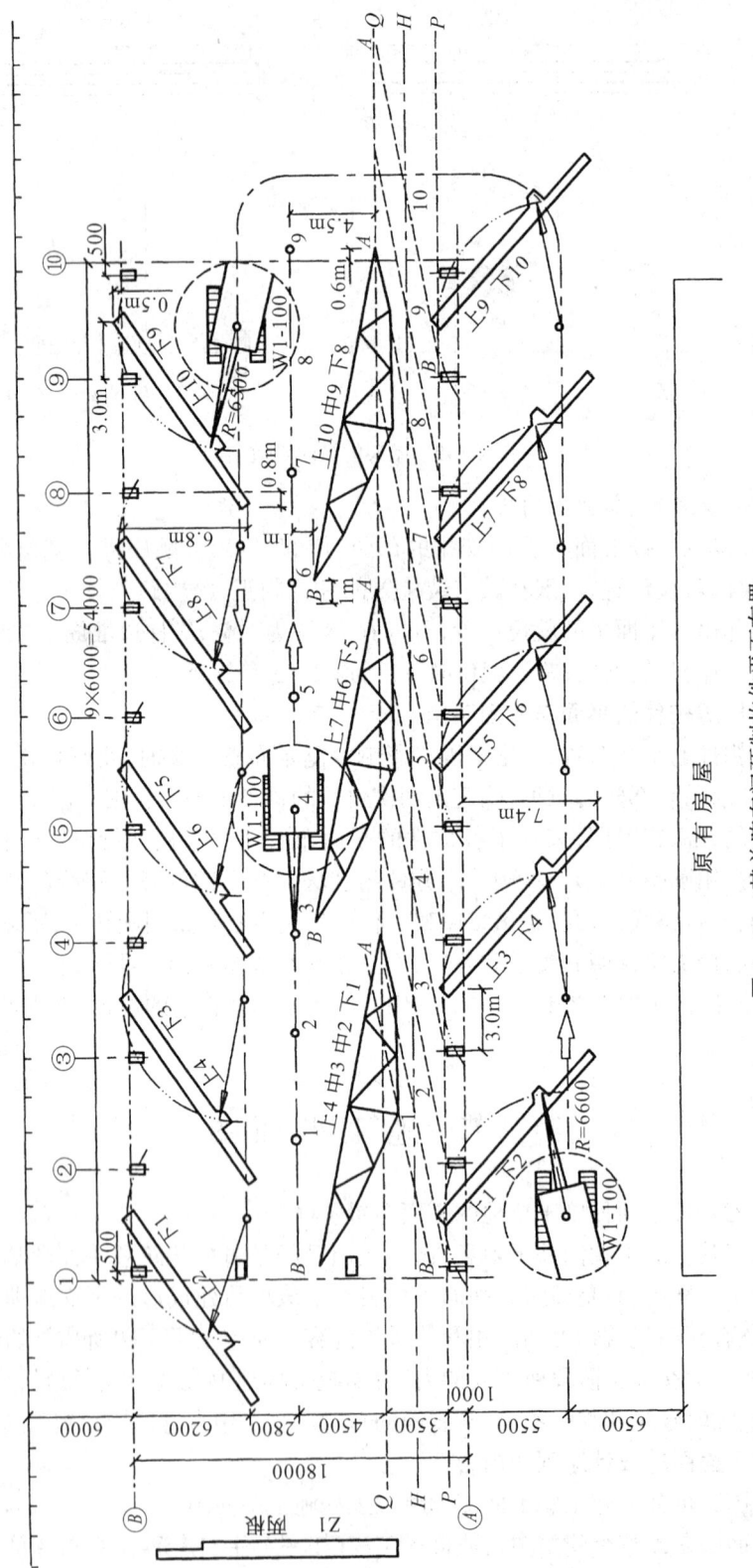

图 4-20 某单跨车间预制构件平面布置

平面图是以整个项目中的一部分(如一幢或几幢住宅、一个车间等)为对象绘制的平面布置图样。两者所表达的内容基本上是一致的,只是前者考虑的范围更大,在宏观上对全局起指导性作用;后者是在前者的指导下,更加具体更加细致地对一个个施工场地进行布置,是直接用来指导施工的。对于较大的施工项目工程,施工总平面图不可能对我们施工所需要的各种内容描述得非常具体,因此还必须分别画出若干单位工程施工平面图。对于比较小型的项目工程就可以合二为一了,只需画出施工总平面图即可。

(一) 施工平面图的设计原则

(1) 在满足施工的前提下,紧凑布置,尽量将占地范围减少到最低限度,不占或少占农田,不挤占道路。

(2) 合理布置各种仓库、机械、加工厂位置,减少场内运输距离,尽可能避免二次搬运,减少运输费用,并保证运输方便、通畅。

(3) 施工区域的划分和场地确定,应符合施工流程要求,尽量减少专业工种和各工程之间的干扰。

(4) 充分利用已有的建筑物、构筑物和各种管线,凡拟建永久性工程能提前完工并为施工服务的,应尽量提前完工,并在施工中代替临时设施。

(5) 各种临时设施的布置应有利于生产和方便生活。

(6) 应满足劳动保护、安全和防火要求。

(7) 应注意环境保护。

(二) 施工平面图的设计依据

(1) 各种勘测设计资料和建设地区自然条件及技术经济条件。

(2) 建设项目的概况、施工部署和主要工程的施工方案、施工总进度计划。

(3) 各种建筑材料、构件、半成品、施工机械和运输工具需要量情况。

(4) 各构件加工厂、仓库等临时建筑情况。

(5) 其他施工组织设计参考资料。

(三) 施工平面图的内容

施工平面图的内容大致包括:

1. 比例

要就范围大小而定,一般施工总平面图通常采用1:500~1:2000,单位工程施工平面图通常采用1:200~1:500。

2. 内容

(1) 指北针。施工平面图上必须画指北针,用以指明方向,以及与其他图纸的对照定位。

(2) 施工范围。通常采用围墙的图例或粗实线画出施工的区域。

(3) 范围内已建和拟建的地上、地下的一切建筑物、构筑物,以及其他设施的平面位置。

(4) 移动式起重机(包括有轨起重机)开行路线及垂直运输设施的位置。这项内容在单位工程施工平面图中是必须表达的重要内容,而对于施工总平面图,如果它下面还要具体画出单位工程施工平面图的话,则不必表达。

(5) 各种材料、半成品、构件等的仓库和堆场。尽量设置在交通方便的地方。

(6) 搅拌站、加工棚。一般应设置在起重机的服务半径之内,以减少水平运输距离。

(7) 施工道路。工地必须设置道路,满足施工运输车辆的安全行驶,并使车辆能够方便到达料场、仓库和拟建房屋,以便于施工。对于单位工程施工平面图主要组织场内交通道路,对于施工总平面图,还要考虑与外界交通的连接。

(8) 临时供水、供电线路。

(9) 临时办公室及生活服务设施等。

3．图例

一般常用图例可参照国标中有关规定,对于图中的特殊图例,可以直接在上面用文字说明,如料场、宿舍等(如图4－21)。也可以编上编号,在图的下方一起说明(如图4－22)。

(四) 施工平面图的设计步骤

施工总平面图:

(1) 引入场外交通道路。

(2) 布置仓库。

(3) 布置加工场和混凝土搅拌站。

(4) 布置内部运输道路。

(5) 布置临时房屋。

(6) 布置临时水电网管和其他电力设施。

(7) 绘制正式施工总平面图。

单位工程施工平面图:

(1) 起重运输机械的布置。

(2) 搅拌站、加工场及各种材料、构件的堆场和仓库的布置。

(3) 现场运输道路的布置。

(4) 行政管理、文化生活和福利用临时设施的布置。

(5) 水电管网的布置。

(6) 绘制正式施工平面图。

二、施工平面图实例

图4－21为某工地的施工总平面图,有五幢小高层建筑和一幢多层建筑(会所)组成。这属于比较小型的建筑项目,只需画出施工总平面图,不必再分画单位工程施工平面图。

主要表达的内容为:

(1) 指北针。表明了该工程的方位。

(2) 围墙为施工范围。

(3) 该项目为新建项目,在施工范围内没有原有建筑物。图中所示的一号楼～五号楼和会所均为拟建房屋,在图中表达了它们各自的平面位置。

在一号楼、四号楼和五号楼处设置三台塔吊,主要负责垂直运输。五幢房屋和料场均在塔吊的服务半径之内,便于材料的运输和吊装。会所为多层建筑,垂直运输主要有井架承担。

(4) 图的上方为办公室和生活区。办公室一般设在工地的门口,便于联系工作。生活设施有宿舍、食堂、浴室、小卖部等。生活设施相对集中,并于生产场地有一定的分隔,便于管理。

(5) 料场、仓库、工棚的平面位置。料场设在路边,便于建筑材料的运输,并在塔吊的服务半径之内。

(6) 场内道路的设置。本例中由于地形比较狭长,场内道路贯通比较困难,因此修筑两条道路,分别由两个大门进出。

(7) 图中画出了供水与供电线路。由于平面图形并不复杂,所以供水供电线路可以一起表达在施工总平面图中。如果图形比较复杂的话,需要分别制图,即施工总平面图、施工现场用电布置图和施工现场用水布置图等。

图 4-22 为某一单位工程施工平面图,无需多加说明,已经一目了然。

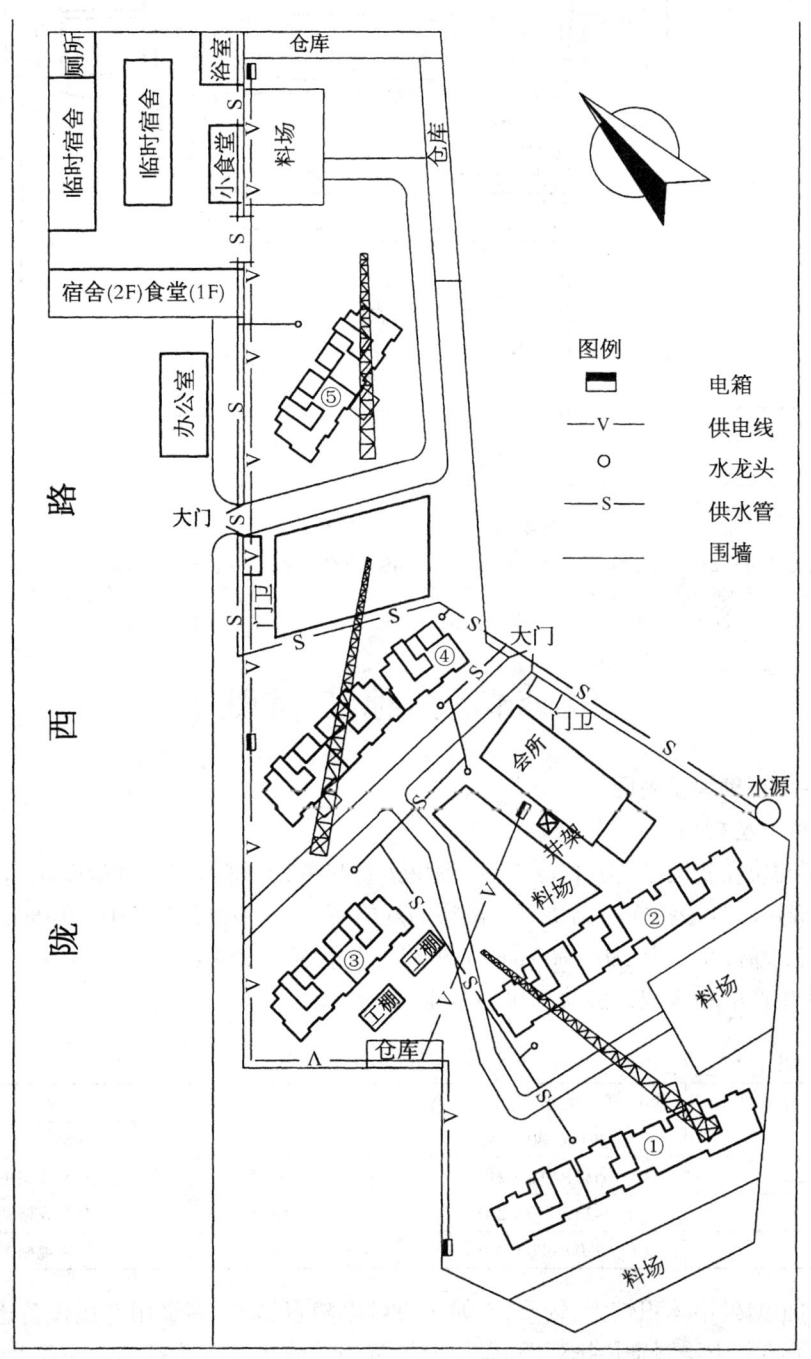

图 4-21　施工总平面图

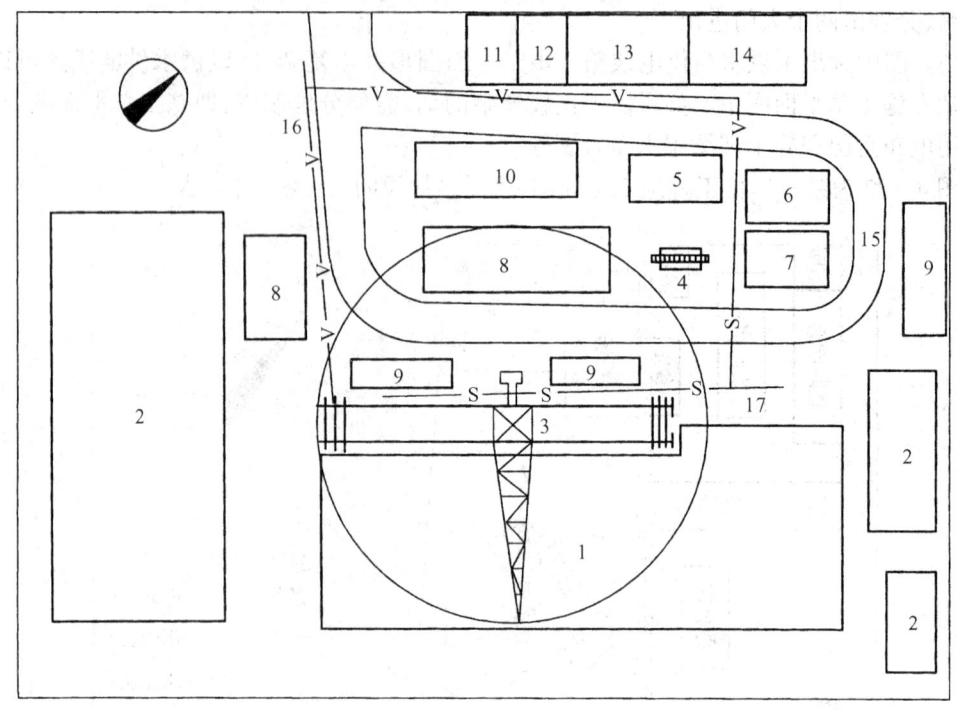

图 4-22 单位工程施工平面图

1—拟建工程；2—原有建筑；3—塔式起重机；4—混凝土搅拌站；5—水泥仓库；6—石子堆场；7—沙堆场；8—预制构件堆场；9—砖堆场；10—钢筋堆场；11—工地办公室；12—工具间；13—钢筋棚；14—木工棚；15—临时道路；16—临时供电线路；17—临时供水管网

第四节　其他工程图

一、中小型砌块排列图

（一）中小型砌块

中小型砌块在我国已得到广泛应用，砌块按材料分，有粉煤灰硅酸盐砌块、普通混凝土空心砌块、煤矿石硅酸盐空心砌块等。砌块的规格不一，一般高度为 380～940mm，长度为高度的 1.5～2.5 倍，厚度为 180～300mm，每块砌块重量 50～200kg。

某地区生产的粉煤灰硅酸盐砌块如表 4-2 所列。

表 4-2　粉煤灰硅酸盐砌块

统　一　型　号	实际规格尺寸（长×宽×高）	重量（kg/块）	备　　注
C1	880×380×240	140.53	主规格
C2	580×380×240	92.28	为主规格的 2/3 块
C3	430×380×240	68.60	为主规格的 1/2 块
C4	280×380×240	44.63	为主规格的 1/3 块

由于中小型砌块体积较大、较重，不如砖块可以随意搬动，多采用专用设备进行吊装砌筑，因此在吊装前应绘制砌块排列图，以指导吊装砌筑施工。砌块排列图按每片纵、横墙分别绘制（图 4-23）。

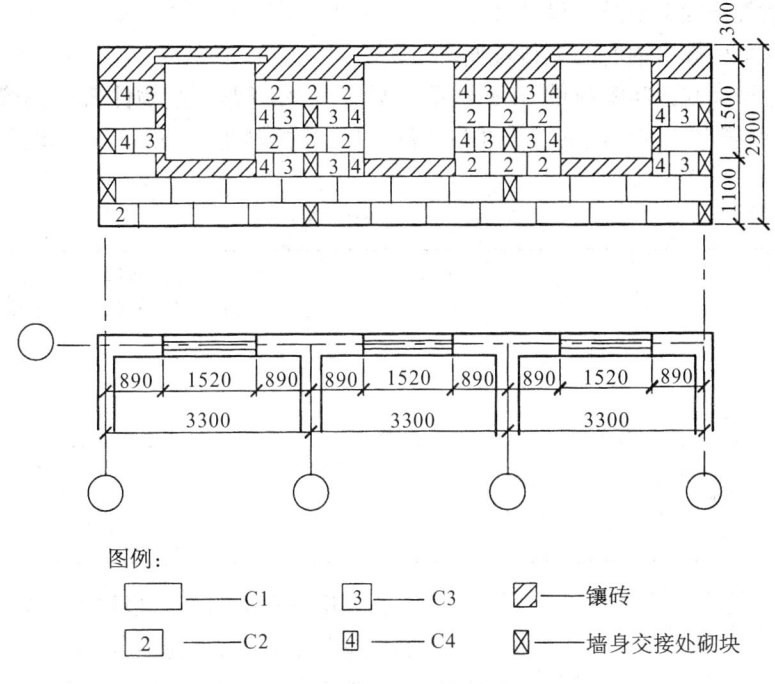

图 4-23 砌块排列图

排列时要求做到:

(1) 尽量采用主规格砌块,减少镶砖。

(2) 错缝搭砌,搭接长度不小于砌块高度的 1/3,并不小于 150mm。外墙转角处及纵横墙交接处应用砌块互相搭接,如不能互相搭接,则每两皮应设置一道拉结钢筋网片。

(3) 水平灰缝一般为 10～20mm,有配筋的水平灰缝为 20～25mm。竖缝宽度 15～20mm,当竖缝宽度大于 40mm 时应用与砌块同强度的细石混凝土填实,当竖缝大于 100mm 时,应用黏土砖镶砌。

(4) 当楼层高度不是砌块(包括水平灰缝)的整数倍时,用黏土砖镶砌。

(二) 砌块排列图实例

图 4-23 为一面墙的砌块排列图。一般用立面图表示,说明墙面砌块排列的式样与砌块数量,每片纵横墙面分别绘制,采用 1:50 或 1:30 的比例绘制,绘图的方法是,先画简单的建筑平面示意图,按照平面的轴线位置,作出墙体编号,分别画出每一种编号墙体的砌块排列图。将该墙面上所有窗门洞、过梁、大梁、楼梯、混凝土垫块等在墙面上标出。然后在墙面上画水平线,砌块水平缝为 10～20mm。再按照砌筑规则排列。

二、根据结构图编制钢筋配料单

(一) 钢筋配料单的编制

钢筋配料单是施工技术员根据结构施工图中各品种、规格钢筋,确定其外形尺寸、数量、下料剪切长度的过程,用表格形式表达。然后根据配料单填写料牌,交付施工队伍,指导施工。

1. 钢筋配料单的编制步骤

(1) 熟悉图纸,按图施工,编制钢筋配料单之前,应把结构施工图中的每个品种、规格的钢筋列出明细表并确定钢筋的设计尺寸。

(2) 计算每种规格钢筋的下料长度。

(3) 填写和编制钢筋配料单,在配料单中必须反映工程名称、物件名称、钢筋编号、钢筋简图及尺寸,钢筋直径、数量、下料长度和重量,以进行配料加工,钢筋配料单的基本形式如表4-3所示。

表4-3 钢筋配料单

构件名称	钢筋编号	简 图	直径 (mm)	钢号	下料长度 (mm)	单位根数	合计根数	重量 (kg)

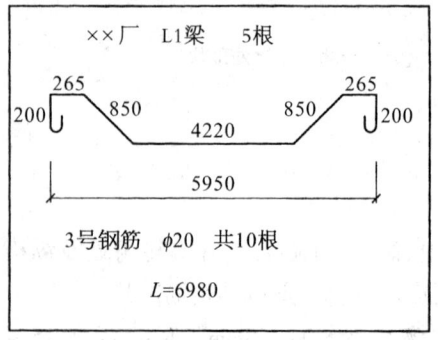

图4-24 钢筋加工牌

(4) 填写钢筋料牌。根据钢筋配料单,对每种钢筋填写一块料牌,下达到钢筋队伍指导施工,如图4-24所示。料牌可用4cm×5cm的木牌或布制成,每种钢筋加工完毕后,与成型钢筋绑在一起以便现场绑扎钢筋骨架时对照检查。

2. 钢筋下料长度的计算原则及规定

(1) 钢筋长度:结构施工图中所指明钢筋长度是指外包尺寸,即钢筋外缘至外缘之间的长度。

(2) 钢筋保护层:其作用是保护钢筋在混凝土结构中不受锈蚀。如无设计要求时应符合表4-4。

表4-4 钢筋混凝土保护层厚度

项次	项 目		保护层厚度
1	墙和板	厚度≤10mm	10
		厚度>100mm	15
2	梁和柱	受力钢筋	25
		箍筋和构造筋	15
3	基础	有垫层	35
		无垫层	70

(3) 钢筋弯曲直径:I级钢筋为了增加其与混凝土锚固的能力,一般在其两端做180°弯钩,弯曲直径为$2.5d$,平直部分长度不小于$2.5d$。II、III级钢筋两端一般不设180°弯钩而作90°和135°弯折,则II级钢筋的弯曲直径$D \geqslant 4d$,III级钢筋$D \geqslant 5d$,弯起钢筋中间部位弯折处的$D \geqslant 5d$。(d为钢筋直径)

I级钢筋或冷拔低碳钢制作箍筋时,其末端应做弯钩,其弯曲直径$D \geqslant 2.5d$(d为箍筋直径),弯钩的平直部分,一般结构不小于箍筋直径的5倍,有抗震要求的结构不小于箍筋直径的 10 倍。

(4) 量度差值:钢筋弯曲后,外边缘伸长,内边缘缩短,而中心线既不伸长也不缩短。但钢筋长度的度量方法是指外包尺寸,因此,弯曲以后存在一个量度差值,在计算下料长时必须加以扣除,否则下料长度太长。

3. 钢筋弯钩下料长度及钢筋弯折的量度差值

(1) 180°弯钩的下料长度计算:

图 4-25 为钢筋弯曲 180°尺寸图,度量方法以外包尺寸度量,其下料长度为:

$$AE1 = ABE = 1/2 \times 3.14 \times (D+d) + 3d$$
$$= 1/2 \times 3.14 \times 3.5d + 3d = 8.5d \quad (钢箍用 10.5d)$$
$$AF = D/2 + d$$

故每个弯钩的加长长度为:

$$AE' - AF = 8.5d - 2.25d = 6.25d(钢箍用 8.25d)$$

结论是 I 级钢筋作 180°的弯钩时,每个下料加 6.25d,而钢箍作 180°弯钩时,每个弯钩加长 8.25d。

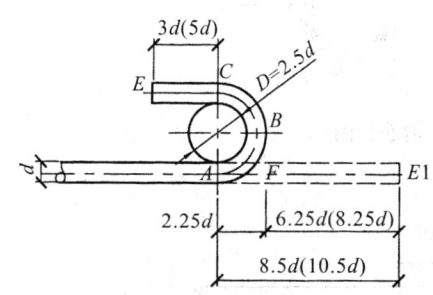

图 4-25 钢筋弯曲 180°尺寸图

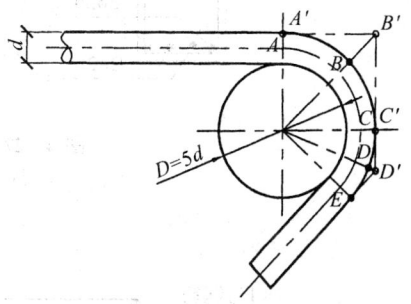

图 4-26 钢筋弯曲 135°尺寸图

(2) 135°弯折时的量度差值:如图 4-26 所示。

曲线长度:

$$ABCDE = 3/8 \times 3.14 \times 6d = 7.07d$$

量度长度:

$$A'B' + B'C' + C'D' + D'E' = 2A'B' + 2C'D'$$
$$= 2 \times 3.5d + 2 \times (D/2 + d)tg22.5$$
$$= 7d + 7d \times 0.414 = 9.90d$$

度量差值:$9.90d - 7.07d = 2.83d \approx 3d$

常用的度量差值有:

钢筋 45°弯曲,度量差值为 $0.5d$;

钢筋 90°弯曲,度量差值为 $2d$;

钢筋 135°弯曲,度量差值为 $3d$。

4. 钢筋配料单的编制实例

某工程共有五根 L1 梁,如图 4-27 所示,现编制钢筋配料单。

解:(1) 熟悉图纸,排列钢筋尺寸。

从图 4-27 可知有共计 4 种规格的钢筋尺寸。根据构件的尺寸、钢筋形状及保护层厚度定出钢筋外包尺寸(不包括端部弯钩),如图 4-28 所示。

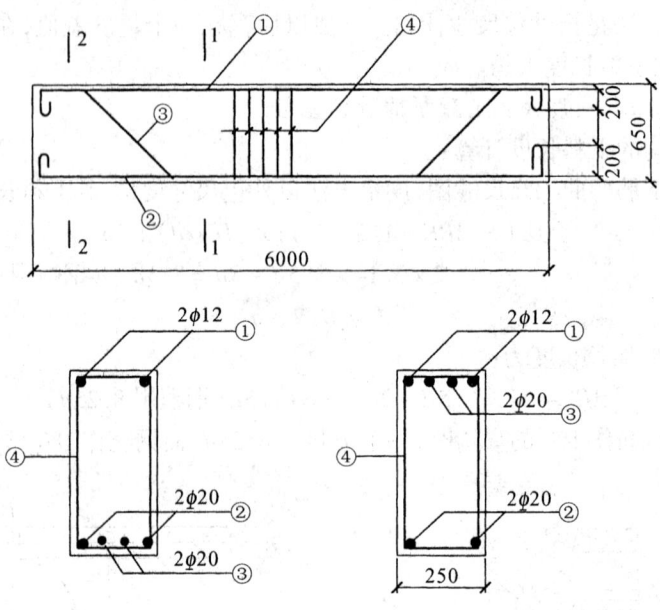

图 4-27 L1 梁钢筋详图

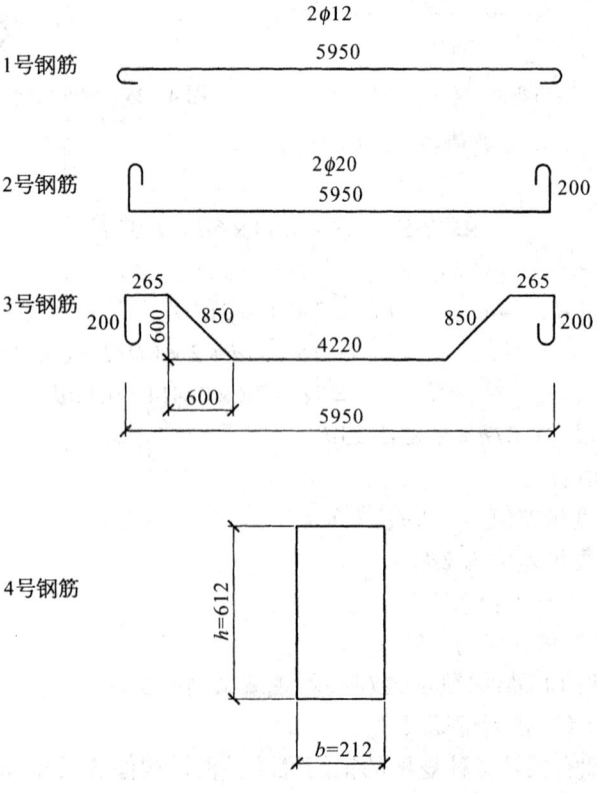

图 4-28 钢筋外包尺寸

1 号钢筋的外包尺寸为：$6000 - 2 \times 25 = 5950 (\text{mm})$。

2 号钢筋的外包尺寸为：$6000 - 2 \times 25 + 200 \times 2 = 6350 (\text{mm})$。

3 号钢筋端头平直段长度为：$290 - 25 = 265 (\text{mm})$。

斜段长为：$(梁高 - 2 保护层) \times 1.414 = (650 - 2 \times 25) \times 1.414 = 850 (\text{mm})$。

中间段长度为：$5950 - (265 + 600) \times 2 = 4022 (\text{mm})$。

4 号钢筋的外包尺寸，其长度为梁长减去左右两个保护层厚度，再加两个箍筋直径：

$$250 - 2 \times 25 + 2 \times 6 = 212 (\text{mm})。$$

高度为：$650 - 2 \times 25 + 2 \times 6 = 612 (\text{mm})$。

箍筋数量：$n = 5950/200 + 1 = 31 (个)$。

(2) 每根钢筋下料长度计算。

配料时应根据弯曲和弯钩情况计算下料长度。对端部有弯钩的直钢筋下料长度为：外包尺寸长度 + 端部弯钩长度。

对端部有弯钩的弯起钢筋，其下料长度：外包长度 + 端部弯钩长度 – 量度差值。

对箍筋的弯钩下料长度为：外包尺寸 + 10.5d。

1 号钢筋下料长度：$5950 + 2 \times 6.25d = 6100 (\text{mm})$。

2 号钢筋下料长度：$5950 + 200 + 200 + 2 \times 6.25d - 2d = 6520 (\text{mm})$。

3 号钢筋下料长度：

$$(200 + 265 + 850) \times 2 + 4220 + 2 \times 6.25d - 4 \times 0.5d - 2 \times 2d = 6980 (\text{mm})。$$

4 号箍筋下料长度：$(612 + 212) \times 2 + 2 \times 8.25d - 3 \times 2d = 1648 + 10.5d = 1710 (\text{mm})$。

注意：从上面计算可知箍筋下料长度等于外包尺寸长净加 $10.5d$，而且通常用 $\phi 4$、$\phi 6$、$\phi 8$ 三种钢筋作钢箍用，为简化计算则：

$\phi 4$ 钢箍：外包周长 + 10.5×4 = 外包周长 + 40mm；

$\phi 6$ 钢箍：外包周长 + 10.5×6 = 外包周长 + 60mm；

$\phi 8$ 钢箍：外包周长 + 10.5×8 = 外包周长 + 80mm。

(3) 编制钢筋配料单。

根据以上计算，即可填写配料单，并计算钢筋用量，如表 4–5 所示。

表 4–5 钢筋配料单

构件名称	钢筋编号	简 图	直径(mm)	钢号	下料长度(mm)	单位根数	合计根数	重量(kg)
	1	5950	$\phi 12$	ϕ	6100	2	10	51.17
	2	200 5950 200	$\phi 20$	ϕ	6520	2	10	160.78
	3	200 265 850 4220	$\phi 20$	ϕ	6980	2	10	172.13
	4	612 212	$\phi 6$	ϕ	1710	31	155	58.84

注：合计 $\phi 6$:58.84kg $\phi 12$:54.17kg $\phi 20$:332.91kg

复习思考题

1. 模板的作用是什么?
2. 对模板的基本要求是什么?
3. 组合钢模板有什么特点?
4. 计算图 4-6 中的模板数量(包括主梁和次梁)。
5. 分件吊装法和综合吊装法各有什么特点?
6. 什么是柱吊装的旋转法?平面布置的关键是什么?
7. 什么是柱吊装的滑行法?平面布置的关键是什么?
8. 现场预制构件一般如何作平面布置?
9. 施工平面图的作用是什么?
10. 施工平面图的主要内容是什么?
11. 施工总平面图和单位工程施工平面图有什么相同和不同?
12. 对中小型砌块排列方式有什么要求?
13. 钢筋的设计长度和下料长度有何区别?
14. 钢筋的度量差值是如何产生的?

第五章 设备工程图

第一节 给排水工程图

一、概述

给排水系统包括由供水管网、阀门、给水附件等组成的给水系统和由卫生设备、排水管网、通气管、管道附件等组成的排水系统。

(一) 给水系统的组成

对于一般房屋来讲,给水系统由以下几部分组成:

(1) 引入管:自室外引水总管将水引入室内管网的管段。

(2) 水表节点:位于引入管段的中间,前后装有阀门、水表等。

(3) 给水管网:由干管、支管、立管、横管和其他管件等组成的管道系统。

(4) 给水附件:各种配水龙头、阀门以及卫生设备等。

除了以上基本部分,按房屋建筑的性质、要求、高度以及室外管网的压力等不同情况,在给水系统中还可能附加一些其他设备,如水泵、水箱、消防设备等。在一般房屋建筑中仅有一个给水系统,而某些建筑物根据使用要求的水质、水量等分设几个分系统,如由洗涤水给水分系统、饮用水给水分系统、中水给水分系统组成的复杂给水系统。

(二) 排水系统的分类及组成

一般住宅排出的污、废水按性质可分为以下几类:

(1) 污水排水系统:排除人们在生活中所产生的洗涤污水和粪便污水。

(2) 雨水排水系统:排除屋面上和屋檐的雨、雪水。

一个排水系统一般由下面几个部分组成:

(1) 卫生设备:它们是用来承受用水和将使用后的废水、污水、排泄物排泄到排水系统中的容器。

(2) 排水管网:由卫生设备的排水管、横支管、立管、干管、排出管等组成的管道系统。

(3) 通气管:是在排水立管的上端延伸出屋面的部分,其作用是排出臭气及有害气体,使室内压力变化稳定。

(4) 清扫设备:为疏通排水管道在排水系统中设置的检查口和其他清扫设备。

二、给排水工程图的基本知识

给排水工程图与其他专业工程图一样,要符合投影原理和视图、剖面和断面等基本画法的规定。另外,由于给排水工程图的主要表达对象是各类管道,这些管道的基本特点是:截面形状简单规则;管道长度远远超过管道的直径;分布范围广,纵横交叉相互连接;管道附件众多;这些附件与附属设备一般都有标准的规格和基本统一尺寸,所以国家标准制定了许多图例来统一表达。

(一) 给排水工程图的一般规定

给排水工程图应符合 GB/T50001《房屋建筑制图统一标准》、GB/T50103《总图制图标准》、GB/T50106《给水排水制图标准》，以及其他现行国家或行业的相关标准、规范的规定。

1. 图线

当在同一套给排水图样中，只有一种管道时，通常用实线来表示该管道。如果有好几种不同的管道，为避免混淆和更为清晰起见，可用不同的线型（如实线、虚线、点划线等）来表示各种系统的管道，并在图中附加图例进行说明。也可以用国标规定的实线加字母的方法来表达不同的管道。例如，在实线中间写 P，表示是排水管。该字母的含义是汉语拼音的第一个字母。

2. 比例

管道的平面布置图一般是套用建筑平面图，比例与建筑平面图相同。如果厨房、卫生间等管道比较密集的地方，用原比例不易表达清楚时，可以用局部放大的图样来补充表达。系统原理图是轴测图，主要是说明整个系统及其布置、连接等方式，可以不按比例绘制。

3. 标高

给排水工程图中的室内工程图应标注相对标高；室外工程图宜标注绝对标高。

压力管道应标注管中心标高；沟渠和重力流管道宜标注沟（管）内底标高。标高的标注方法如图 5-1 所示。在给排水工程图中，管道也可以标注本层建筑地面的标高，标注方法为：$h+\times.\times\times\times$，其中 h 表示本层建筑的地面标高（如 $h+0.125$）。

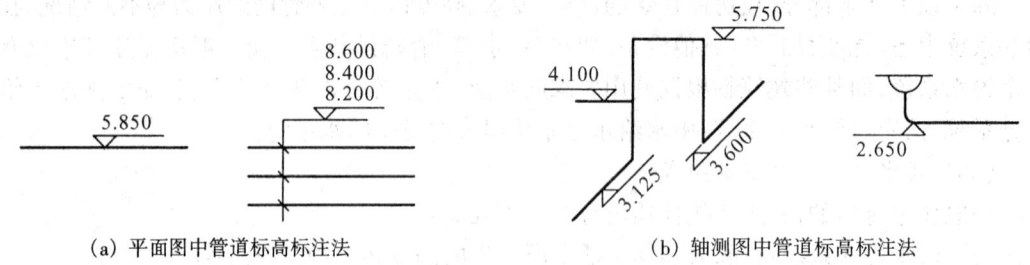

(a) 平面图中管道标高标注法　　　　(b) 轴测图中管道标高标注法

图 5-1　管道标高标注法

4. 管径

管道直径的标注以 mm 为单位，管径的标注方法如图 5-2 所示。不同材质管道应按照不同的管径表示方法：

水煤气输送钢道（镀锌或不镀锌相同）、铸铁管等管材，管径以公称直径 DN 表示（如 $DN25$、$DN100$）。

无缝钢管、焊接钢管、铜管、不锈钢管等管材，管径以公称外径 $D\times$壁厚表示（如 $D108\times4$、$D159\times4.5$ 等）。

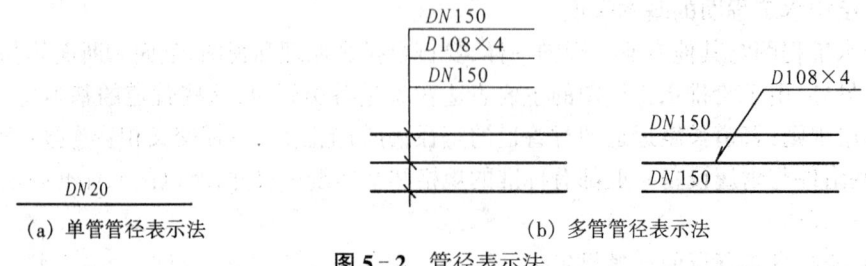

(a) 单管管径表示法　　　　(b) 多管管径表示法

图 5-2　管径表示法

钢筋混凝土(或混凝土)管、陶土管、耐酸陶瓷管、缸瓦管等管材,以内径 d 表示(如 $d230$、$d450$ 等)。

塑料管材,管径按产品标准规定的方法标注。

表5-1 给水排水常用图例

名 称	图 例	名 称	图 例
生活给水管	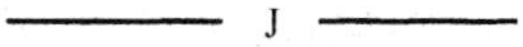 —— J ——	存水弯	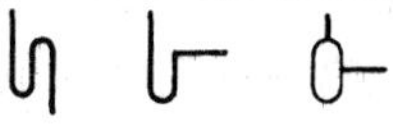
热水给水管	 —— RJ ——	弯 头	
中水给水管	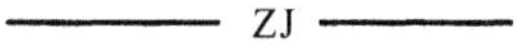 —— ZJ ——	闸 阀	
废水管	 —— F ——	角 阀	
污水管	 —— W ——	三通阀	
雨水管	 —— Y ——	截止阀	
管道立管	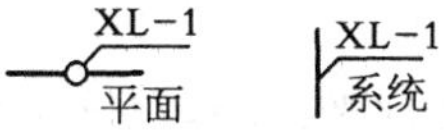 XL-1 平面　XL-1 系统	室内消火栓	 平面　系统
排水明沟	 坡向	台式洗脸盆	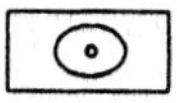
法兰连接	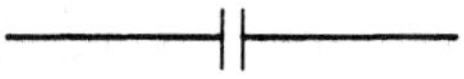	浴 盆	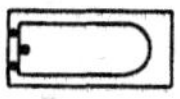
承插连接	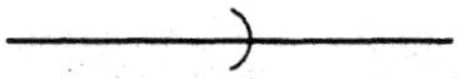	洗涤盆	
活接头		污水池	
管 堵		蹲式大便器	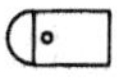
法兰堵盖		坐式大便器	
三通连接	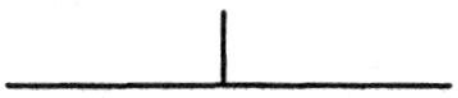	淋浴喷头	
四通连接	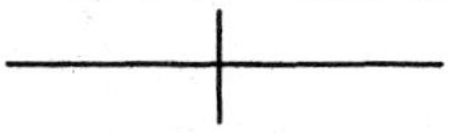	阀门井、检查井	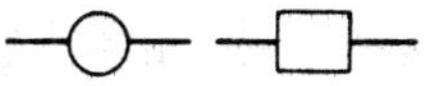
盲 板		水封井	
管道丁字上接	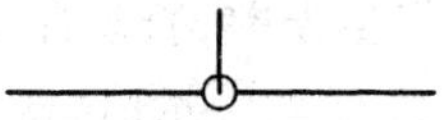	水表井	
管道丁字下接	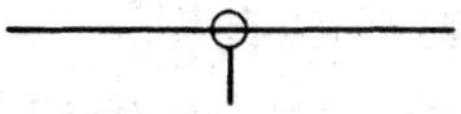	水 泵	
管道交叉	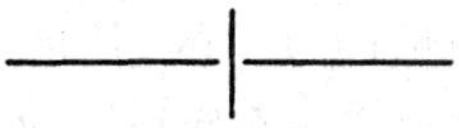	水 表	

5. 给排水工程图常用图例

给排水工程图用不同的图例来表示各种不同的配件和附属设备,表5-1是给排水工程图中常用的图例。在工程实践中,也可以自行拟设或暂用业务单位惯用的图例。无论是否采用标准图例,一般都应在工程图中附足必要的图例,以免在施工时引起误解。

6. 编号

当建筑物的给水引入管或排水排出管的数量超过一根时,宜进行编号,如图5-3(a)所示。建筑物内穿越楼层的立管,其数量超过一根时,也要进行编号,如图5-3(b)所示。

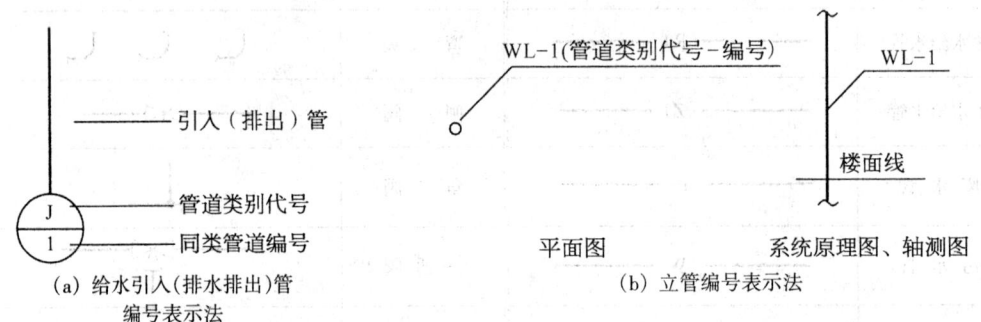

图 5-3 编号方法

(二) 给排水工程图的一般知识

给排水工程图一般有平面布置图、系统原理图、屋顶平面图、设备安装详图、户外管道平面图和施工说明等配套组成的施工工程图。通过对这些图文的阅读和理解,就可以了解房屋内部的卫生设备、用水器具的种类、规格、安装位置、安装方法及其管道的配置情况和相互关系。

1. 平面布置图

房屋内部的卫生设备、配水器具本身是房屋中设备的一部分,是房屋工程的建筑施工平面图中不可缺少的内容。一般给排水工程的平面布置图可以直接在建筑施工平面图上绘制,但两者所表达的要求、内容实际上是完全不同的。所以,在给排水工程的平面布置图上可以对房屋的具体结构及详细节点进行简化,而要明确显示出卫生设备、配水器具在房屋内的平面位置与管道的配置。

平面布置图上还有各楼层和室外地坪的标高,一般底层地面的标高为±0.000。此外,底层平面布置图上,标有指北针,表明房屋的朝向。

除非是大型的生产管道,一般室内给水排水工程管道的直径,从十几毫米至几百毫米,因此管道在图中,是无法按正确的投影来显示直径的大小。所以,各种管道不论直径大小,一律用单线来表示,只能是显示了管道的位置和延伸,管径是在系统图中用标注数字来表明的。在各种不同性质的管路系统较多时;则按表5-1中的管路代号,在管线中间注上相应的字母代号。但如管线较密,则在看图时容易混淆而发生误差,直观性较低。所以,在一般的房屋的平面布置图中,管路种类不多,采用不同的线型来表示,这样容易区别。如在图5-5～图5-10中所示,给水管用点划线表示,排水管用虚线表示。

每层平面布置图中的管路,不是以地面作为分界线,而是以连接该层卫生设备的管路为准的。不论给水管或排水管,也不论是在地面以上或地面以下的,凡是为底层服务的管路,以及供应或汇集各层楼面而敷设在地面下的管道,也都应画在底层平面图中。同样,凡是连接某楼层卫生设备的管路,虽有安装在楼板上面或下面的,但也都要画在该楼层的平面图中。而且不论管道投影的可见性如何,都按原线型来画。

为使平面布置图与系统原理图(如图5-5、5-6和图5-8、5-9)相互对照索引和便于读图,各种管路均有按管路系统分别编制的"索引编号"。进水管是以每一引入管(从室外给水干管上引入室内给水管网的水平进户管)为一系统;排水管是以窨井承接的每一排出管(汇集室内排水立管废污水至室外窨井之间连接的水平横管)为一系统。室内给水排水管路系统的进、出口数,在两个或两个以上时,都有标志和编号。平面布置图中的给水管,连接到各设备的放水龙头或冲洗水箱的支管接口;排水管则连接至设备废、污水的排泄口。

各种管道及其附件、阀门、仪表、配水器具、卫生设备等都是用图例和文字符号,在平面布置图中表示。除了国家标准规定的符号,设计单位一般都会在图边,以图例的形式加以说明。

2. 系统原理图

系统原理图也称系统轴测图,简称系统图。它在一张图纸中完整、连贯地显示出管路系统在三维方向上的分布和连接。

习惯上系统图一般用"三等正面斜轴测图"来绘制,其轴间角如图5-4所示。Y轴与水平线成45°夹角;轴间角$\angle XOY = \angle YOZ = 135°$;$\angle XOZ = 90°$。这样,管路在空间长、宽、高三个方向的延伸,在系统图中分别与相应的X、Y、Z轴平行。在按此轴向绘制的管路重叠或交叉较多时,改用Y轴与水平线成30°或60°的方向绘制系统图。

系统图中的管路用单线来表示,其图例及线型、图线宽度等均与平面布置图相同。管径、标高标注在相应管段的边上。阀门、卫生设备、给水配件、管道附件都是用图例绘制在管道的中间或末尾。管道的坡度一般在"施工说明"中规定,管道的连接方式则是在"管道附件安装详图"中表示。

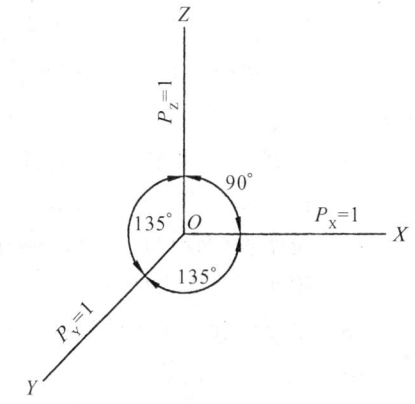

图5-4 三等正面斜轴测图

当空间成交叉的管路,反应在系统图中是两根管道相交。为鉴别其前后、上下的可见性,在相交点处,位于前面或上面的管道是连续的,而后面或下面的管道则是断开的。

在同一分系统图中,各楼层的管道常常是相互交叉,为了绘图简便和阅图清晰,对于用水设备和管路布置完全相同的楼层,一般在该分系统图中,用一个楼层的所有管道和用水设备来表示其余楼层的管道和用水设备。如图5-8左侧所示的给水系统实际上表示了分别位于该别墅底层与二层的两间卫生间的给水系统。

对于各个不同性质的管路分系统,可以按平面布置图上的"索引编号",对应寻找各个管道分系统图。在每个分系统图中,都标出与平面布置图中"索引编号"相呼应的符号与编号,可以很方便地对照索引。如图5-5与图5-9中的$P_1 \sim P_5$,即是"索引编号"。

3. 屋顶平面图和设备安装详图

屋顶平面图是表明屋顶排泻雨、雪水的坡度和雨水管道的位置和屋顶水箱的位置。

设备安装详图包括卫生设备安装详图与管道附件安装详图两种。其制图的比例一般达到1:5~1:25,设备安装详图表达了卫生设备的安装尺寸、管道的镶接等要求,一般包括卫生设备、水表井、水加热器、穿墙套管、管道支架、水泵基础等的施工具体要求。

三、给排水工程图的阅读实例

以某型别墅的给排水施工图(图 5-5~图 5-10)为例,说明其阅图的方法。

在阅读给排水工程图时,应首先对照图纸目录,检查整套图纸的完整性,每张图纸的图名是否与图纸目录的图名相符,在确认无误后再开始正式阅图。读图的一般次序是:先看施工说明,再依次阅读平面布置图、系统图、屋顶平面图、设备安装详图。

(一) 施工说明

给排水工程图的施工说明是整个给排水工程施工中的指导性文件。主要阐述以下内容:工程图尺寸单位的说明;标高的说明;管材的选用和施工安装中要求的管道的坡度;线形的说明以及其他在图中未表达清楚的内容或施工要求。本例的"施工说明"如下:

(1) 单位标高以 m 计,管径和尺寸以 mm 计。

(2) 标高:室内相对标高 ±0.00m;室外相对标高 -0.45m;排水出户管标高均为 -0.45m;建筑各层地坪标高为相对标高;给水管指管道中心标高;污水管、雨水管、废水管、透气管均指管道内壁壁底标高。

(3) 管材:冷水给水管采用冷水型 PP-R 管及管配件;热水给水管采用热水型 PP-R 管及管配件;污水管、雨水管、废水管、透气管均采用 UPVC-U 塑料排水管及管配件。给水管材应取得×××的建设、防疫主管部门的认可证书后方可使用。

(4) 管坡:(排水管、雨水管)D_e50 为 2%;D_e75 为 1.4%;D_e110 为 1.1%;D_e160 为 1%。

(5) 伸缩节:排水立管每层设一个,横管每隔 4m 设一个。

(6) 排水管检查口标高除注明外均为离地 1.00m。

(7) 雨水管排出直接排散水坡。

(8) 水压试验:进水管网按 0.6MPa 耐压试验 30min 内水压不跌落为合格。

(9) 线型与图例如下。

图　例

线型	名称	符号	名称
———·———	给水管道(JL-)	🚽	低水箱坐便器
———————	污水管道(WL-)	⬭	台式洗脸盆
——— ———	废水管道(FL-)	▭	厨房洗涤盆
— — — —	雨水管道(YL-)	⊘ 〒 ㇗	PVC-U 地漏
——— — ———	热水管道	⊛	PVC-U 透气帽

(10) 采用标准图集:(略)

(二) 给排水工程图的阅读

平面布置图与系统图是给排水工程图中基本图纸,两者必须互为对照和联系起来,才能将卫生设备、配水器具和管道网路组合成完整的给排水体系,充分明确每种设备的具体位置与管路在空间的伸展,从而理解设计师所要表达的内容,并付诸于工程的施工。

1. 卫生设备、配水器具与管道的平面位置

图5-5是别墅底层平面布置图、图5-6是二层平面布置图。

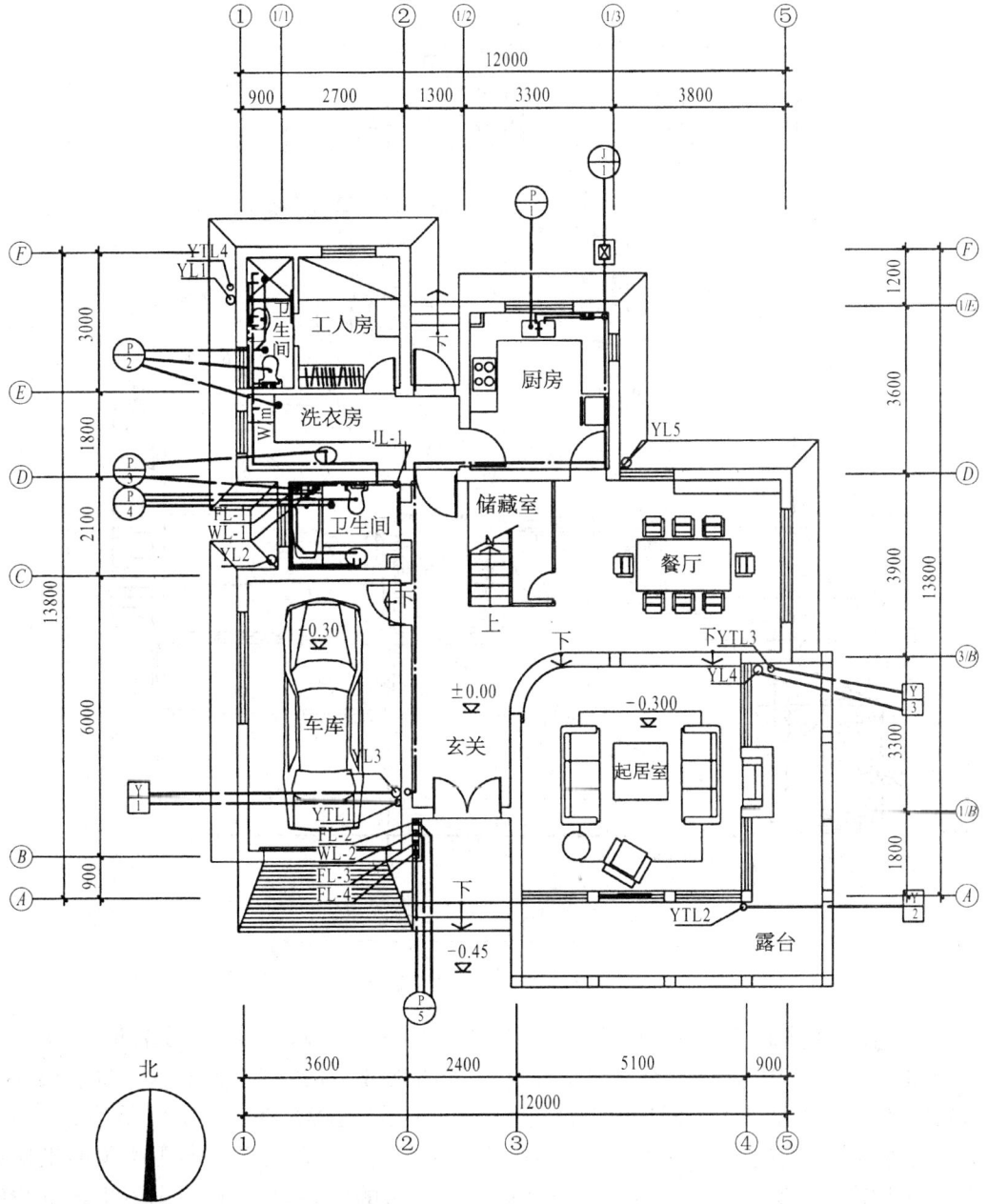

一层平面图 1:100

图5-5 底层平面布置图

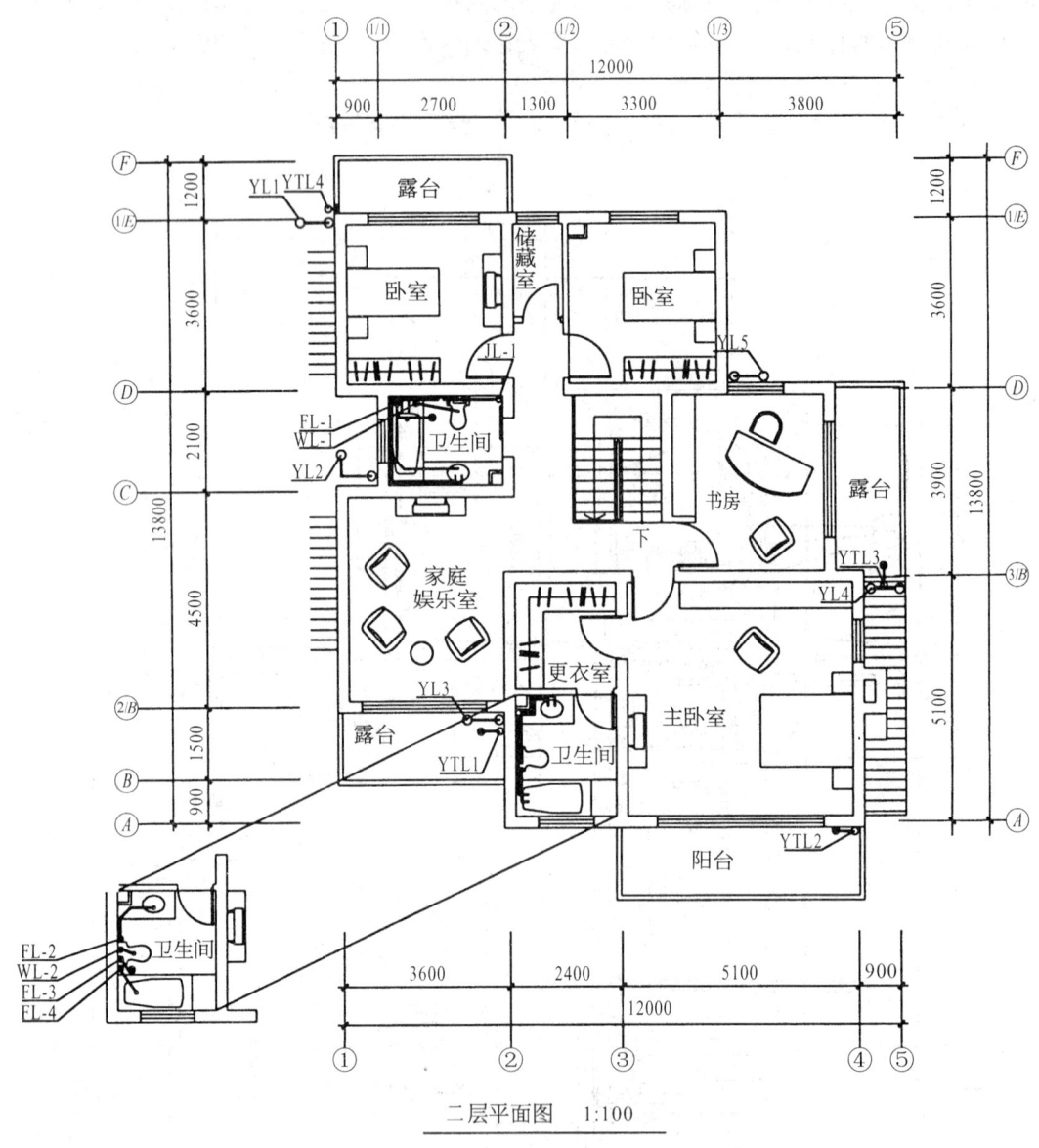

二层平面图 1:100

图 5-6 二层平面布置图

底层有四个房间安装卫生设备和配水器具,需要铺设进水管道和排水管道:厨房的水斗;卫生间有三处用水点,分别是洗脸盆、浴缸和坐便器;洗衣房的洗衣盆和洗衣机处是两处用水点;工人房的卫生间也有三处用水点,分别是洗脸盆、浴缸和坐便器。二层的两个卫生间均有三处用水点,分别是洗脸盆、浴缸和坐便器。除洗衣房与卫生间的坐便器外,其余用水点均有进水与热水管道。在厨房洗衣房的放大图中,标明了卫生设备和配水器具的平面安装位置,以及卫生间、厨房、洗衣房的地坪标高与坡度。底层厨房、洗衣房因管道密集,在原图中不能清楚地表达出各种管道,另用一个局部放大图(图5-7)补充表达,图中标明了卫生设备废水(污水)出口的位置、废水立管 FL-1 和污水立管 WL-1 的平面位置。

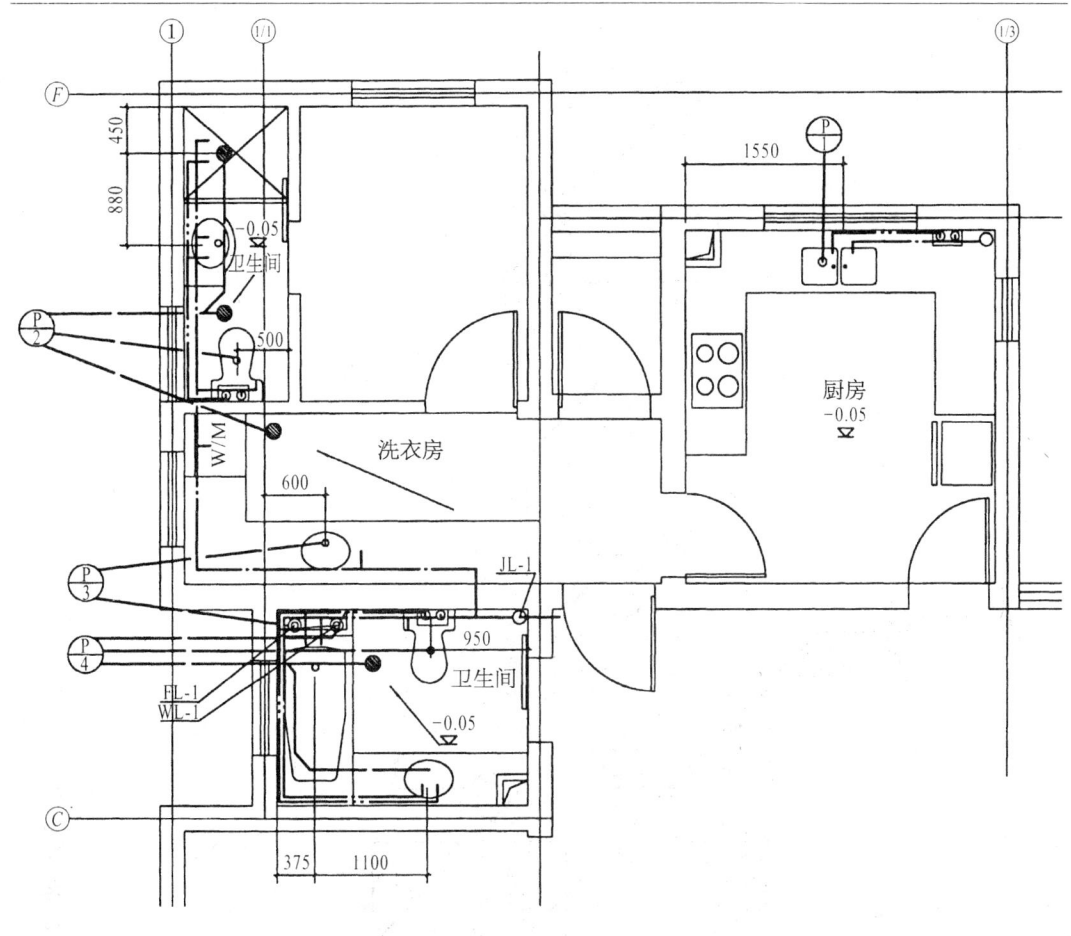

厨房、洗衣房放大平面　1:50

图 5-7　局部放大图

2. 给水系统与管道的配置

图 5-8 是给水系统原理图。根据给水系统图结合平面布置图,可以明确该别墅的给水系统和管道的配置。

该别墅仅有一个进水管,引入管位于北面的厨房。给水干管有 D_e40、D_e32 两种管径,给水支管的管径分别为 D_e25、D_e20。给水干管进入厨房后,贴顶板安装,沿墙通往卫生间的给水立管(图 5-5 中的 JL-1,管径 D_e32)。给水立管在 A 点分出厨房给水支管,在 B 点分出车库给水支管,在 C 点分出两条分别为二层两个卫生间供水的给水支管,在 D 点分为两条底层给水支管,系为卫生间和洗衣间、工人房卫生间的给水管道。

厨房给水支管通过三通和角阀与电热水器相连,厨房的配水器具是冷热水混合龙头,龙头的标高为 $h+1.00$m。在给水管道和热水管道上各有一只角阀,管道标高分别为 $h+0.25$m 和 $h+0.35$m。

底层给水支管在 D 点分成卫生间和洗衣房、工人房卫生间两条给水支管,图 5-8 左侧的是卫生间的给水系统,上方是工人房卫生间的给水系统。

卫生间配有一台电热水器提供热水,热水器进口角阀的标高为 $h+1.20$m。坐便器配有一只进水角阀。浴缸配有冷热水混合龙头一只,标高 $h+0.63$m。洗脸盆配有冷热水三通各

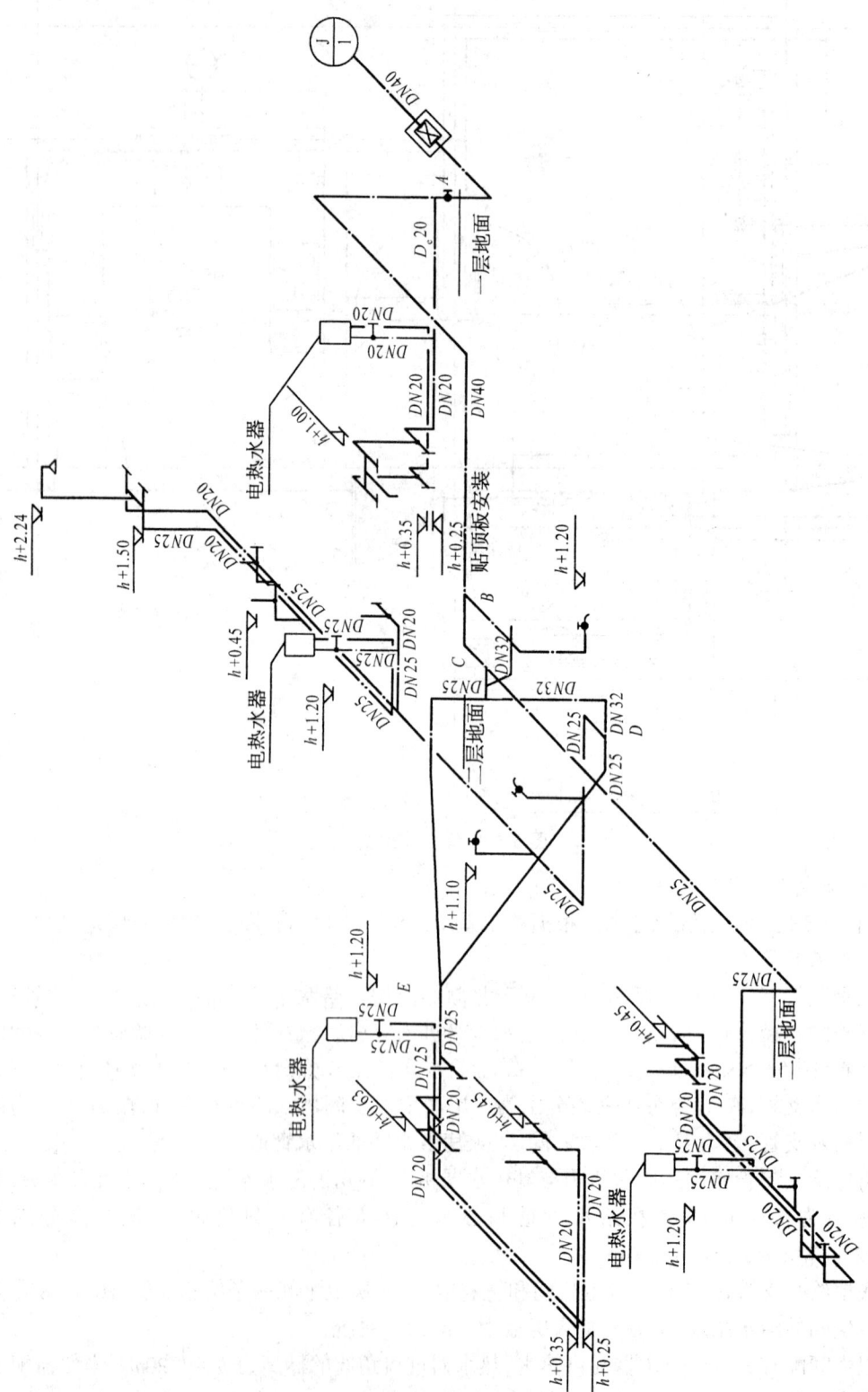

图 5-8 给水系统图

第一节 给排水工程图

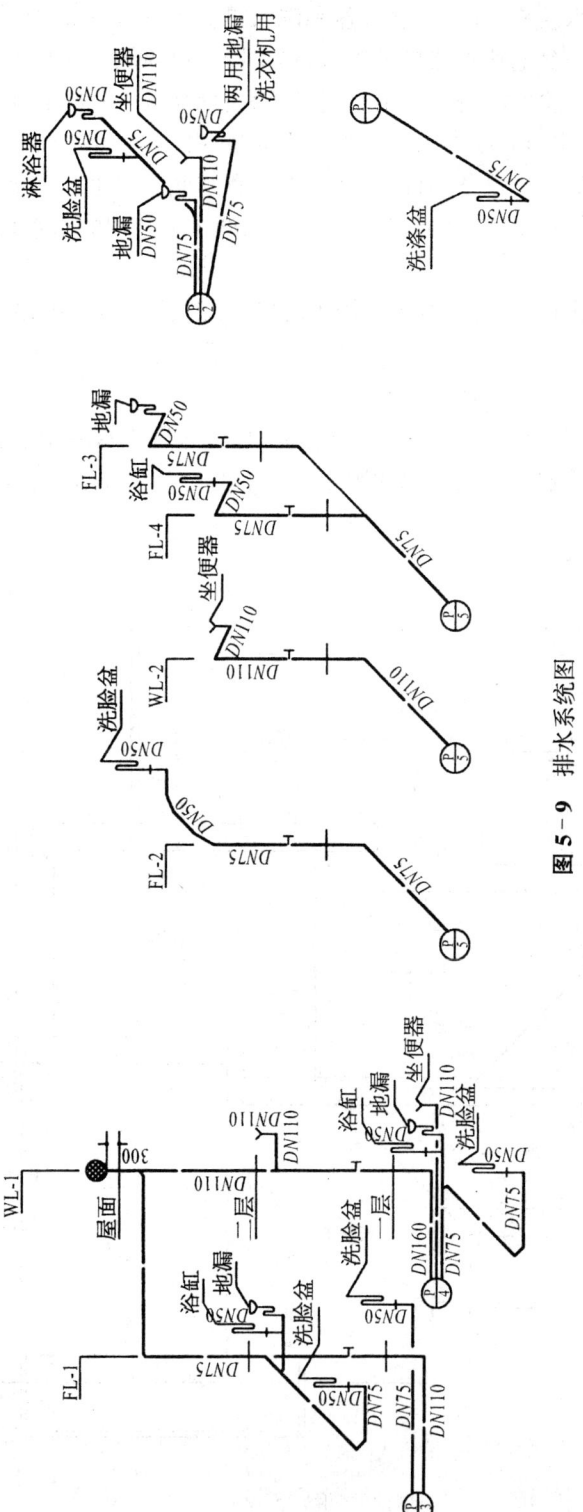

图 5-9 排水系统图

一只，标高 $h+0.45\text{m}$。给水和热水管道的标高分别为 $h+0.25\text{m}$ 和 $h+0.35\text{m}$。

洗衣房配有两只进水龙头，分别为洗衣盆和洗衣机提供进水，标高均为 $h+1.10\text{m}$。

工人房卫生间配有一台电热水器提供热水，热水器进口角阀的标高为 $h+1.20\text{m}$。坐便器配有一只进水角阀。洗脸盆配有冷热水三通各一只，标高 $h+0.45\text{m}$。淋浴房配有冷热水混合喷淋龙头一只，管道出口和喷淋头的标高分别为 $h+1.50\text{m}$ 和 $h+2.24\text{m}$。

由于二层北卫生间的卫生设备的位置、管道的布置与底层卫生间完全相同。因此，图中只用两条不同的进水支管在 D 点相交，就可以表示出两个卫生间的给水系统。

3. 排水系统与管道的配置

图 5-9 为排水系统图。该别墅有 5 个排水出口，分别标为 P1~P5；3 个雨水出口，分别标为 Y1~Y3；露台、屋檐排水管 4 根 YL1~YL4；废水立管 4 根 FL-1~FL-4；污水立管 2 根 WL-1~WL-2；雨水立管 5 根 YTL1~YTL5。

现以图 5-9 左侧的 P3 和 P4 两个排水分系统为例，分析排水系统及排水管道的布置。二层北卫生间浴缸、洗脸盆、地漏排放的废水，分别通过两个存水弯、直管(D_e50)、横管

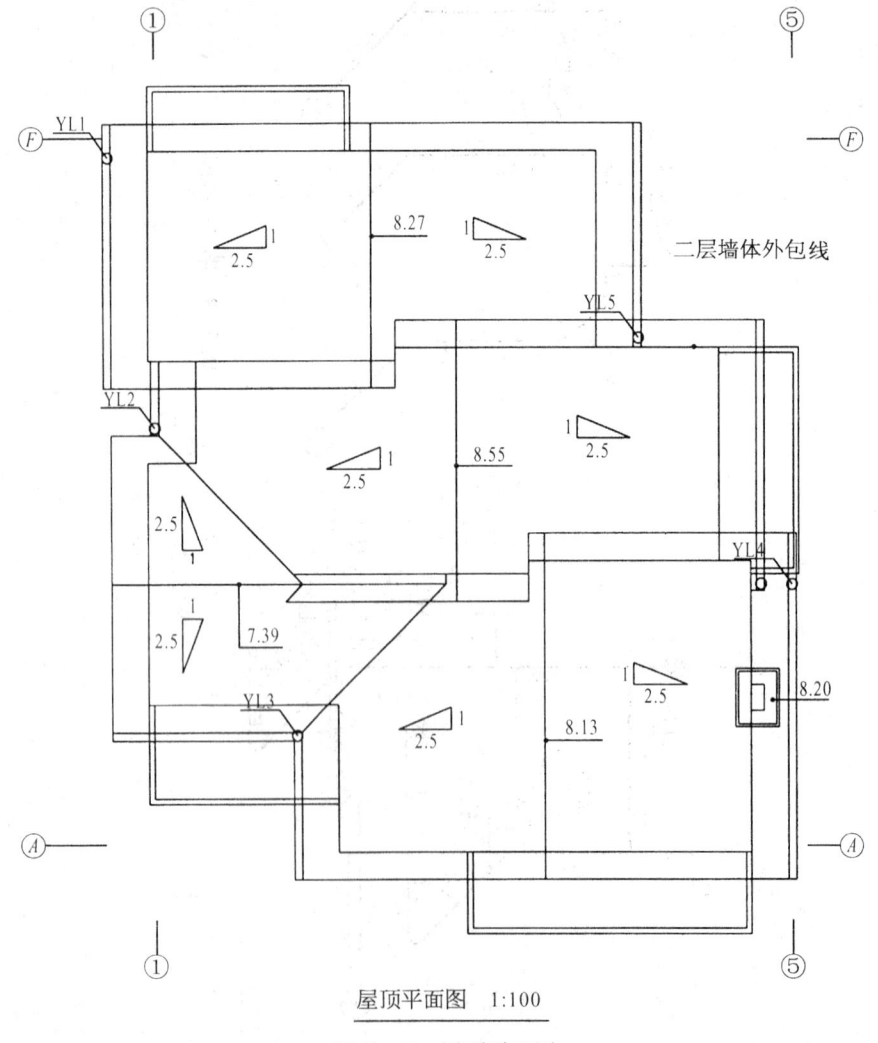

屋顶平面图 1:100

图 5-10 屋顶平面图

(D_e75),经由废水立管(FL-1)和横管(D_e110),排放到出口 P3。底层洗衣房洗脸盆排放的废水通过存水弯、直管(D_e50)、横管(D_e750)也排放到排出口 P3。坐便器排放的污水则通过直管、横管(D_e110)排放到污水立管 WL-1,经管径为 D_e160 的横管排放到排出口 P4。底层卫生间的浴缸、洗脸盆、地漏排放的废水通过存水弯和管径为 D_e75 的管道排放到 P4 排放口。坐便器排放的污水直接通过直管、横管(D_e110)排放到 P4 排放口。在两根立管中各设立了一个立管检查口,废水立管 FL-1 还连接到污水立管 WL-1 的通气口,通气口高出屋面 300mm。

4. 屋顶平面图和设备安装详图

图 5-10 是屋顶平面图。该别墅是一个多坡顶的屋面。图中标明了屋顶各条屋脊的标高、坡度和雨水管道、雨水立管的位置。

本实例中,卫生设备均采用标准件,安装施工可以参照标准图集,不必另外绘制安装详图。

第二节 建筑电气工程图

一、电气工程图的基本知识

(一) 概述

一般住宅的电气系统,可以分成传递能量的强电(照明)系统和传递信号的弱电系统。强电系统包括:由电器开关、导线、照明灯具、插座组成的照明系统;基础接地系统;防止雷击的屋顶防雷系统。

弱电系统包括:电话线路、闭路电视线路、宽带网络线路、门禁系统、防盗防火系统、水煤电远程抄表系统等信息网络线路的弱电信息箱、导线和终端出线盒。

(二) 电气工程图的一般规定

电气工程图应符合 GB/T50001《房屋建筑制图统一标准》、GB/T4728《电气图形符号》、以及其他现行国家或行业的相关标准、规范的规定。

电气工程图中包含了各类图线,其线型应遵守建筑工程制图的统一规定。电气工程图中一般采用以下四种线型,具体应用见表 5-2。

表 5-2 图线及其应用

图线名称	图线线型	一 般 应 用	图线名称	图线线型	一 般 应 用
实 线	———	导线、导线组、电路线路、母线一般符号	点划线	—·—·—	控制及信号线(电力及照明用)
虚 线	- - - -	事故照明线	双点划线	—··—··—	50V 及其以下电力及照明线路

各种电气设备、线路的平面布置图,可以使用与相应建筑平面图相同的比例。但实际上大部分电气工程图是不按此比例绘制的,只有某些位置图(电气设备安装位置)或导线长度按比例绘制或部分按比例绘制。

电气工程图一般采用的比例有:1:10、1:20、1:50、1:100、1:200、1:500。

在建筑电气工程图中,各种元件、设备、装置、线路及其安装方法等,是借用图形符号或文字符号来表达的。阅读电气工程图的基础知识,就是掌握和熟悉有关符号所表达的内容、含义以及它们之间的关系。

1. 电气工程图中常用的电气图形符号

在电气工程图中。采用不同的图形来表达各种导线和电气设备,常用的导线图形符号见表5-3,电气图形符号见表5-4。

表5-3 导线图型符号

图型符号	说明	图型符号	说明
	母线		保护和中性共用线
	进户线		具有保护和中性的三相配线
	导线一般符号		向上配线
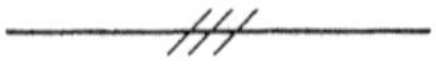	三根导线	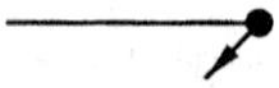	向下配线
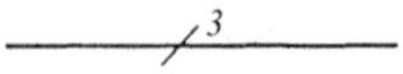	三根导线		导线垂直通过
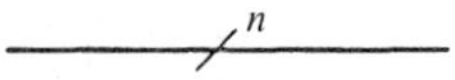	n根导线		连线盒或接线盒
	中性线		无接地极的接地装置
	保护线		有接地极的接地装置

2. 电气工程图中常用的文字符号

图形符号已经提供了某一类设备或元件的共同符号,为了明确地区分不同的设备、元件,尤其是区分同类设备或元件中不同功能的设备或元件,还必须在图形符号旁标注相应的文字符号,给予更明确的定义。文字符号通常由基本符号、辅助符号和数字组成。

基本文字符号用以表示电气设备、装置和元件以及线路的基本名称、特性。基本文字符号分为单字母符号和双字母符号。单字母符号是用拉丁字母表示,每一类设备、装置等可以用一个专用的单字母符号表示,如"R"表示电阻器类,"Q"表示电力电路的开关器件类等。双字母符号是由单字母符号与另一字母组成,其组合型式应以单字母符号在前、另一字母在后的次序列出。双字母符号可以较详细和更具体地表述电气设备、装置和元器件的名称,如荧光灯、汞灯的双字母符号分别为:"FL"、"Hg"。

辅助文字符号是用以表示电气设备、装置和元件以及线路的功能状态和特征的,通常是由英文单词的前两个字母构成。如"RD"表示红色(Red)。

多个文字符号也可以以不同的顺序或下标实行的组合,成为一种新的组合。

文字符号的组合形式一般为:基本符号+辅助符号+数字序号。

如:第1个时间继电器,其符号为KT1;第二组熔断器,其符号为FU2。

3. 电气工程图中标注文字符号的规定

(1) 动力及照明线路的导线标注方法:$a-b(c \times d)e-f$。

表 5-4 常用电器图型符号

图型符号	说明	图型符号	说明
	单极开关		壁灯
	暗装单极开关		荧光灯一般符号
	密闭(防水)单极开关		三管荧光灯
	防爆单极开关		单相插座
	双极开关		密闭(防水)单相插座
	暗装双极开关		带接地插孔的单相插座
	密闭(防水)双极开关		带接地插孔的三相插座
	防爆双极开关		密闭(防水)带接地插孔的三相插座
	三极开关		暗装单相插座
	暗装三极开关		防爆单相插座
	密闭(防水)三极开关		带接地插孔的暗装单相插座
	防爆三极开关		单极开关
	单极限时开关		多极开关单线表示
	单极拉线开关		多极开关多线表示
	单极三线双控开关		断路器
	单极三线双控拉线开关		熔断器的一般符号
	灯或信号灯的一般符号		配电箱一般符号
	聚光灯	kWh	千瓦小时表
	泛光灯		变电所,配电所

注：左列中开关为灯开关。

式中　　a——线路编号或线路用途的符号;

　　　　b——导线型号,见表 5-5;

　　　　c——导线根数;

　　　　d——导线截面面积;

　　　　e——敷设方式符号及穿管径,见表 5-6;

　　　　f——线路敷设部位符号,见表 5-7。

如 401-BV(3×1.5)TC10-DA 表示:第 401 号导线的型号为铜芯聚氯乙烯绝缘电线(BV);导线共三根,截面面积均为 1.5mm²(3×1.5);穿内径为 ϕ10mm 电线管(TC10),暗敷在墙内(DA)。

表 5-5　导线型号表

导线型号	导线名称	导线型号	导线名称
RVS	铜芯聚氯乙烯绝缘绞型软线	VV	铜芯铠装电力电缆
RFS	铜芯丁腈聚氯乙烯复合物绝缘软线	B1XF	铝芯氯丁橡皮绝缘电线
BV	铜芯聚氯乙烯绝缘电线	BX	铜芯橡皮绝缘电线
BLV	铝芯聚氯乙烯绝缘电线	BLX	铝芯橡皮绝缘电线
KLY	辐照交联聚乙烯绝缘架空电缆	LJ	铝芯绞线
K1YJ	辐照交联聚乙烯绝缘架空电缆	LGJ	钢芯铝绞线

表 5-6　导线敷设方式文字符号表

文字符号	文字符号的意义	文字符号	文字符号的意义
K	用瓷瓶或瓷柱敷设	PC	穿聚氯乙烯硬质管敷设
PR	用塑料线槽敷设	SR	用钢线槽敷设
TC	穿电线管敷设	CP	穿金属软管敷设
VG	穿刚性增塑阻燃塑料管	PL	用瓷夹敷设
GG	穿钢管敷设	PCL	用塑料夹敷设

表 5-7　导线敷设部位的文字符号表

文字符号	文字符号的意义	文字符号	文字符号的意义
SR	沿钢索敷设	BA	暗敷设在梁内
BE	沿屋架或跨屋架敷设	DA	暗敷设在墙内
WE	沿墙面敷设	PA	暗敷设在顶板内
CE	沿天棚面或顶板面敷设	QA	暗敷设在地面下
CLE	沿柱或跨柱敷设	CLA	暗敷设在柱内

(2) 照明灯具的一般标注方法：$a-b\dfrac{c\times d\times L}{e}f$

式中　a——灯数；

　　　b——型号或编号；

　　　c——每盏照明灯具的灯泡数；

　　　d——每个灯泡或灯管的功率,单位为 W；

　　　e——灯泡安装高度,单位为 m；

　　　f——安装方式代号,见表 5-8；

　　　L——光源种类,见表 5-9。

表 5-8　灯具安装方式的文字符号

文字符号	文字符号的意义	文字符号	文字符号的意义
CP	线吊式	S	吸顶或直附式
CP1	固定线吊式	R	嵌入式
CP2	防水线吊式	CR	顶棚内安装
W	壁装式	WR	墙壁内安装
HM	座装	T	台上安装
Ch	链吊式	SP	支架上安装
P	管吊式	CL	柱上安装

表 5-9　光源种类表

文字符号	光源种类	文字符号	光源种类
IN	白炽灯	I	碘灯
FL	荧光灯	Xe	氙灯
Hg	汞灯	Ne	氖灯

如　　　　　　　　　　$5-15\dfrac{3\times 40\text{IN}}{2.5}\text{W}$

表示 5 盏编号为 15 的白炽灯(IN),每盏灯内有 3 只 40W 的灯泡,采用壁装式(W),安装高度 2.5m。

(二) 电气工程图的一般知识

电气工程图一般有照明平面布置图、强电系统图、屋顶防雷平面图、基础接地平面图、主要设备材料表、设备安装详图和工程施工说明等配套组成的强电工程工程图；弱电平面布置图(必要时还应增加弱电系统图)。通过对这些图文的阅读和理解,就可以了解房屋内部的电气设备、导线的种类、规格、安装位置、安装方法及其导线的配置情况和相互关系。

1. 供电电路

输送和分配电能的电路系统和设施均称为供电线路工程。

供电线路工程按供电的使用对象分为：电气照明供电线路；动力设备供电线路；电热设

备供电线路。按建筑供电线路的位置分为:外线工程;内线工程。按供电线路所采用的电压分为:高压线路(超过1kV电压的线路);低压线路(1kV以下电压的线路)。

户内供电线路的电压,除特殊需要外,通常都采用380V/220V50Hz三相四线制供电。即由市电网的用户配电变压器的低压侧输出三根相线(火线)和一根零线。相线与相线之间的电压是380V,相线与零线之间的电压是220V,供户内负载用电。

一般建筑物的供电线路主要由接户线、进户线、总配电箱、计量箱、配电箱、开关插座、电气设备等用电器组成。

从室外的低压架空供电线路的电杆上至建筑物外墙的支架,这段线路称为接户线,它是室外供电线路的一部分。

从外墙支架的架空线或电缆到室内配电盘这段线路称为进户线。进户点的位置就是建筑供电电源的引入点。一般从建筑物的背面或侧面进户,多层建筑物一般由二层进户。

配电箱是接受和分配电能的装置。在配电箱里,一般装有空气开关、断路器、计量表、电源指示灯等。

从总配电箱至分配电箱的一段供电线路称为干线。按照干线之间的连接方式可以将干线以不同布置方式连接。对于一般户内照明及家用电器的干线连接主要采用放射式,其他还有混合式和树枝式等布置方式。

从分配电箱引至用电装置或电灯等照明设备的一段供电线路称为支线,亦称回路。

图5-11是某住宅室内供电系统组成示意图。从图中可以看出,电源进户后首先进入总配电箱,再经过总配电箱内的控制开关引出干线进入计量箱,经计量表进入用户配电箱,最后线路通至各电气照明设备。

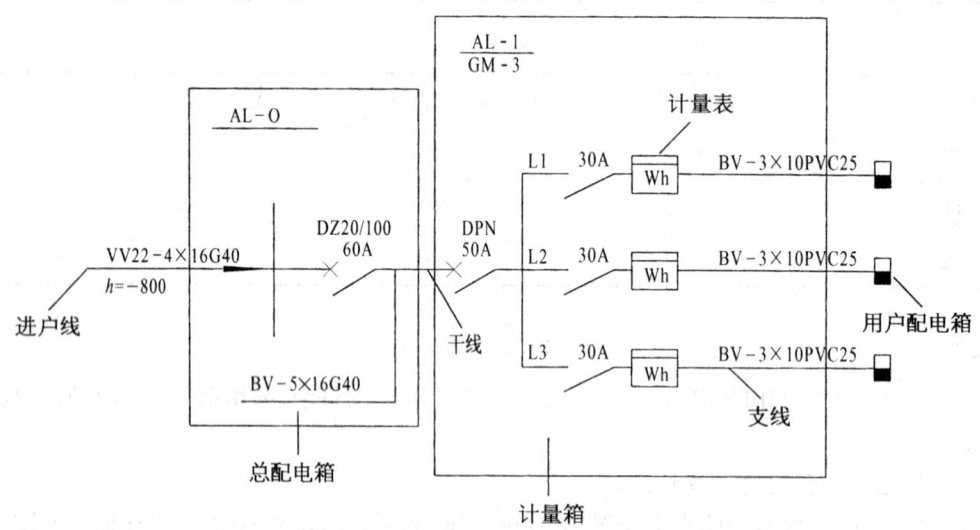

图5-11 住宅室内供电系统组成示意图

室内供电线路的敷设,有明设和暗设两种。

明线敷设是指导线直接敷设于建筑物的墙面或顶棚的表面、桁架或支架等处。明设方式具有工程方便、易于维修等优点,其缺点是导线易受有害气体的侵蚀。

暗线敷设是将管子(铁管、塑料管、瓷管)根据电气照明设计图的要求,预先埋设于墙内、楼面或顶棚内,然后将导线穿入管中。其优点是:不影响室内装潢美观,防潮好,可以防止导线受到有害气体的腐蚀和机械损伤。暗线敷设是目前民用建筑广泛采用的敷设方式。

2. 基本照明控制电路和插座的表示法

（1）灯与开关：一只开关控制一盏灯或多盏灯，是最简单的照明布置。图 5－12 是一个明装开关控制一盏灯的配线平面图和示意图。

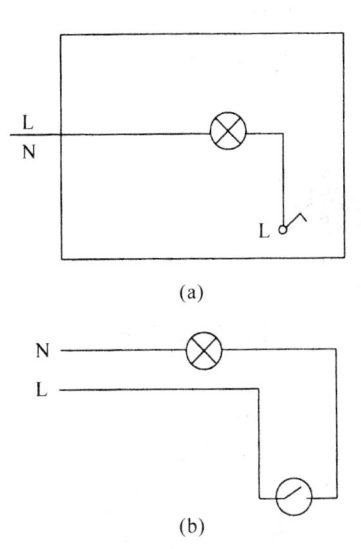

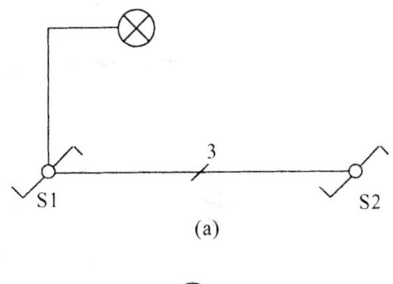

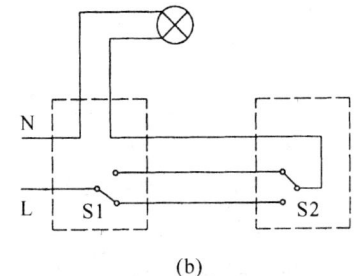

图 5－12　一个明装开关控制一盏灯
的配线平面图和示意图
(a) 平面图；(b) 接线示意图

图 5－13　由两只开关控制同一盏灯的
配线平面图和示意图
(a) 平面图；(b) 接线示意图

由示意图可知，电源进线、开关接线、灯头线均为两根，所以平面图中的一条线均表示两根导线。

由两只开关控制同一盏灯的配线平面图和示意图见图 5－13。

（2）插座：图 5－14 是单相二极暗装插座的配线平面图和示意图，从示意图中可以明确，左孔接的是零线 N，右孔接的是相线 L。

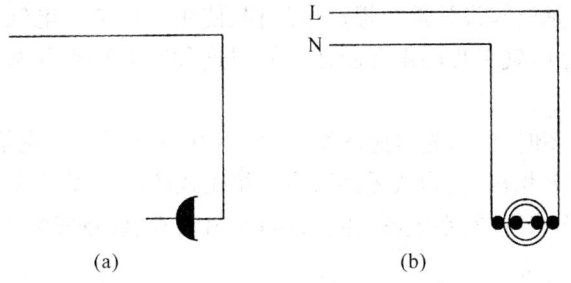

图 5－14　单相二极暗装插座的配线平面图和示意图
(a) 平面图；(b) 接线示意图

图 5－15 是单相三极暗装插座的配线平面图和示意图，从示意图中可以明确，上孔接的是地线 PE，左孔接的是零线 N，右孔接的是相线 L。

图 5－16 是三相四极暗装插座的配线平面图和示意图，从示意图中可以明确，上孔接的是地线 PE，其余三孔接的是三根相线 L1、L2、L3。

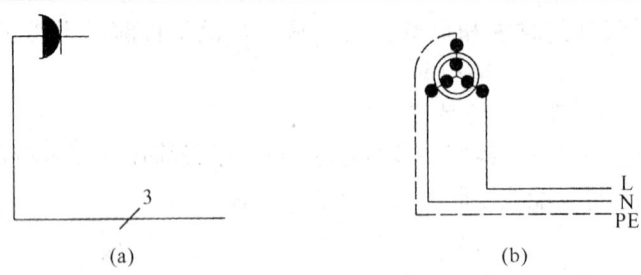

图 5-15 单相三极暗装插座的配线平面图和示意图
(a) 平面图；(b) 接线示意图

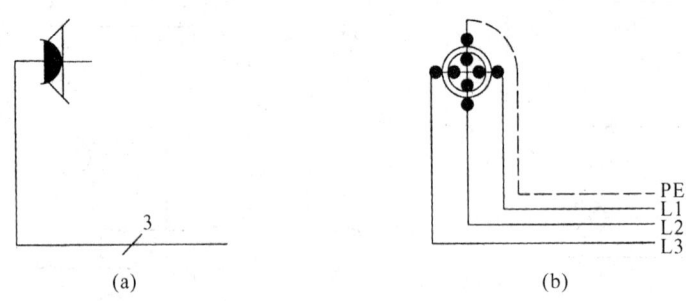

图 5-16 三相四极暗装插座的配线平面图和示意图
(a) 平面图；(b) 接线示意图

3. 照明平面布置图

电气工程图中的照明平面布置图主要表达照明灯具、照明开关、插座等设备的安装位置,灯具的型号、数量、安装容量、安装方式及悬挂高度。

电气线路和设备一般采用图形符号和文字标注的方式表示,因此,在电气工程图上不直接表示出线路和设备本身的形状和大小,但必须确定其敷设和安装位置。其中平面位置是根据建筑平面图的定位轴线和某些构筑物来确定照明线路和设备布置的位置,而垂直位置(安装高度),一般则采用标高、文字符号标注等方法表示。

二、电气工程图的阅读实例

建筑电气工程图是建筑设计单位提供给工程、使用单位从事电气设备安装和电气设备维护管理的电气图,是电气工程的重要图样。掌握这种图的特点和阅读方法具有重要的实际意义。

在阅读电气工程图时,应首先对照图纸目录,检查整套图纸的完整性,每张图纸的图名是否与图纸目录的图名相符,在确认无误后再开始正式阅图。读图的一般次序是:先看施工说明,再依次阅读平面布置图、系统图、主要设备及材料表、设备安装详图、基础接地平面图、屋顶防雷平面图。

现以某别墅的电气工程图(图 5-17~图 5-21)为例,说明电气工程图的阅读过程。

(一) 强电系统

图 5-17 和图 5-18 是直接在房屋平面图上绘制的某别墅照明平面布置图,比例1:100。图 5-19 为该别墅的电气系统图。

1. 电气施工说明

对于在建筑电气工程图中难以表达的设计基本指导思想、设计依据,未表达清晰的工程

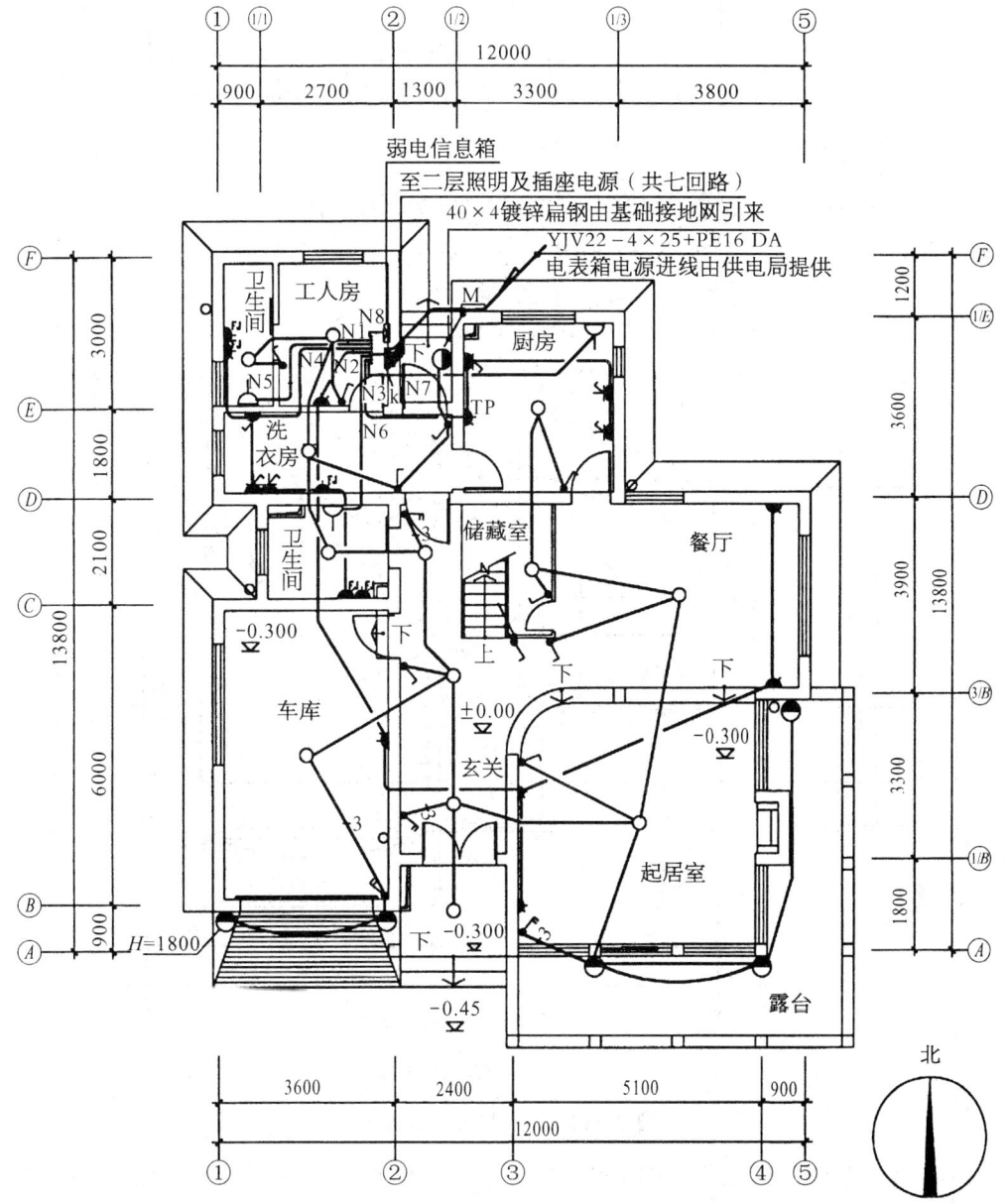

图 5-17　一层照明平面布置图

特点、安装方法的基本要求、相关设备的安装使用声明、注意事项等可以用电气工程施工说明的形式来阐述。

本例的(图 5-17~图 5-19)强电工程施工说明如下：

(1) 土建概况：(略)。

(2) 设计依据及规范：(略)。

(3) 设计范围：从电源进户预埋管起，至室内照明、动力及建筑物防雷、保护接地。

(4) 电源：电源由小区绿地内的箱式变电所引来(由供电所负责室外电源引入每户电表箱)，按二级负荷供电，估算装机容量约每户 25kW/户。

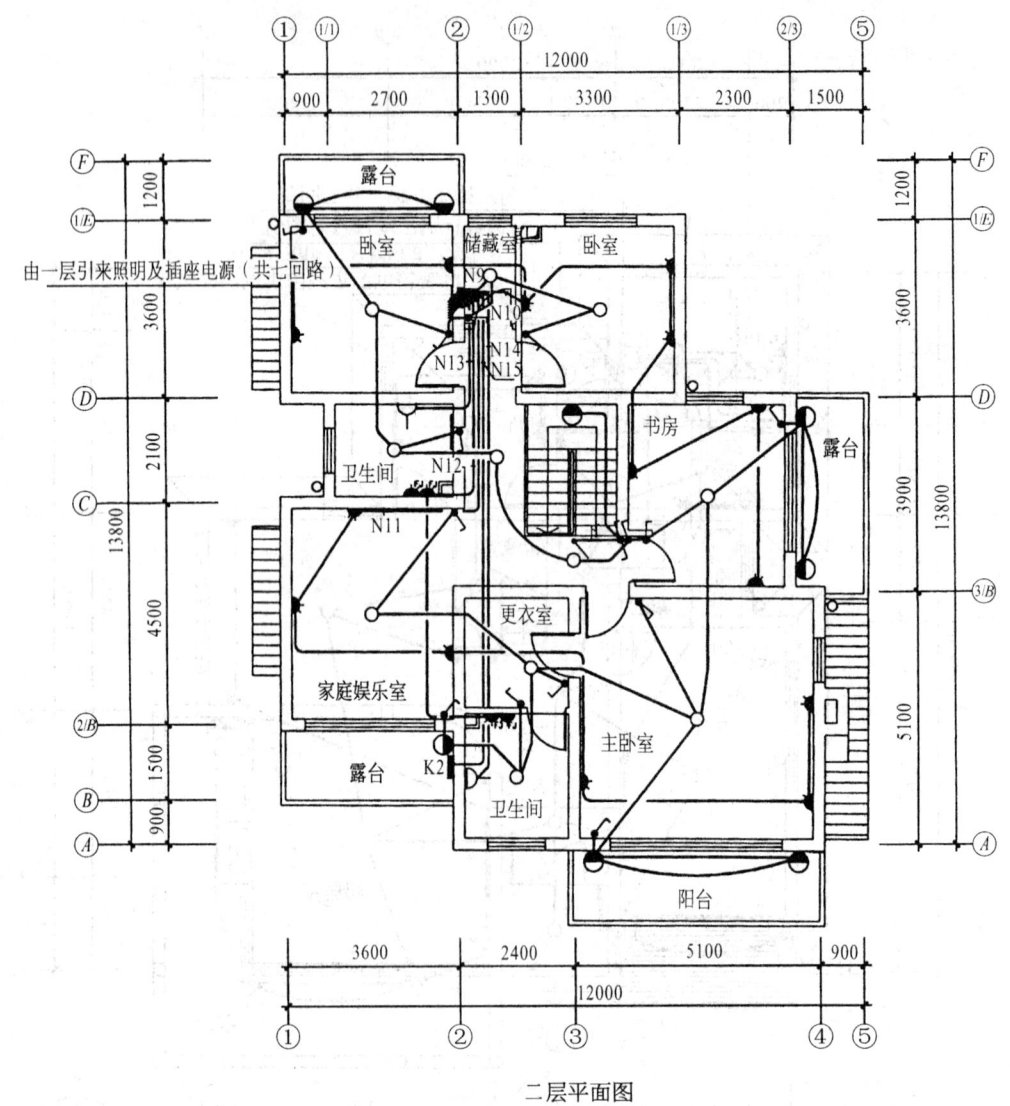

二层平面图

图 5-18 二层照明平面布置图

(5) 线路敷设：照明线路采用 BV-2×2.5 VG20-PA 导线穿管暗敷。住宅插座线路采用 BV-2×2.5+PE2.5 VG20-DA 穿管暗敷。进户电缆沿预埋管敷设。本工程配线采用刚性无增塑阻燃塑料管(VG)，并配塑料盒暗敷在混凝土内。

(6) 接地保护：采用 TT 制，在每个单元电源箱内设 PE 专用接地点，该接地点与基础接地网可靠连接。

所有在正常情况下不带电的电器设备的金属外壳、安全插座的接地桩头、电线金属保护软管均与 PE 接地主干线连通。底层设总等电位接地，各卫生间设局部等电位接地。

(7) 防雷接地：按第三类防雷建筑物设置防雷措施。

(8) 其他：图中未说明及部分按国家及××地区有关规程施工。

线路过长、弯头过多处应按规定加设过路箱。

本工程的保护接地、弱电设备接地、防雷接地、等电位接地构成联合接地体，接地电阻不

第二节 建筑电气工程图

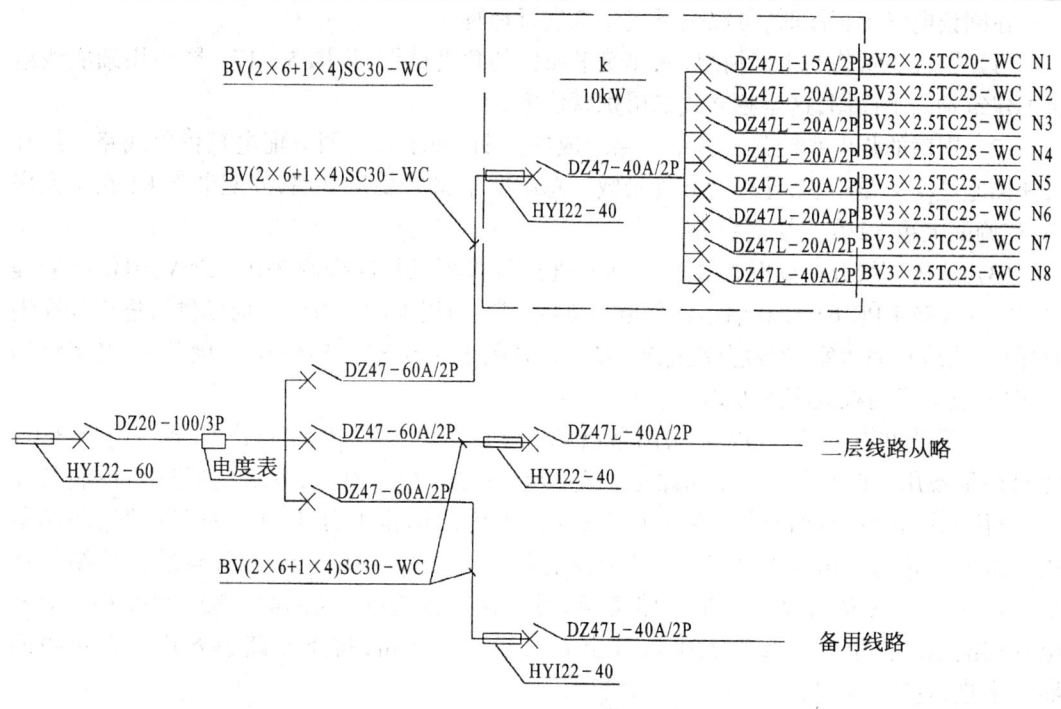

图 5-19 电器照明系统图

大于 1Ω。

(9) 图例：见表 5-10。

表 5-10 相关设备的图例及安装要求

图 例	设 备 名 称	型号及规格	单位	敷设方式	敷设高度	部 位
M	电业电表箱	ZDBX-(三相)	台	嵌墙	下口离地 1.4m	供电局提供
k	住户配电箱	8GB-36R	台	嵌墙	下口离地 1.4m	储藏室内
⊠	弱电信息箱		台	嵌墙	下口离地 0.4m	储藏室内
○	矮脚瓷灯头	40W 灯头	盏	吸顶		各室
●	壁灯	40W U型节能灯	盏	沿墙壁明装	下口离地 2.2m（除注明外）	露台等处
▲	单相三极带开关插座带防护门	B6/10US 250V	只	暗装	下口离地 1.3m	厨房电炊用
▲TP	单相二、三极复式插座	B6/10US 250V	只	暗装	下口离地 2.0m	厨房脱排油烟机插座
▲	单相二、三极复式插座带防护门	B6/10US 250V	只	暗装	下口离地 0.3m	卧室、客厅一般插座
▲	单相二、三防溅式插座带防护门	B615/10S 250V	只	暗装	下口离地 1.5m	洗衣房洗衣机用
▲FJ	单相三极带开关插座带防护门	B15/10S 250V	只	暗装	下口离地 1.5m	卫生间梳妆用
▲	单相三极防溅式插座带防护门	B615/10S 250V	只	暗装	下口离地 2.0m	卫生间热水器用
⌇	单极暗敷翘板开关	B61—B64 系列	只	暗装	下口离地 1.3m	卧室、客厅、厨房、卫生间等
⌇	双极暗敷翘板开关	B61—B64 系列	只	暗装	下口离地 1.3m	卧室、客厅、厨房、卫生间等

在阅读电气工程图时,可以按下述步骤进行理解。

(1) 了解建筑物的土建情况,从建筑平面图的角度读图,见图 5‑17。图中用细实线给出了建筑物的平面图,这是独立式二层别墅住宅。

(2) 别墅的强电系统是由多个回路组成的照明、插座和空调分配电箱供电线路。灯开关和插座基本上是暗装,导线为穿管暗敷。总配电箱 M 在厨房外墙,分配电箱 K1 在工人房内,空调配电箱 K2 在二层露台外侧。

(3) 从进户线开始读图,见图 5‑19。进户线采用三相四线制 380V/220V,由供电局提供 VV‑4×35+PE16‑G50 铜芯铠装电力电缆,进总配电箱 M(由供电局提供),进户处穿钢管保护,埋地穿墙入室,连接分配电箱 K1。总开关采用 5SX2‑50A/4P 四极开关,经多级铜汇流排,支线呈树枝式布置方式。

(4) 系统共有三相 380V 回路两条(标有 L123),单相 220V 的回路 18 条。一条 380V 的回路是备用,在另一条 N15 回路上,有一台 5SX2‑32A/3P 三级断路器进行控制与保护,通往二层露台空调机的分配电箱 K2;从 L1 相的母排上分出两条照明回路、两条备用回路和一条弱电信息箱回路,每条回路各用一台 5SQ‑16 单极断路器进行控制与保护;L2 相和 L3 相的母排各分出一路备用,另一路两台通过 5SU3747‑32A/2P/3mA 双极电磁式漏电断路器和二级汇流排再分出 6 条和 5 条回路,每条回路也各用一台单极断路器来进行控制和保护。

(5) 导线型号均为铜芯聚氯乙烯绝缘电线(BV)。导线规格:N1、N9 回路为底层和二层的照明回路,有两根 2.5mm² 导线(2×2.5);N2~N4 和 N10~N12 回路为普通插座的回路,有两根 2mm² 导线(2×2.5)和一根 2.5mm² 的接地线(PE2.5);N5~N7 和 N13、N14 回路为热水器专用插座回路,有两根 4mm² 导线和一根 2.5mm² 的接地线;N15 回路有四根 10mm² 导线和一根 10mm² 的接地线。导线配直径 20mm 的刚性无增塑阻燃塑料管(VG20),照明回路暗敷在顶板内(PA),其他回路暗敷在墙内(DA)。

(6) 零排和接地排均采用铜质搪锡的母排。所有回路的零线在 K1 箱的零排处汇接,以 25mm² 的导线与干线的零线连接。各回路的接地线 PE 汇接到 K1 箱的接地母排,与干线的接地线 PE 以 25mm² 的导线相连接。K1 箱的接地排作为总等电位接地处,通过 4mm×40mm 扁钢连接到由建筑基础内钢筋混凝土中的钢筋网络所组成的联合接地体中。每一楼层的接地线 PE 还汇集到本楼的卫生间的辅助接地点与钢筋网络相连,形成局部等电位接地。

(二) 弱电系统

图 5‑20 和图 5‑21 是直接在房屋平面图上绘制的某别墅弱电平面布置图,比例 1:100。

1. 弱电施工说明

本例的弱电工程施工说明如下:

(1) 土建概况:(略)。

(2) 设计依据及规范:(略)。

(3) 设计范围:电话系统、有线电视系统。

(4) 设计内容及功能:电话系统应满足开通 6 门电话的需求;电视系统采用分支分配器,邻频传输技术,用户电平控制在 69.3dB。

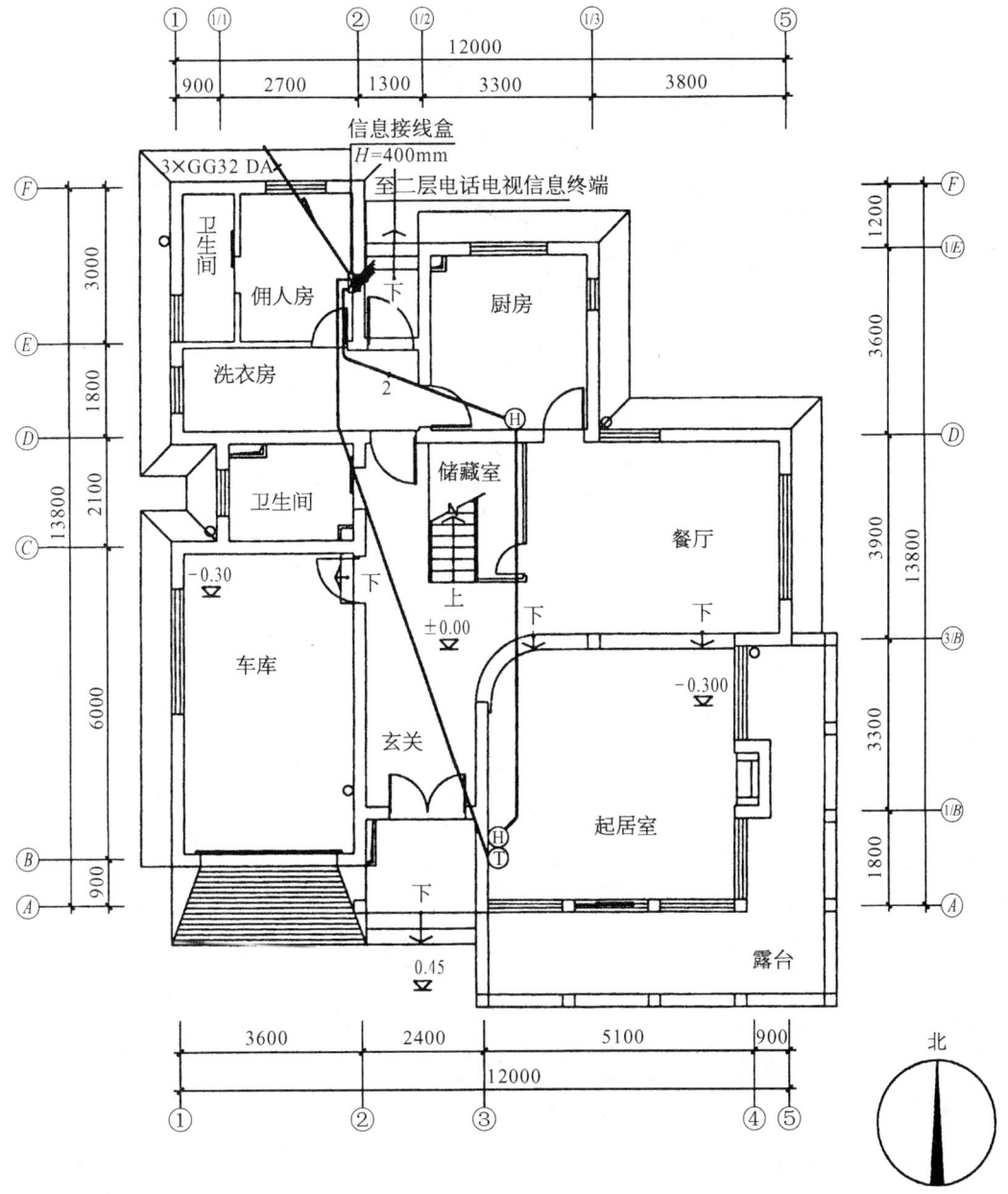

图 5-20 一层弱电平面布置图

(5) 线路及敷设方式：电话导线为 HBVV-5(2×0.5)，有线电视导线为 SYKV-75-5；信息线电缆型号为 C.T.P。进户线配管均为 GG32，室外伸出基础 1m，埋深 0.5m，室内伸出地面 0.2m；电话（电视）电缆上升穿墙暗敷，电话（电视）分线盒嵌墙安装，至电话用户分线盒或电视终端盒均为暗敷，配管 VG20。信息线配管 VG25。

(6) 其他：施工中如遇管线过长，需加中间过线盒；图中未注明处均按电器施工规范施工；所有不带电的金属盒、金属桥架及金属接线盒（箱），均应与电气接地可靠联接。

(7) 图例：见表 5-11。

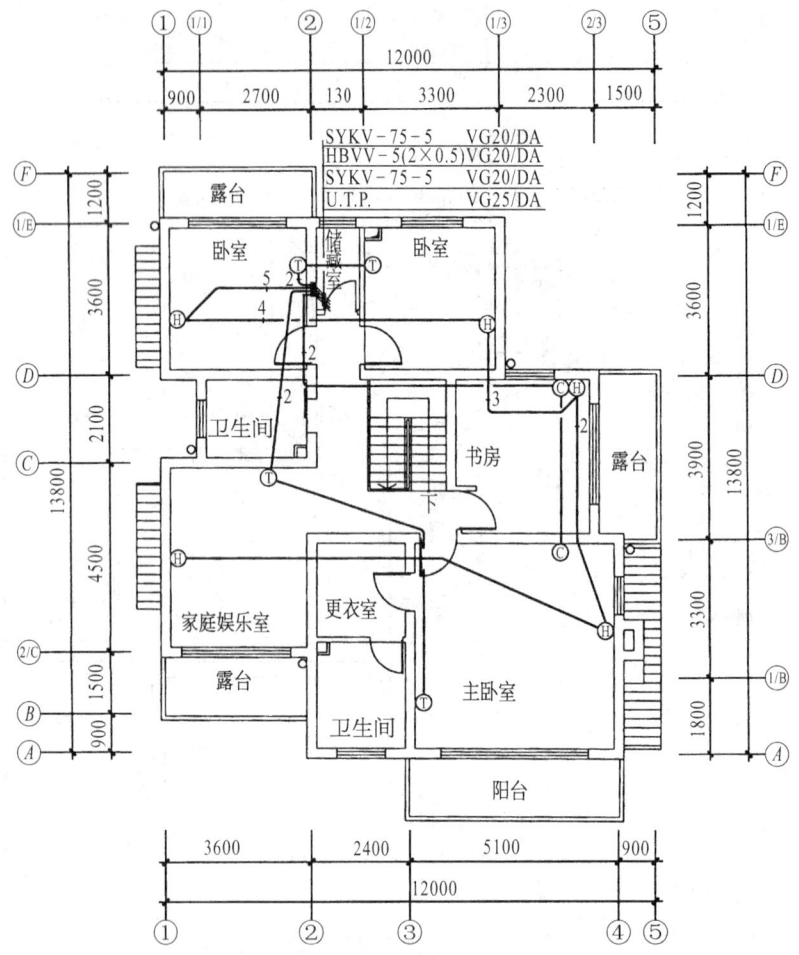

图 5-21 二层弱电平面布置图

表5-11 有关设备图例及安装要求

图 例	名 称	安装方式	预埋盒尺寸	下口离地高度	备 注
⊠	弱电信息箱	嵌 墙		$H=400$	
ⓒ	RJ45型单孔终端	嵌 墙		$H=300$	
Ⓗ	电话出线盒	嵌 墙	86H50	$H=300$	
Ⓣ	有线电视终端盒	嵌 墙	86H50	$H=300$	

本例的弱电系统较简单,仅通过弱电平面布置图的分析就可以理解弱点系统的布置。从进户线开始:

① 电话、有线电视、信息线的电缆分别配钢管($3 \times GG32-DA$)从底层工人房北侧由地底($-0.5m$)穿出,敷设到设在工人房内的弱电信息箱。信息箱嵌入墙内,离地0.4m。

② 本系统共有电话出线盒7只,各路电话线均单独从信息箱分出,电缆型号 HBVV-5 (2×0.5),电缆配直径为20mm的刚性无增塑阻燃塑料管(VG20)暗敷在墙内。一路电话电

缆通至二层。电话电缆为 5 对 $2\times0.5\mathrm{mm}^2$ 的导线[$5\times(2\times0.5)$]，依次接在二层西侧卧室、东侧卧室、书房、主卧室、家庭娱乐室的五只电话出线盒，电话电缆上标明的导线数量也依次减少。另一路电话电缆在底楼，电缆通过厨房的电话出线盒通向起居室的电话接线盒。出线盒暗敷在墙内，离地 0.3m 高。

③ 本系统有电视终端出线盒 5 只，分别位于底层起居室、二层的三个卧室和家庭娱乐室。系统采用分支分配器（即在每一终端安置一个分配器），因此，图中电视电缆（型号：SYKV-75-5）仅用单根导线标明。电缆配管 VG20，暗敷在墙内，出线盒也暗敷在墙内，离地 0.4m 高。

④ 信息线终端两个，分别位于二层书房和主卧室。信息线电缆型号 C.T.P，电缆共有两组，配管 VG25，暗敷在墙内。一组信息线电缆沿进户管→弱电信息箱→书房内终端；另一组信息线电缆沿进户管→弱电信息箱→书房→主卧室内终端。

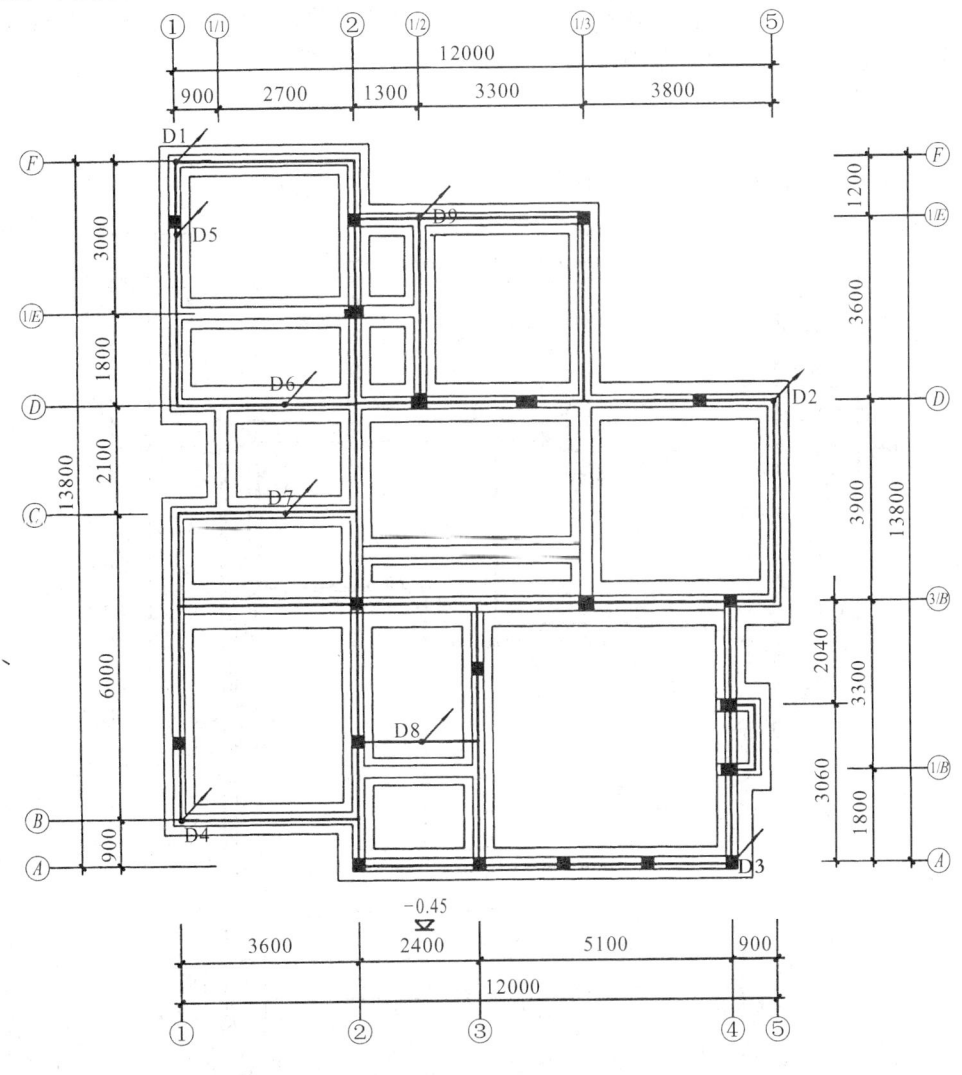

基础接地平面图 1:100

图 5-22 基础接地平面图

(三)基础接地系统

图 5-22 是本例的基础接地平面图。该工程的防雷系统、低压配电系统、各专用设备要求的接地体,采用钢筋混凝土基础内金属构件体所组成的联合接地体。即用 4mm×40mm 的扁钢或利用 ϕ16mm 的两根钢筋作为连接线,将建筑基础内的主钢筋焊接成环形接地网,构成一个满足各类接地要求的共用联合接地体,其接地电阻小于 1Ω。

图 5-22 中的 D9 点是配电箱 K1 的总接地点,D5~D8 点是卫生间的辅助接地点,D1~D4 点为房屋剪力墙外侧的两根主钢筋,其上部与避雷带焊接连通,下部与联合接地体的钢筋焊接连通。

(四)防雷系统

图 5-23 是本例防雷系统的屋顶平面图。该工程的防雷系统由避雷带、联合接地体和引下线等三部分组成。

(1) 由 ϕ10mm 不锈圆钢采用搭接焊,连接成的避雷带,架设在女儿墙和所有屋脊上。避雷带的支架间距、固定方法,由国家标准(GB50169)予以规定。

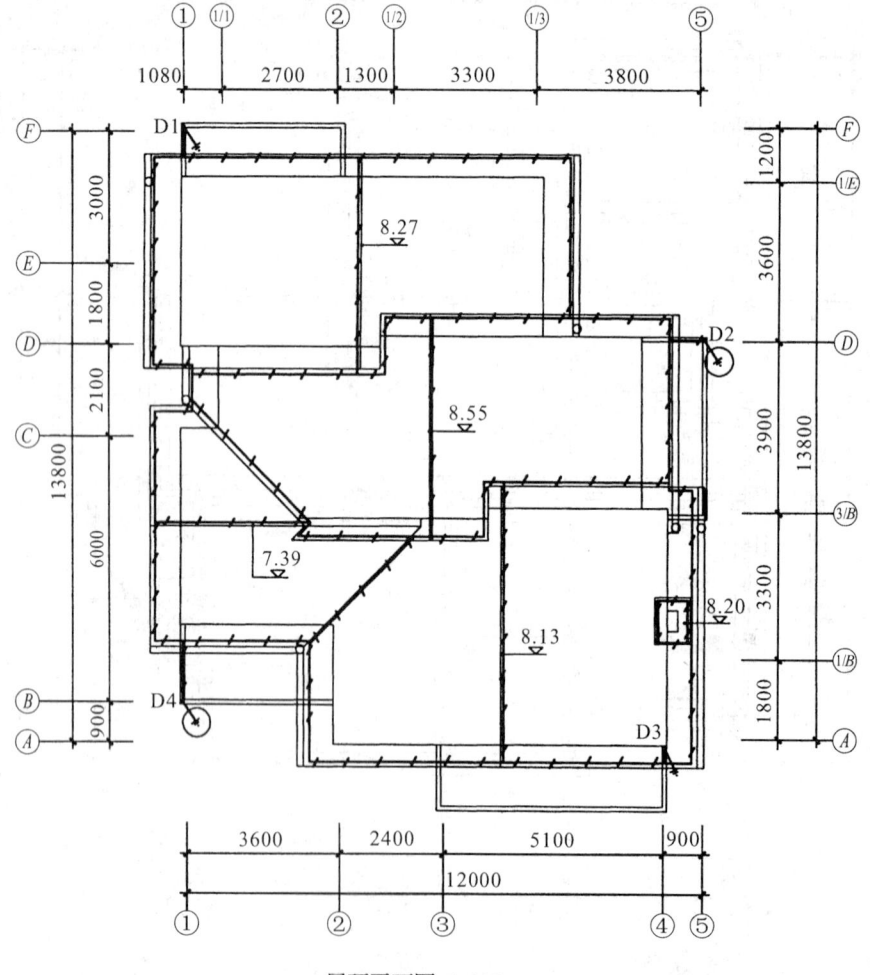

屋顶平面图 1:100

图 5-23 防雷系统屋顶平面图

(2) D1~D4 点为引下线(即图 5-22 中 D1~D4),是房屋剪力墙外侧的两根主钢筋,其上部与避雷带焊接连通,下部与联合接地体的钢筋焊接连通。

(3) 联合接地体由钢筋混凝土基础内金属构件体所组成,即采用 4mm×40mm 的扁钢或利用 ϕ16mm 的两根钢筋作为连接线,将建筑基础内的主钢筋焊接成环形接地网,构成一个满足防雷接地要求的接地体,其接地电阻小于 1Ω。

第三节 空调工程图

一、概述

一个完整的空调系统通常包括空调机组、送风系统、排风系统、冷凝水收集排放系统和空气加湿系统。一般根据建筑物的功能和对室内空气质量的要求,选用一个或几个系统来调节室内空气的温度和湿度。

现行的空调系统大致可分成集中式和分散式两种。前者又称"中央空调",空调机组集中安置在空调机房内,空气经过处理后通过管道送入各个房间,室内的废气通过通风机和管道排往室外;后者也称"分体式空调",一套空调机组通常只管一间或几间房间,空气压缩机安装在室外,由室内机对房间内部空气温度进行调节,压缩机和室内机之间通过铜管连接。增加机械排风系统和自然通风系统,也可以使室内空气质量大致达到"中央空调"的水平而价格则便宜许多。

二、空调工程图的一般知识

空调工程图与其他专业工程图一样,要符合投影原理和视图、剖面和断面等基本画法的规定。空调工程图的主要表达对象是各类管道和机械设备,这些管道的基本特点是:截面形状简单规则;管道长度远远超过管道的直径;分布范围广,管道及附件的位置通常使用平面图和剖面图、局部放大图、详图来表示。国家标准制定了许多图例来统一表达管道、附件和机械设备。

(一) 空调工程图的一般规定

空调工程图应符合 GB/T50001《房屋建筑制图统一标准》、GB/T50103《总图制图标准》、GB/T50114《空调制图标准》,以及其他现行国家或行业的相关标准、规范的规定。

1. 标高

在不标注垂直尺寸的图样中,会标注出标高。标高以 m 为单位,可以精确到 cm 或 mm。标高也可以本层建筑地面的相对标高来表示,其标注方法为:$B+\times.\times\times\times$,其中 B 表示本层建筑的地面标高(如 $B+0.125$)。

矩形风管所注标高未予说明时,表示管底标高;圆形风管所注标高未予说明时,表示管中心标高。

2. 管径

圆形风管的截面尺寸以直径"ϕ"表示,矩形风管以边长尺寸"$A\times B$"表示,单位均为 mm。风口、散流器的规格、数量及风量的表示方法如图 5-24 所示。

3. 空调工程图常用图例

空调工程图用不同的图例来表示各种不同的管道和设备,表 5-12 是空调工程图中常用的图例。在工程实践中,也可以自行拟设或暂用业务单位惯用的图例。

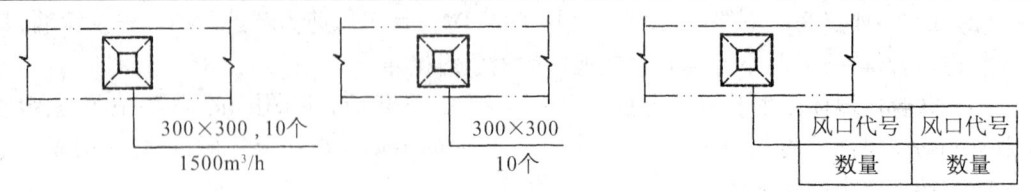

图 5-24 风口、散流器的表示方法

表 5-12 空调工程图常用图例

名　称	图　例	附　注
砌筑风、烟道	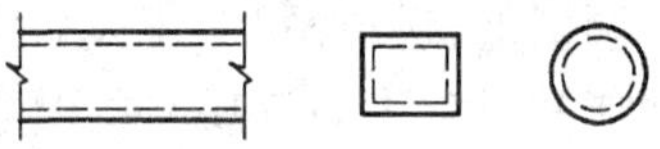	其余均为： 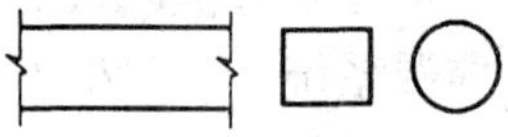
带导流片弯头		
消声器消声弯头	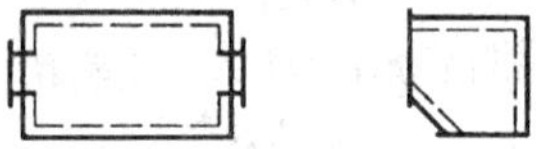	也可表示为： 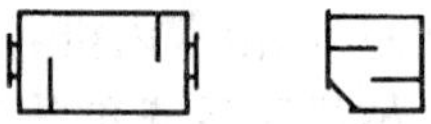
插板阀	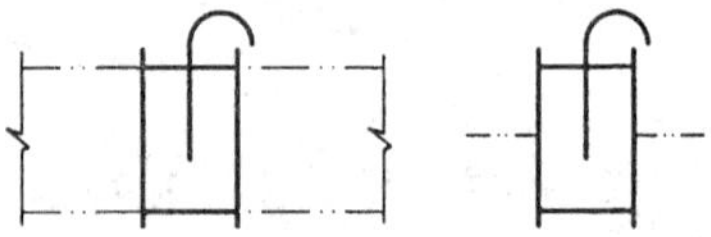	
天圆地方	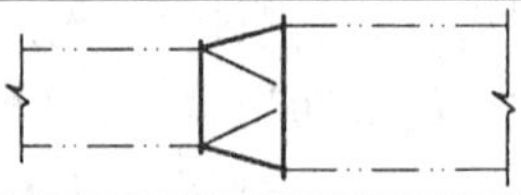	左接矩形风道，右接圆形风道
蝶阀	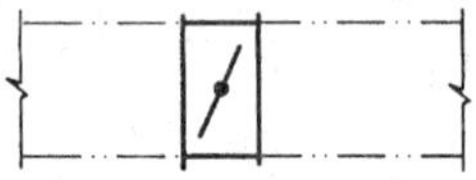	
对开多叶调节阀	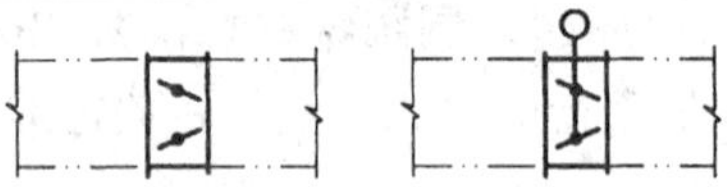	左为手动，右为电动
风管止回阀	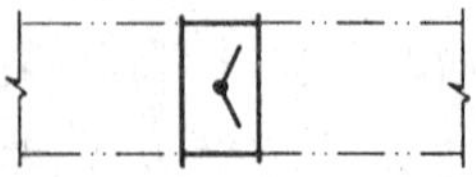	
三通调节阀	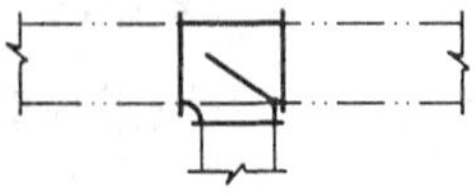	
防火阀	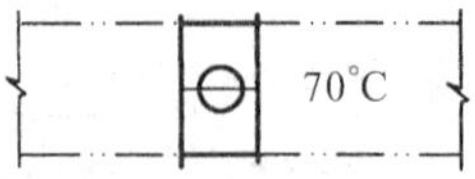	表示70℃动作的常开阀。若因图面小，可表示为：70℃ 常开 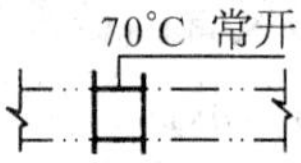
排烟阀	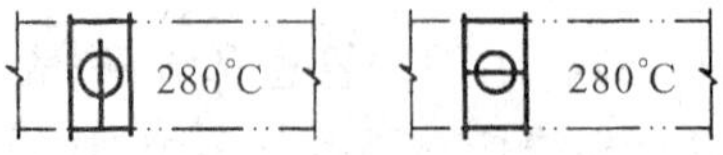	左为280℃动作的常闭阀，右为常开阀。若因图面小，表示方法同上

(续表)

名　称	图　例	附　注
软接头	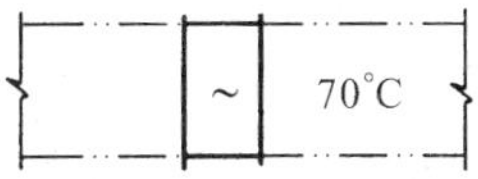 ~ 70°C	
软管	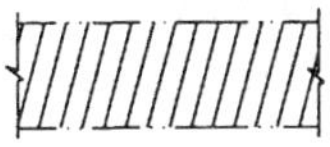 或光滑曲线（中粗）	
风口(通用)	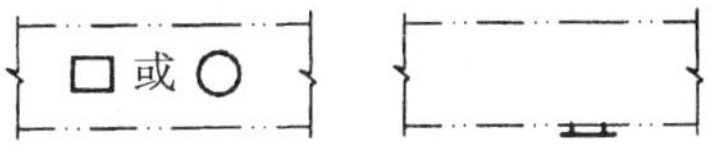 □ 或 ○	
气流方向		左为通用表示法,中表示送风,右表示回风
百叶窗		
散流器	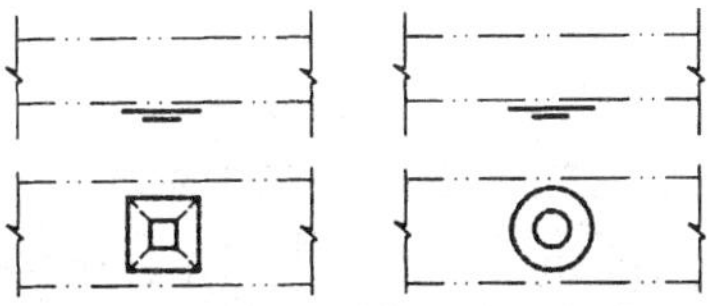	左为矩形散流器,右为圆形散流器。散流器为可见时,虚线改为实线
检查孔测量孔	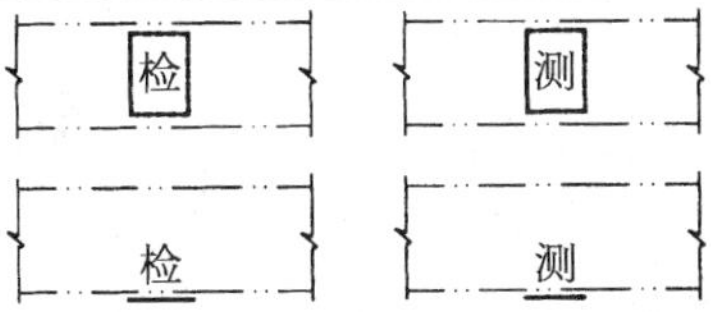 检　测　检　测	
轴流风机		
空气加热、冷却器	 ＋　－　＋	左、中分别为单加热、单冷却,右为双功能换热装置
空气过滤器		左为粗效,中为中效,右为高效
窗式空调器	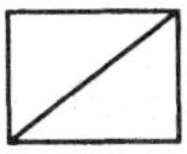	
分体空调器		
风机盘管	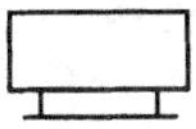	可标注型号,如：FP-5 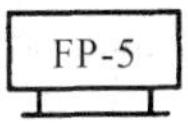

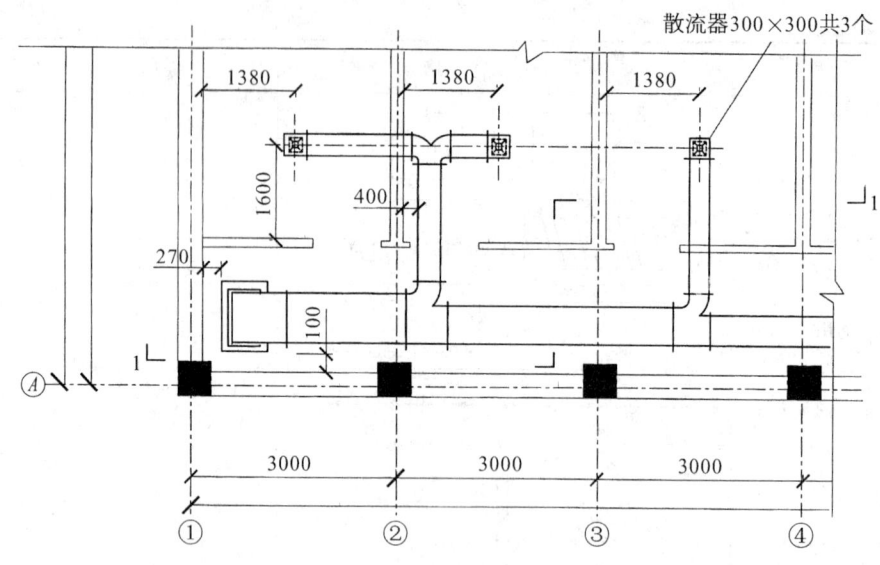

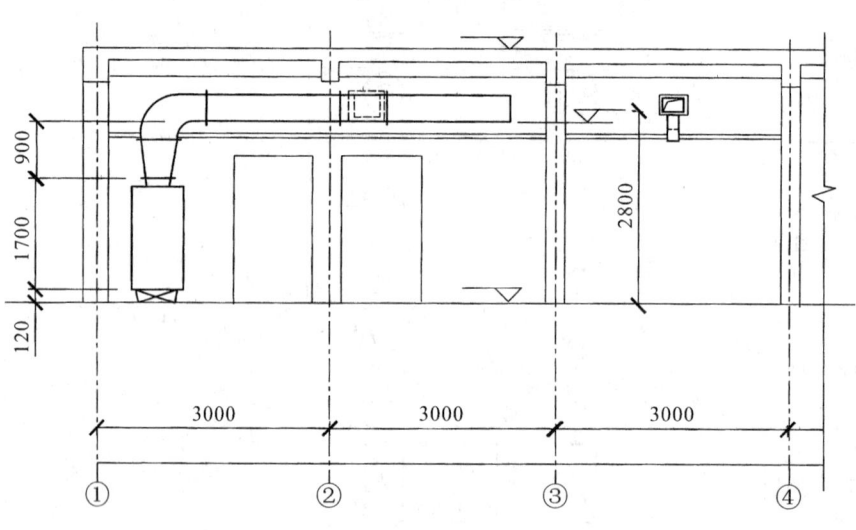

1-1剖面图

图 5-25 平、剖面图示例

4. 系统编号

当一个空调工程设计中同时有送风、排风、新风、回风等两个及以上系统(风道)时,每个系统都会有一个编号。编号由系统代号和顺序号组成,系统代号由大写的拉丁字母表示,该字母为该系统名称(汉语拼音)的第一个字母,见表5-13。顺序号是阿拉伯数字。

表5-13 系统(风道)代号

代 号	系统(风道)	代 号	系统(风道)
K	空 调	H	回 风
S	送 风	P	排 风
X	新 风	PY	排 烟

(二) 空调工程图的一般知识

空调工程图一般有管道和设备平面布置图、剖面图、详图和管道系统图,以及安装详图,施工说明等配套组成的施工工程图。

1. 管道和设备平面布置图、剖面图、详图

管道和设备平面布置图、剖面图采用直接正投影方法绘制。建筑物的轮廓线和与空调工程施工有关的门、窗、梁、柱、平台等建筑构配件都用细实线绘出,并标明相应的定位轴线的编号、房间名称、平面标高。

管道和设备平面布置图是按假想除去上层楼板后俯视的原则绘制的,若不符合俯视原则,可以在相应的垂直剖面图中找到表示由剖切位置线和编号组成的平剖面剖切符号,如图5-25所示。

在平面图中,标注出设备、管道定位尺寸线(中心、外轮廓、地脚螺栓孔中心)与建筑定位线(墙边、柱边、柱中)的关系;在剖面图中表注出设备、管道(中、底或顶)的标高,有时还会表注出与该楼层(地)板面的距离。在平、剖面图中,风管是用双线绘制,其他管线采用单线绘制。

当平面图、剖面图的局部绘制有详图时,对应的平、剖面图上标有索引符号,便于查找。索引符号的画法如图5-26所示,其中右图为引用标准图或通用图时的表示法。

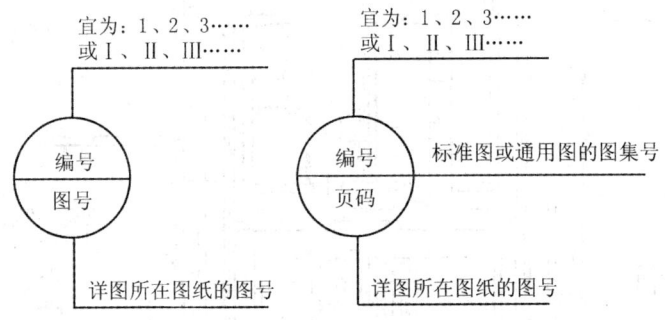

图 5-26 索引符号的画法

2. 管道系统图

空调工程的管道系统图与给排水工程的系统图一样也是采用"三等正面斜轴测图"来绘制,Y轴与水平线成45°夹角;轴间角$\angle XOY = \angle YOZ = 135°$;$\angle XOZ = 90°$。

在管道系统图中,所有管道都用单线表示。当存在多个管道系统时,一般是按系统分别绘制系统图。管径、标高及末端设备都按规定的标注方法在系统图上注明。

三、空调工程图的阅读实例

以某教学楼六层的空调工程施工图(图5-27~图5-29)为例,说明其阅图的方法。

与阅读其他工程图时相同,首先核对图纸,然后开始正式阅图。读图的一般次序也是先看施工说明,再依次阅读管道与设备平面布置图、剖面图及详图、系统图。

某教学楼六楼的空调系统平面图如图5-27所示,剖面图见图5-28、5-29,图中编号1~4为室内机和室外机,编号5是一台排风机,编号6是两台消声装置,编号7是排风口(共11个),编号8是散流器(共19个),编号9为新风进口。

由图5-27可知,此层共有六个房间需要空调,共安装四台分体式空调,室外机安装在五楼屋顶平台,室内机安装在屋顶天花板内。该空调系统采用了"分体式空调"、机械排风系统、自然通风系统的组合。

198　第五章　设备工程图

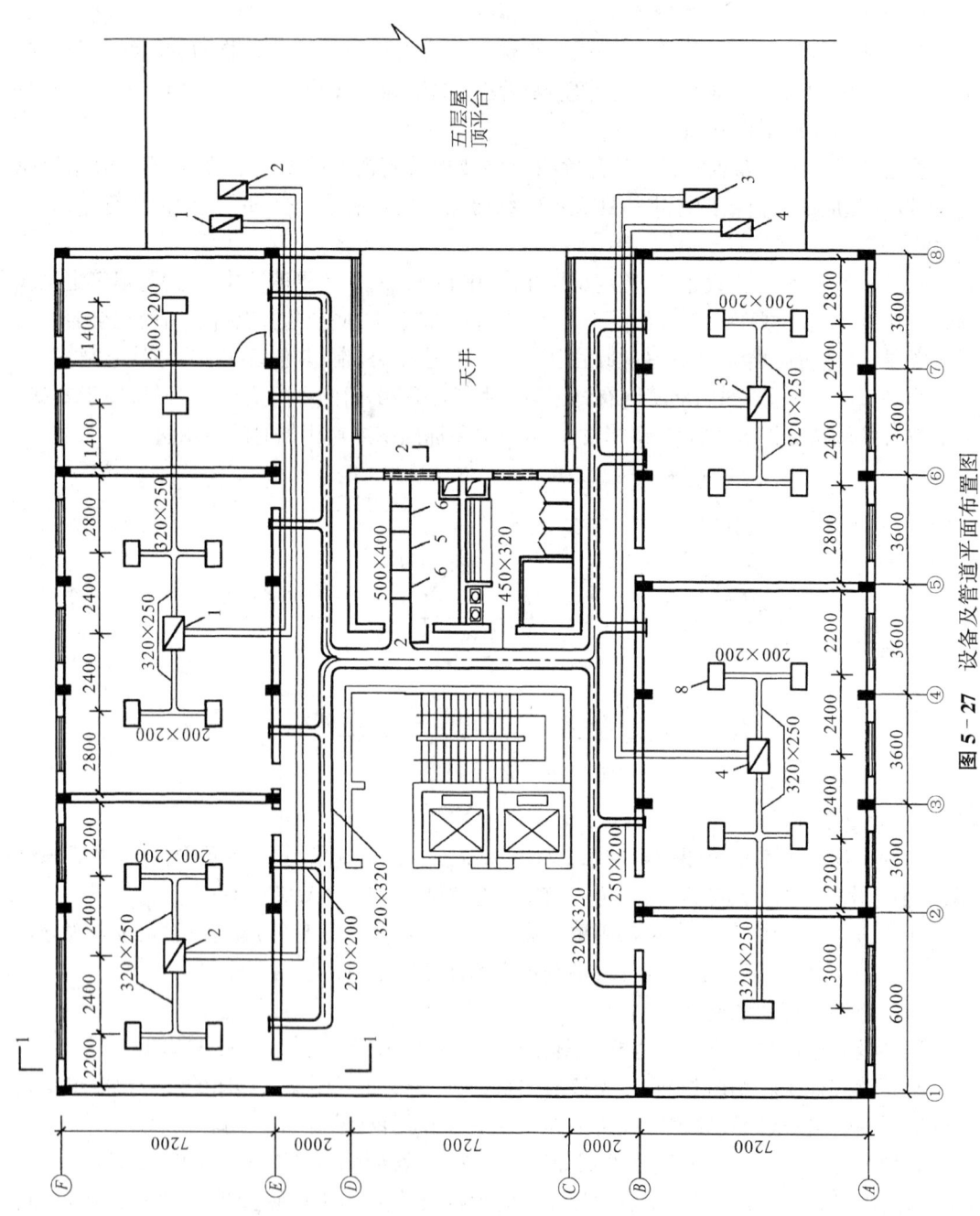

图 5-27　设备及管道平面布置图

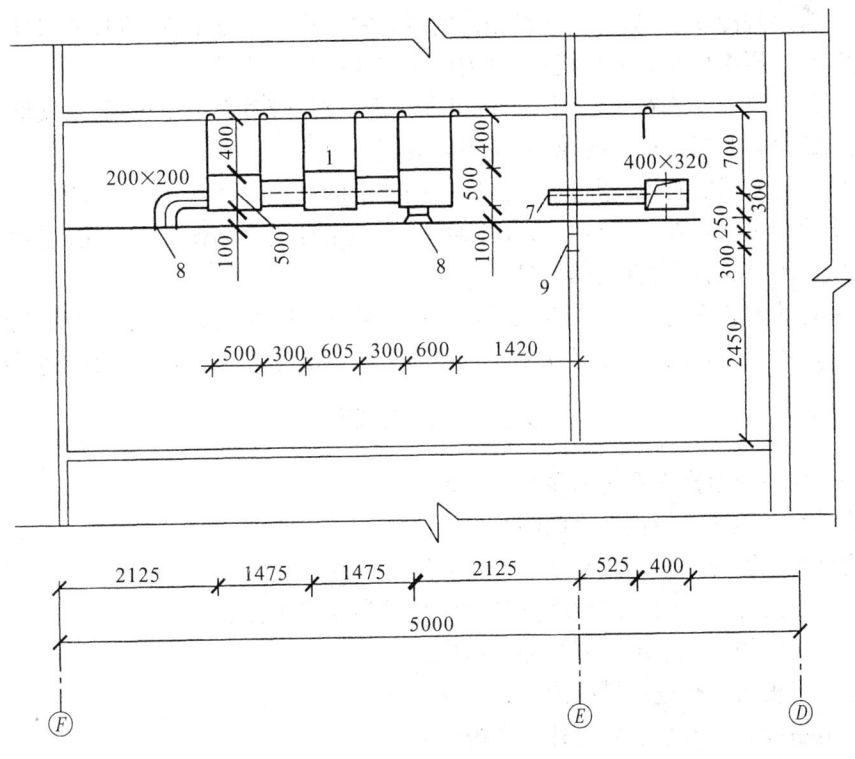

图 5-28 1-1剖面图

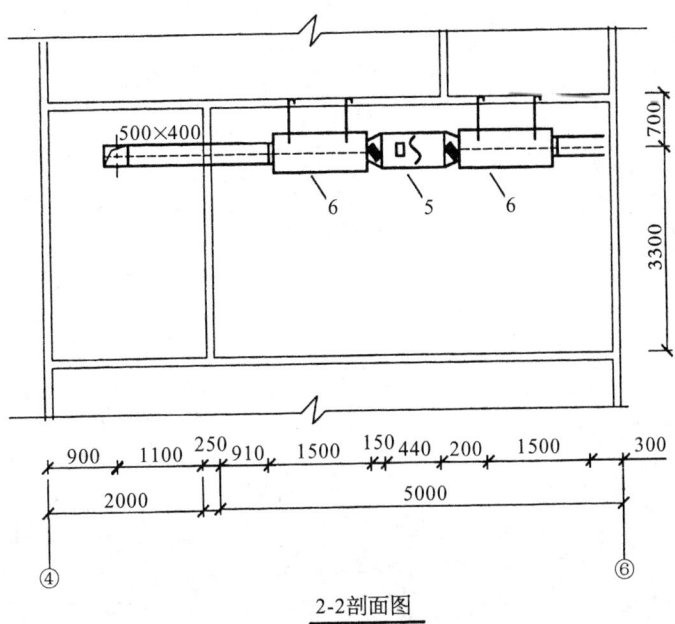

图 5-29 2-2剖面图

室内机吸进屋内空气进行热交换后送至各个散流器排出,调节屋内空气的温度。空气温度降低时会出现冷凝水,故与室内机相连的还有一条冷凝水排水管,该管道与排水管相连(图中未表现)。压缩机是在室外机中,室内机与室外机通过管道连接。

各房间的排风口安装在靠走廊一侧的天花板下,排风管道沿走廊布置,排风机安装在直接面对天井的房间。通过机械排风,将室内的废气排出。

送新风没有专门的管道,通过开在走廊一侧墙上的百页窗,将走廊内的新鲜空气引入室内。该建筑的走廊有一部分直接与天井相通,成为一条自然通风管道。因此,走廊内空气可以作为新风使用,提高室内空气的质量。

图中风管的安装固定,主要有嵌入楼板的拉筋悬挂,图示的画法仅是一种示意的画法。

本例管道系统比较简单,已经在平面布置图中表达清楚,所以不必专门绘制系统图。

复习思考题

1. 一般住宅的给排水系统由哪些部分组成?
2. 给排水工程图一般包括哪些图纸?
3. 给排水工程图中的平面布置图主要表达哪些内容?
4. 给排水工程图中的系统原理图是用什么投影方式来表达的?
5. 一般住宅的电气系统由哪些部分组成?
6. 电气工程图一般包括哪些图纸?
7. 强电系统和弱电系统各指什么系统?
8. 一般住宅的空调系统由哪些部分组成?
9. 空调工程图一般包括哪些图纸?

参 考 文 献

［1］ 谢步瀛.工程图学.上海:上海科学技术出版社,2000
［2］ 陈文斌,章金良.建筑工程制图(第三版).上海:同济大学出版社,1997
［3］ 司徒妙年,李怀健.土建工程制图(第二版).上海:同济大学出版社,2001
［4］ 同济大学建筑制图教研室.画法几何.上海:同济大学出版社,1996
［5］ 赵志缙,应惠清.建筑施工.上海:同济大学出版社,1997
［6］ 姜卫杰.建筑施工学习指导.武汉:武汉工业大学出版社,2000